사진 & 일러스트로 보는 꿈의 자동차 기술 Motor Fan illustrated

Motor Fan illustrated Vol. 27

THE 전륜·후륜 구동

기술적 배경과 본질

CONTENTS

004 도해특집 THE 앞바퀴 구동

048 도해특집 THE 뒷바퀴 구동

|도해특집| STATICS & DYNAMICS OF

THE 앞바퀴 구동

앞바퀴를 구동시켜 달린다는 의미

자동차 역사상 앞바퀴를 구동하는 차량은 뒷바퀴를 구동하는 차량과 거의 같은 시기에 등장하였다. 그러나 조향과 구동이라고 하는 동작을 동시에 수행하여야 하는 앞바퀴 구동장치에는 실용의 기계로서는 용납할 수 없는 기술적인 장벽이 가로막고 있었다. 제2차 대전 이후 단테 지아코사와 알렉산더 이시고니스라는 두 명의 천재 기술자가 연이어서 엔진을 차량의 전방에 가로로 배치하는 시범을 보인 이후 앞바퀴 구동 차량은 순식간에 확산되어 나갔다. 그리고 현재, 세상에 나오는 승용차의 대부분이 앞바퀴를 구동하는 차량일 정도로, 뒷바퀴 구동 차량을 고집했던 제작사까지 앞바퀴 구동 차량을 생산하게 된다. 현재 압도적 다수를 차지하고 있는 앞바퀴 구동 차량에 담겨진 기술적 배경과 본질에 대해 살펴보겠다.

「그 시절은 그야말로 암흑기 같았다. 1973년과 79년에 걸친 두 번의 오일쇼크, 73년에 시작된 배기가스의 규제 때문이다. 오일쇼크로 가솔린 가격이 급등하면서 일요일과 국경일에는 휴업까지 했다. 배기가스의 규제는 자동차 운행에 어쩔 도리가 없을 만큼의 영향을 줄 것이라 생각했다. 자동차 산업 전체가 과연 앞으로 어떻게 될지 예측할 수 없었던 시절이다. 내가 초대 터셀/코르사, 도요타로서는 최초인 FWD(Front Wheel Drive=사사키씨는 FF라 하지 않고 FWD라는 표현을 사용한다) 승용차의 개발 주사로 취임한 것은 그런 시대였다」

사사키 시로씨는 현재 89세. 전 도요타 자동차 부사장이자 기술부문의 최고 책임자였다. 지금도「자동차 운전을 아주 좋아한다」고 말한다. 퍼블리카의 섀시 설계에 참여하고, 초대 카롤라 프로젝트가 가동되기 시작한 직후에는 주사실로 발령 나면서 초대 카롤라에서는 하세가와 류오주사(고인)를 보좌하는 역할을 맡았다. 2세대, 3세대 카롤라에는 주사로서 참여하다 3세대 카롤라가 발매된 직후부터 터셀/코르사의 주사가 된다. 사사키씨가 48세일 때였다.

「내가 하체 쪽에 참여했던 퍼블리카는 애초에는 FWD 차량으로 기획되었다. 그런데 개발을 시작하고 나니 아직 FWD는 무리라는 결론이 내려졌다. 당시의 일본은 도로 포장율이 국도에서 조차 5% 이하여서 비가 내리면 FWD 테스트 차량이 언덕길을 못 올라갔다. 자갈길이라도 비탈길에서는 앞바퀴의 하중이 제외 대면서 역시나 올라가지 못하는 것이었다. 그리고 CVJ(

도요타 FF의 아버지가 말하다

『작고 넓고 가볍게』에 담겨진 생각

도요타 최초의 양산 FF승용차인「터셀」「코르사」의 탄생은 1978년 8월이었다.
개발 담당 책임자는 나중에 도요타 자동차 부사장을 역임한 사사키 시로씨.
당시에는 FR이었던 카롤라의 책임자에서 변신한 것이었다.
그때 사사키 주사(主査)는 무엇을 생각하고 어떤 결단을 내렸던 것일까.
거의 40년 전의 이야기를 본인으로부터 들어 보았다.

본문 & 사진 : 마키노 시게오 수치 : 도요타 / 모터팬

프로필

1926년 1월 26일 야마나시현 태생. 49년 홋카이도대학 공학부 기계공학과를 졸업하고 도요타자동차 공업(당시)에 입사. 66년에 카롤라의 주사를 하세가와 류오씨로부터 인계받는다. 74년에 코드네임 30B, 나중의 초대 터셀/코르사 주사에 취임. 이후 82년 제품기획실 실장, 84년 상무이사를 거쳐 88년 9월부터 92년까지 이사부사장을 맡는다. 95년 10월부터는 도요타 자동차 고문. 주사로서 FR과 FF 주력 양산 차종을 담당한 몇 안 되는 엔지니어이다.

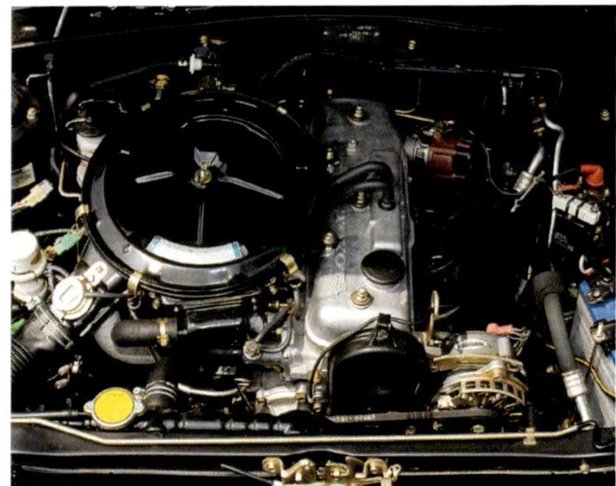

발매 당시의 초대 모델. 보디 스트라이프나 체크 시트, 엔진 위에 배치한 에어클리너 등이 시대를 느끼게 하지만 패키징은 촘촘한 편이어서 FF방식의 장점을 최대한으로 살리겠다는 의도가 느껴진다. 같은 해에 데뷔한 스타렛(2세대)는 FR로서, 옆쪽 한 가운데서 비교해 보면 터셀/코르사의 앞 오버행이 약간 길다.

등속 조인트)인데 그 당시에는 성능이 좋은 CVJ를 제조하는 기술이 일본에는 없었다. 이 두 가지 이유로 퍼블리카는 RWD로 변경되었다. 그것이 1960년 무렵의 일본의 상황이었다」

하지만 앞서 말한 암흑의 시대가 도요타를 다시 FWD로 밀어붙였다. 그 개발 총지휘를 사사키씨가 맡게 되었다.

「경제적인 자동차를 만들어야 한다는 기운이 높아지면서 개발부문 내에서 차세대 자동차 프로젝트가 가동되었다. 경영진은 더 심각했다고 생각된다. 그래서 현장의 프로젝트에 전폭적인 지원을 제공해 주었고 생산설비를 확 바꿀 만한 자동차라도 된다. 보디부터 엔진까지, 어디부터 어디까지 신규 투자라도 상관없다는 식으로 과감히 새로운 자동차를 만들 기회를 당시의 경영진이 마련해 주었던 것이다」

개발코드 30B. 개발은 1973년에 시작되었고 애초부터 FWD로 기획되었다. 그 중간부터 사사키씨가 주사를 맡는다. 카롤라와 병행해 맡아 줄 수 없겠냐는 하세가와 류오씨의 말에 「짬짬이 할 수 있는 일이 아니다. 할거면 전력으로 투구하겠다」라며 반론한 사사키씨는 30B를 맡게 된다. 그리고는 바로 신형 차량의 목표를 설계팀에서 제시했다.

「차체의 치수는 20계열(2세대 카롤라), 실내 넓이는 30계열(3세대 카롤라=당시의 현행 모델)과 비슷하고 차량 중량은 10계열(초대 카롤라)에 맞추자는 높은 목표였다. 요는 작게, 넓게, 가볍게 만들자는 것이었다」

사사키씨는 본지와의 인터뷰를 위해 자료를 준비해 왔다. 요점만 간략하게 정리한 너무나 엔지니어다운 30B 개발 자료였다. 그것도 A4용지 한 장에 딱 맞게.

「먼저 논의된 것은 엔진을 세로로 배치할 것인가 가로로 배치할 것인가 이었다. 당시의 FWD는 프랑스 쪽은 세로 배치가 많았고 독일 쪽은 가로 배치가 많았지만 운전의 원활성은 별로 차이가 없다는 인상이었다. 각각 일장일단이 있는데. 논의하는 과정에서 세로 배치 쪽이 엔진 마운트의 결속력이 좋으니까 괜찮겠다든가, 배출가스 규제를 감안하면 엔진 주변으로 에어 펌프나 촉매 등의 부품이 많아지지만 세로든 가로든 치수는 차이가 없다든가 등등 다양한 의견이 제시되었다. 최종적으로 세로가 된 이유는 엔진 쪽 상황 때문이다. 신규로 개발 한다고는 하지만 카롤라에 사용할 수 없어서는 아까운 것이다. FWD나 RWD 모두에 사용할 수 있는 엔진이라는 측면에서 가로 배치로 결정되었다」

패키징에 있어서는 사사키씨에게 한 가지 생각이 있었다. 북미시장에서 카롤라가 「답답한 자동차」로 언급되고 있었던 것이다.

「카롤라에서 자주 언급되었다. 신장 180cm 이상의 미국인들은 무릎을 많이 굽히지 않으면 카롤라 운전석에 앉을 수 없다고 말했다. 시트 이동량을 과감히 늘리긴 했지만 그래도 부족하다는 말을 들었다. 30B는 당연히 수출을 할 것이기 때문에 FWD로 만들거면 운전석 레그 룸을 과감히 넓혀야겠다, 이번에는 불만스런 말을 듣지 말자라고 결심했다. 시트의 이동량뿐만 아니라 근본적으로 레그 룸 설계를 바꾸자고 생각했다. 휠베이스를 약간 늘리면 목표하는 차량의 전장(全長) 이내에서 해결할 수 있겠다고…」

20계열 카롤라의 전장은 3945mm이다. 30계열에서는 50mm가 길어졌다. 패키징을 연구하면 3945mm 상태에서 30계열과 비슷한 거주성과 30계열보다 넓은 레그 룸 체적을 확보할 수 있을 것이라 사사키씨는 생각했다. 그것을 10계열과 비슷한 차량 중량, 즉 690kg에 맞춘다는 생각과 함께.

「연비를 감안하면 전폭은 넓힐 수 없었죠. 내가 내세운 보디 치수의 목표는 전장 3940×전폭 1550mm이다. 공기저항의 저감이 연비에 효과가 있기는 하지만, 그 효과는 Cd값뿐만 아니라 전면 투영 면적에도 있기 때문이다. 전폭은 30계열 카롤라보다 좁게 만들고 싶었다. 그래도 뒷자리에는 세 명이 나란히 앉을 수 있도록 실내 폭을 최저 1330mm를 확보하는 것이었다. 숄더 룸만 확보할 수 있어도 되는 것이다. 내가 그렸던 것은 그런 패키징이었다」

새로 개발하는 엔진은 배기가스 규제를 통과하기 위해 철저하게 연소를 공략했다. 기초부터 다시 해석해 가면서 촉매장치에 의한 출력손실을 조금이라도 보완하려고 마찰저감에 신경을 기울였다. 엔진은 연비를 좌우하는 핵심이다. 그리고 FWD의 열쇠인 CVJ는 해외에서 특허를 사서 자체적으로 제작하는 것으로 결정되었다. 지금도 계속되는 중요한 부품은 외주로 만들지 않고 사내에서 만든다는 도요타의 정신이다. 당연히 자체제작은 가격 측면에서도 유리하다.

「엔진을 세로로 배치하기 때문에 CVJ는 좌우 길이가 똑같아진다. 효율적인 장점 때문에 트라이포드(Tripod) 방식으로 결정했다. 엔진 출력은 일단 후방으로 보낸 다음에 앞으로 돌리고 디퍼렌셜은 엔진의 4번 실린더 아래에 배치했다. 앞 오버행에 엔진을 배치하는 것이 아니었다. 디퍼렌셜이 차량 중심선 상에 있기 때문에 CVJ의 길이를 확보할 수 있어서 현가장치의 행정

똑바로 선 모습의 세로 배치 4기통 SOHC 엔진과 보조장치들. 직선으로 뻗은 조향 축, 거의 풀 트레일링 방식에 가까운 뒤 현가장치 등, 주요 구조의 형상과 배치를 한 눈에 볼 수 있다. 지금과 비교하면 타이어의 폭이 상당히 좁고, 엔진은 카브레터 방식이다. 도요타가 전자식 연료분사로 전환한 것은 이 후의 일이지만, 그 기본이 된 것은 터셀/코르사용 2U/3U 엔진을 개발하면서 습득한 연소해석이었다.

을 충분히 주더라도 작동 각도가 심해지지 않는다」

사사키씨는 30B의 설계 포인트를 마치 어제 있었던 일처럼 기억하고 있었다. 세로 배치였기 때문에 도요타가 처음으로 자체 제작하는 CVJ를 무리하게 변경하지 않고도 끝난 것이다. 하지만 신뢰성을 확보하면서 CVJ를 양산하는 것이 쉽지는 않았던 것 같다. 사사키씨에 따르면 중량 목표를 초과하게 되었다고 한다.

이렇게 30B의 개발이 순조롭게 진행되기는 했지만, 사사키씨가 설정한 것은 당시로서는 매우 높은 목표였다. 그 가운데 하나가 보디 중량이다.

「당시에는 주로 0.9mm 두께의 보디 강판을 사용했는데 계산해 보면 0.9mm로는 목표 중량을 못 맞추었던 것이다. 철강 메이커와 프레스 기술부문이 빈번히 검토회의를 열었으며, 우리도 많은 공부를 했지만 철강 메이커의 협력이 필수적이었다. 그리고 접합인데 스폿 용접의 요건도 0.9mm와 0.7mm가 다르다. 그밖에는 타이어 메이커 쪽에 『구름저항이 더 적은 타이어로 만들어 달라』든가 하는 식으로 나는 여러 가지 주문을 했었다. 자동차를 가볍게 만들기 위한 구체적인 검토 과제만 하더라도 60~70항목이나 되었기 때문에 그 숫자만큼 검토회의와 보고회의를 열었다. 그때의 경험이 훗날의 도요타 자동차 제조에 있어서 큰 기여를 했다고 생각한다」

CAD나 FEM 분석 등이 없던 시절이다. 지혜를 총동원하고 손으로 계산해 가면서 가늠해 보고, 어쨌든 제품을 만들고 생각했다. 그런 시대였기 때문에 중량관리도 아날로그 방법일 수밖에 없었다.

사사키씨는 서서히 개발이 진행되는 30B를 보면서 자신이 내세웠던 목표가 틀리지 않았다고 생각했을 것이 확실하다.

「솔직히 30B가 세상에 나올 때는 카롤라는 빛을 잃어도 괜찮다고 생각했다. 내가 카롤라를 맡긴 요즈마씨에게 『이봐, 카롤라가 어물거리다가는 뒤처질 거야!』하고 자주 말하곤 했다. 물론 그도 40계열 카롤라 개발에 애썼다. 나 자신은 카롤라가 존재감을 잃고 코로나가 사라져도 될 만큼의 자동차로 만들고 싶었다. 에너지 절약, 배기가스 규제의 시대를 맞아 기존 상품을 대체할 수 있는 차를 만드는데 열심이었다」

드디어 30B는 터셀/코르사라는 애칭으로 불리면서 발매된다. 1978년 8월의 일이다. 그런데 78년의 규제에 대응할 수 있는 삼원촉매가 완성되질 않았다. 그래서 최초의 모델은 부연소실 방식과 산화촉매로 발매되고 삼원촉매를 장착한 차량은 그 후에 등장하게 된다.

「나도 반성할 점이 있었다. 먼저 무엇보다 전폭을 1550mm로 정하고는 실내의 치수를 욕심냈기 때문에 상자와 같은 모양이 된 것이다. 솔직히 말해 그다지 예쁘진 않았다(웃음). 디자인 부문에 패키징 상의 큰 제약을 가한 내 책임인 셈이다. 그래도 들어올리는 방식으로 유리를 배치한 해치백은 기분 좋은 스타일링이었다」

TERCEL / CORSA First Generation

Body Type : 2/4Door Sedan, 3Door Hatchback	Displacement : 1295cc(2A-U)/1452cc(3A-U)
Body Length : 3980-4035mm	Bore : 76,0mm(2A-U)/77,5mm(3A-U)
Body Width : 1555mm	Stroke : 71,4mm(2A-U)/77,0mm(3A-U)
Body Height : 1375mm	Compression Ratio : 9.0
Wheelbase : 2500mm	Max Output : 74ps@5600rpm(2A-U)/83ps@5,600rpm(3A-U)
Serving Weight : 790-840kg	Max Torque : 10.7kg-m@3600rpm(2A-U)/12.0kg-m@3600rpm
Total Weight : 1065-1115kg	Fuel Supply : 2-Barrel Carburetor
Type of Engines : In-line 4 cyl	Passenger : 5
Configuration : FF	

차체 중심선을 절단한 모델 사진을 보면, 엔진의 4번 실린더 바로 아래의 종감속 기어 및 차동장치가과 그 앞쪽에 있는 조향 랙을 확인할 수 있다. 페달 종류는 보이지 않지만 위치는 변속기(이 사진은 AT) 옆이다. 촘촘한 패키징이다.

사사키씨가 「기분 좋은 스타일링이 나왔다」고 했던 해치백. 테일 게이트는 유리부분만 들어올리는 방식으로 3세대 카롤라의 가지치기 모델로 리프트 백을 생각했던 사사키씨는 터셀/코르사에도 똑같은 모델을 희망했을 것이다. 덧붙이자면 시리즈 가운데는 2도어 노치백 세단도 설정되어 있었다. 당시에는 차종이 적었던 때문인지 보디 종류는 풍부했다.

일본에서의 판매는 약간 부족했지만 미국에서는 잘 팔렸다. 발매 후 시장조사를 위해 미국으로 건너간 사사키씨가 미국 도요타를 방문했을 때 미국인 임원이 사사키씨를 격려했다.

「터셀을 타고 나가보자고 얘기하고는 그가 운전하고 나는 조수석에 앉았다. 그가 나에게 이렇게 말하는 것이었다. 『사사끼, 도요타에서 가장 큰 차가 무엇이라고 생각해?』라고. 나는 『크레시다』(마크 II 의 북미사양)이겠지」하고 대답했다. 그러자 그는 『아니야 사사키, 이 차야. 이 정도로 다리를 펴고 운전할 수 있는 차가 지금까지 도요타에 있었을까? 터셀이 가장 크다구』라는 거였다. 정말로 기뻤다. 현지에서는 미디어도 내가 의도한 부분을 칭찬해 주었다. 차량의 치수에 대한 목표가 조금 오버되긴 했지만, 예전의 카롤라가 답답했다고 들었던 나도 만족했으니까」

사사키씨가 반성하는 또 한 가지가 있다.

「CVJ 가격이 비싸서 당초의 원가 기획에 맞추지 못했기 때문에 장비를 약간 검소하게 한 점이다. 일본에서 팔리지 않았던 가장 큰 이유는 이점이라고 생각한다. 원가 기획에 못 미친 것을 조금이라도 회복하기 위해 사양을 낮추면 고객은 다른 데로 가버리기 십상이다. 생각해 보면 퍼블리카도 그랬고 터셀/코르사 다음의 캠리도 그랬다. 같은 실패를 몇 번이나 되풀이한 셈이다. 주사는 원가 기획에 대한 책임을 갖지만 원래부터 원가기획은 대개 어려운 문제이다」

도요타 최초의 FWD는 세로 배치 엔진이었다. 그 후에는 모두 가로 배치로 바뀌었다. 많은 모델이 앞바퀴 구동으로 바뀌는 과정에서 엔진이나 CVJ의 원가 기획도 자리를 잡아가는 동시에 대량 생산에 따른 장점도 생겨났다. 당연히 최초의 가로 배치 FWD 모델을 만드는데도 고생은 있었다고 생각한다. 조만간 이 부분은 다른 분을 인터뷰할 생각이다. 어쨌든 터셀/코르사는 도요타가 FWD 제조를 배우는데 있어서 크게 공헌했다. 이 사실은 39년 뒤인 지금도 변함이 없다. 또한 사사키씨가 도요타 FF의 아버지라는 것도.

직렬 6기통이나 V8 기통도 FF가 가능하다

「엔진 가로 배치」가 유행했던 이유

이제는 포드 익스플로러 같은 대형 SUV 조차도 모노코크 보디의 FF를 하고 있다.
전 세계에서 1년 동안 생산되는 약 9천만대의 자동차 가운데 80% 이상이 FF 또는 FF 기본의 AWD(4바퀴 구동)이다.
그런 FF 가운데서도 왜 특히 엔진을 가로로 배치하는 FF가 세계적으로 유행했던 것일까.
주요 원인과 그 배경을 특집의 모두에서 살펴보겠다.

본문 : 마키노 시게오 수치 : 아우디 / 마쯔다 / 만자와 고토미

Cut-Away of Ford Explorer 2012

그야말로 입체적인 퍼즐이다. V6 엔진을 가로로 배치한 FF의 엔진룸은 사진과 같이 빡빡하다. 정(井) 자를 길게 늘린 것 같은 서브 프레임에 동력전달 장치과 조향장치를 모두 집어넣고 전방에는 크러셔블 존을 확보하는 현대의 전형적인 FF 설계이다. 또한 엔진 블록보다 위는 모두 수지부품(검은 부분)으로, 차량 무게 중심을 낮추고 보행자와 접촉 시 머리 부분을 보호하기 위한 배려이다.

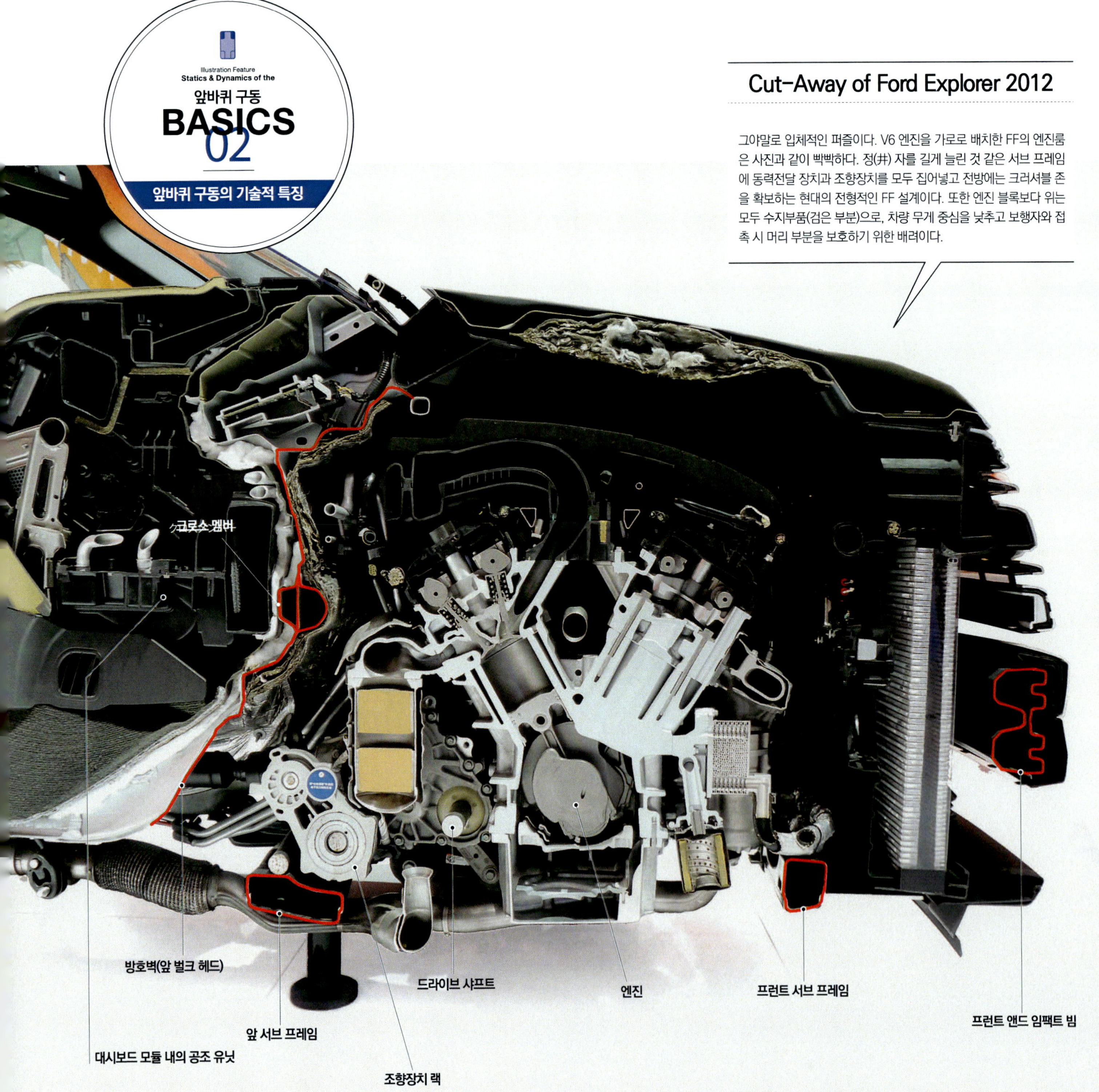

1980년대 후반에 포드는 중형급 토러스를 V6 엔진의 가로 배치 FF차로 발매했다. 90년 전후에는 GM이 V8 엔진을 탑재한 풀사이즈 등급까지 FF로 바꾸면서 언젠가 FR은 트럭계열을 제외하고 소멸되는 것이 아닌가 하는 예상도 흘러나왔다. 예전 영국에서 FF 초기의 명차인 「미니」가 탄생했던 데에는 56년 발생한 수에즈 운하 문제에 따른 석유 가격의 급등이 그 배경에 있었다. 73년과 79년에 세계를 두 번이나 덮쳤던 오일쇼크는 일본에도 FF 차량을 탄생시켰다. 자동차 산업계는 자동차의 소형 경량화와 그에 따른 연료소비를 절약하기 위해서는 앞바퀴 구동으로 만드는 것이 필수라고 생각했던 시대를 경험했다.

80년대에 승용차의 C세그먼트까지는 거의가 앞바퀴 구동으로 바뀌었다. CVJ(등속 조인트)의 기술적인 발전과 양산에 따른 원가 절감은 프로펠러 축와 리어 액슬을 대신할 부분의 원가를 줄이면서 처음에는 고가였던 FF 차량의 제조 원가를 순식간에 낮춰나갔다. 전장을 짧게 해도 실내 넓이는 바뀌지 않거나 또는 전장을 유지한 상태라면 더 넓은 실내를 확보할 수 있다. 거주성 측면의 장점이 초기 FF가 가진 매력이었다.

그리고 중량과 효율적인 측면의 장점이다. FR의 엔진의 회전을 바퀴의 회전방향에 맞춰 90도를 바꾸기 위한 하이포이드(Hypoid) 기어가 필수이다. 이 제조 단가는 많은 단품부품 가운데 가장 높은 종류에 속하는 동시에 무게도 많이 나간다. 뒷바퀴에 구동력을 전달하는 프로펠러 축도 필수이다. 반대로 말하면 이러한 부품들이 없어지면 가벼워진다. 실내 중앙의 바닥에 있는 터널도 필요가 없어진다. 하이포이드 기어로 잃어버린 3~4%의 구동력을 활용할 수 있는 것이다. 가로 배치 FF가 유행했던 이유는 이런 이유들 때문이다.

90년대에 들어오면서 자동차 산업계에 충돌 안전성 향상이라는 과제가 대두된다. 차체 앞부분에 크러셔블 존(찌그러지는 영역)을 설정해 충돌시 이 부분을 찌그러지게 함으로서 충돌 에너지를 흡수하게 하는 설계 기술이 급속하게 발전했다. 그 선두를 달렸던 것이 91년에 발매된 볼보 850으로 가로 배치 5기통 엔진으로 앞바퀴를 구동함으로서 크러셔블 존을 무리 없이 설계했다. 그 후 볼보는 FR차를 은퇴시키고 모든 차종을 앞바퀴 구동으로 바꾼다. 그 과정에서 직렬 6기통 엔진을 가로로 배치하는 전대미문의 설계를 선보였다. 보조장치를 포함해 엔진의 앞뒤 길이를 450mm에 맞추기 위해 V형 엔진을 포기했기 때문이다. 동시에 배기량을 보완하기 위한 저과급압 터보를 장착함으로서 현재의 과급 다운사이징 흐름을 이끌었다.

충돌 안전성 문제는 FR 차량이 직렬 6기통 엔진을 포기하는 이유가 되기도 했다. 90년대 말에는 직렬기통6에서 V6로의 전환이 순식간에 이루어졌다. 파워트레인으로서의 V6는 세로 배치이든 가로 배치이든 체적은 거의 비슷해서 90년대 말에 낫산은 FF와 FR에 V6 엔진을 탑재하는 모델의 플랫폼 설계를 통합하였다. 초대 티아나와 V35 스카이라인의 보디 골격은 거의 공통이었다. 그런가 하면 GM은 80년대에 V8 엔진을 가로 배치 FF로 설계했던 것을 FR로 복귀시키면서 FR이라는 방식에 고급성을 적용했다. 한편 볼보는 05년 때 SUV XC90에 V8 엔진을 가로 배치로 탑재하였다. 이 당시의 상황은 각사마다 제각각이었다.

앞바퀴 구동으로 바꾸었던 이유는 「효율, 중량, 가격」으로 집중시킬 수 있다. 이 세 가지 시점에서 자사의 상품을 검증한 결과 각 메이커가 장기적 전략으로 FF를 선택했다. 그런 경향이 현재도 계속되고 있다. 그와 동시에 일정량의 수량을 넘어선 시점에서 FF용 부품단가는 극적으로 싸지고 반대로 FR용 부품은 비싸졌다. 극히 자연스러운 이론이다.

직렬 6기통 2953cc 터보

직렬 5기통 2521cc 터보

V형 8기통 4414cc

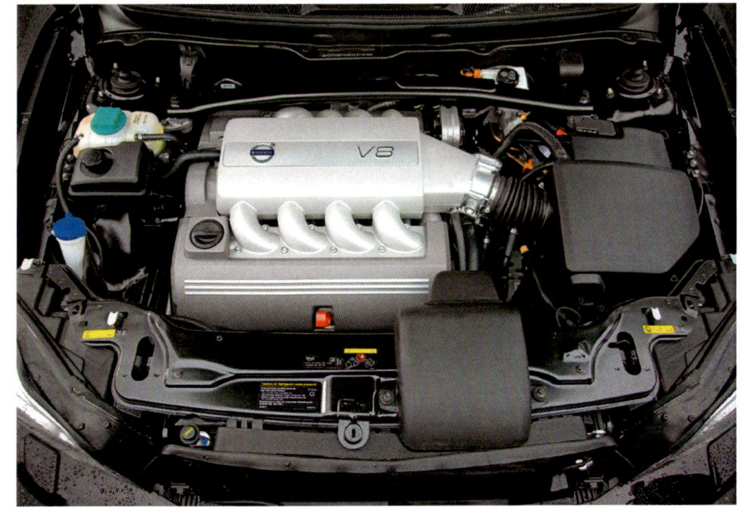

볼보 최초의 5기통 가로 배치 동력전달 장치. 직렬 6기통 엔진에서 1기통을 제거한 설계였다(위 우측). 그 후 볼보는 직렬 6기통 가로 배치를 위해 통상은 변속기와 반대쪽에 있는 보조장치들을 변속기 바로 위에 배치하였다. 이로 인해 동력전달 장치 탑재 길이를 단축되었다(위 좌측). 고급차를 위해 6기통 이상의 엔진이 필요하다고 판단했을 때는 야마하 발동기에 V8의 설계와 제조를 위탁하였다(좌측). 이러한 변천은 단순히 기술적인 측면만의 흐름이 아니다. 볼보는 1990년대 초기에 르노와의 합병을 추진했지만 주주들의 반대에 부딪치면서 이를 철회하였다. 그 후 업적 호조를 보이던 98년에 포드가 볼보를 매수하였다. 직렬 5기통 엔진을 포드에 공급하는 한편으로 포드와의 관계 때문에 야마하 엔진의 조달을 결정한다. 4기통 엔진은 마쯔다 설계에 포드 사양을 적용했다. 2010년에 포드로부터 중국의 지리자동차에 매각된 직후 엔진을 과급 직렬 4기통으로 낮추게 된다. FF 제제와 동력전달 장치 집약이라는 테마로 볼보 카즈 회사를 보면 상당히 흥미롭다.

최신 FF 플랫폼으로 보는

중량 배분과 패키징의 상관 관계

FF차는 앞이 무겁고 뒤가 가볍다. 분명 중량 배분은 이 말이 맞다.
하지만 과거의 앞뒤 차축의 중량 배분을 조사해 보면 앞쪽의 중량이 점점 개선되고 있다는 것을 알 수 있다.
그렇다면 앞으로의 미래는「FF나 FR 모두 동일한 중량 배분」으로 나아갈까.

본문 : 마키노 시게오 수치 : VW

이제는 플랫폼 효율이라는 말이 업계에 완전히 정착되었다. 하나의 차량 플랫폼(보디의 기본골격설계)으로 연간 몇 대를 생산하느냐는 것이다. 이 분야에서는 VW(폭스바겐)의 실적이 화려한 편으로 PQ25(폴로 등)와 PQ35(골프 등) 두 가지 FF 플랫폼으로 각각 연간 200만대의 생산을 자랑했다. 현재의 3세대 아우디 A3로 시작해 골프(7세대), 파사트(8세대)로 이어지는 MQB 플랫폼은 전 세계적으로 연간 규모 500만대, 즉 VW 그룹의 생산대수 반 정도를 한 가지 플랫폼으로 양산하겠다는 경영전략 하에서 탄생했다.

VW 그룹에는 MQB 외에도 더 작은 자동차를 하나로 묶어주는 NSF가 있고, MQB의 상위에는 엔진을 세로 배치한 FF를 포괄하는 MLB 그리고 포르쉐 등과 같이 뒷바퀴 구동 모델을 통합하는 MSB와 같은 플랫폼 계획이 있다. 총 4가지 플랫폼으로 향후 그룹의 연간 생산 규모를 1200만대로 확대해 나간다는 것이 VW의 목표이다. 그 가운데서 중심은 MQB로서 현재의 폴로 크기부터 파사트 나아가서는 샤란 같은 미니밴까지 커버하겠다는 의욕적인 플랫폼 계획이다.

이전에는 MQB에 대한 세상의 아군이「모듈화」였다. 부품·엔진을 모아서 가능한 큰 단위(Module)로 만든다는 생각이다. 확실히 그런 식으로 진행되면서 원래 MQB라는 독일어의 두문자를 영어로 바꾸면 모듈러 트랜스버스 매트릭스=MTM이 되는데 그야말로 모듈러를 말한다. 그렇다고 차량 전체를 모듈로 구성하겠다는 의미는 아니다. 모듈로 부를 수 있는 것은 동력전달장치 주변뿐이다. 다른 부분은「탈(脫)모듈」이고 달리 말하면「탈 플랫폼」을 지향하고 있다.

VW에 따르면 MQB를 통해 차체의 치수를 통제 할 수 있는 부분은 앞 차축의 중심부터 페달까지의 거리뿐이다. 다른 치수는 모두 자유롭게, 전장이나 전폭, 휠 베이스 모두 자유롭다고 한다. 즉 앞 차축부터 페달까지의 치수 안에 배치할 수 있는 부품이나 엔진이 MQB에서의 유일한 모듈로서 이 모듈을 중심으로 자동차가 만들어진다는 의미이다. 실제로 MQB 골프와 MQB 파사트를 조사해 보면 대시보드 안쪽에 있는 엔진의 격벽

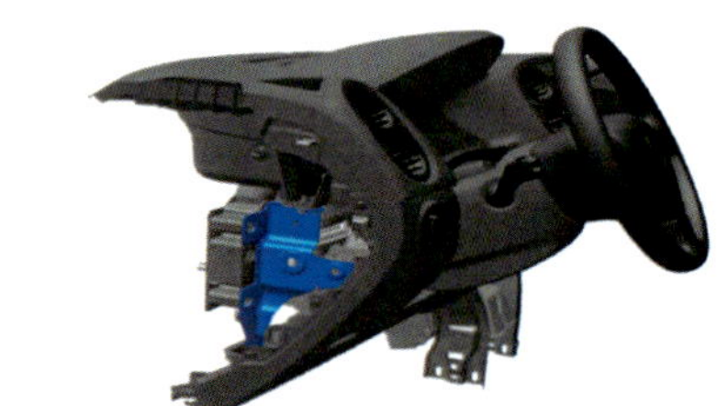

대시보드의 디자인

대시보드의 안쪽, 조향장치 행어와 벌크 헤드(격벽) 부분은 모두 공통으로 설계하지만 거기에 부착하는 대시보드 모듈은 설계 여유가 있어서 브래킷(파란 부분) 형상을 바꿔가면서 탑재에 대응한다.

상단은 골프, 하단은 파사트의 대시보드. 두 차종 모두 전폭이나 실내 치수는 다르지만 똑같은 골격에다 디자인만 독자적으로 하고 있다.

폭스바겐 MQB 플랫폼

VW Golf TSI Trendline／VW Passat TSI Trendline
(Japan Edition)
Body Length：4,265mm／4,785mm
Body Width：1,800mm／1,830mm
Body Height：1,460mm／1,465mm
Wheelbase：2,635mm／2,790mm
Serving Weight：1,240kg／1,460kg
Weight Distribution：
F=770kg/R=470kg／F=840kg/R=620kg
Type of Engine：CJZ／CZE
Displacement：1,197cc／1,394cc
Bore：71.0mm／74.5mm
Stroke：75.6mm／80.0mm
Compression Ratio：10.5／10.0
Max Output：105kW@4,500-5,500／110kW@5,000-6,000
Max Torque：175Nm@1,400-4,000／250Nm@1,500-3,500
Tire：195/65R15／215/60R16

제원만으로는 알 수 없지만 제원이 말해주는 것도 있다. VW골프는 현재의 모델이 이전의 모델보다 가벼워졌다. 더구나 앞 차축의 중량이 많이 가벼워졌다. 당연히 VW은 의도적으로 이렇게 설계하고 있다. 파사트는 그런 경향이 더 두드러진다.

고급 모델로서의 미니밴

「고급품」으로서의 캐빈은 자유롭게 설계한다. 3열 시트 미니밴이나 노치백 세단도 설정은 자유이다. 이런 경향은 FF 플랫폼 쪽이 확실하게 강하다. 차세대 샤란이 어떤 스타일로 등장할지 기대된다.

[뒤 차축의 중량 배분]
Golf 38%／
Passat 43%

[앞 차축의 중량 배분]
Golf 62%／
Passat 57%

[휠 베이스]
Golf 2635mm
Passat 2790mm

엔진 변화

-12
> 235 <
차량 뒤

탑재 엔진은 전동 모터까지 포함해 앞뒤 방향의 치수가 규정되어 있다. 내연기관은 모두 후방 배기로 되어 있어서 후방으로 기울게 함으로서 가능한 중량을 전방으로 쏠리지 않게 연구한다. 또한 배기 쪽 공간에도 여유를 두고 있다.

MQB의 포인트는 치수 고정 영역

MBQ에서는 앞 차축의 중심부터 페달까지의 거리가 정해져 있다. 이곳은 치수가 고정된 부분으로 바뀌지 않는다. 액셀러레이터 페달의 히프 포인트는 차량 패키징 상의 기점으로 여기서부터 앞 차축까지의 공간에는 FF 차량의 주행장치 대부분이 배치되기 때문에 이곳을 고정하는 것이 이치에 맞는 것이다. 또한 이 치수에 중량 배분에 대한 비밀이 담겨 있다.

(벌크 헤드), 조양축 행어, 페달 유닛이 모두 공통이다. 앞 차축~페달 사이에는 엔진 및 변속기, 액슬, 엔진 보조장치, 배기장치, 조향장치, 공기조절 유닛, 차량 탑재 ECU(컴퓨터) 등이 배치된다. 이것들이 FF 차량의 제조 원가에서 차지하는 비율은 60%가 조금 넘는다. 말하자면 핵심가치라 할 수 있는데 이것들을 수용할 수 있는 최소한의 치수가 「앞 차축부터 페달까지의 거리」로 정해져 있다. 엔진은 가솔린, 디젤, 하이브리드, 전동 등 무엇이든 장착할 수 있다. 탑재 요건만 지키면 된다. 그렇게 생각된다.

즉 MQB는 「FF 동력전달 장치을 중심으로 하는 전략」이다. 동력전달 장치 수용 치수를 고정한다라고 하는 것은 당연히 좌우 앞 사이드 멤버 사이의 치수 고정을 의미한다. 앞 차축~페달 사이의 치수를 고정하면 그 사이에 들어가는 벌크 헤드를 공통으로 사용하게 된다. 앞 사이드 멤버와 벌크 헤드는 충돌할 때 에너지의 흡수허용량을 결정하는 2대 요소이다. 차량의 무게가 가벼운 골프와 무거운 파사트를 어떻게 구분해 만드는지 즉, 강판 두께와 강도를 어느 정도로 하는지는 불명확하지만 바닥이나 뒤 현가장치 주변은 어느 정도 허용범위를 가진 자유설계로서 최신 FF 플랫폼을 사용한 패키징의 변화를 볼 수 있다.

또 한 가지 MQB의 특징은 앞 차축 중량을 줄인데 있다. 5세대 골프는 앞 차축이 평균 63%였지만 7세대 MQB 모델은 61%대가 평균이 되었다. 파사트는 앞 차축이 57%로 이제는 FR차에 가까운 수준이다. FF차의 앞 차축의 중량부담은 별로 바랄 것이 없지만 이것이 감

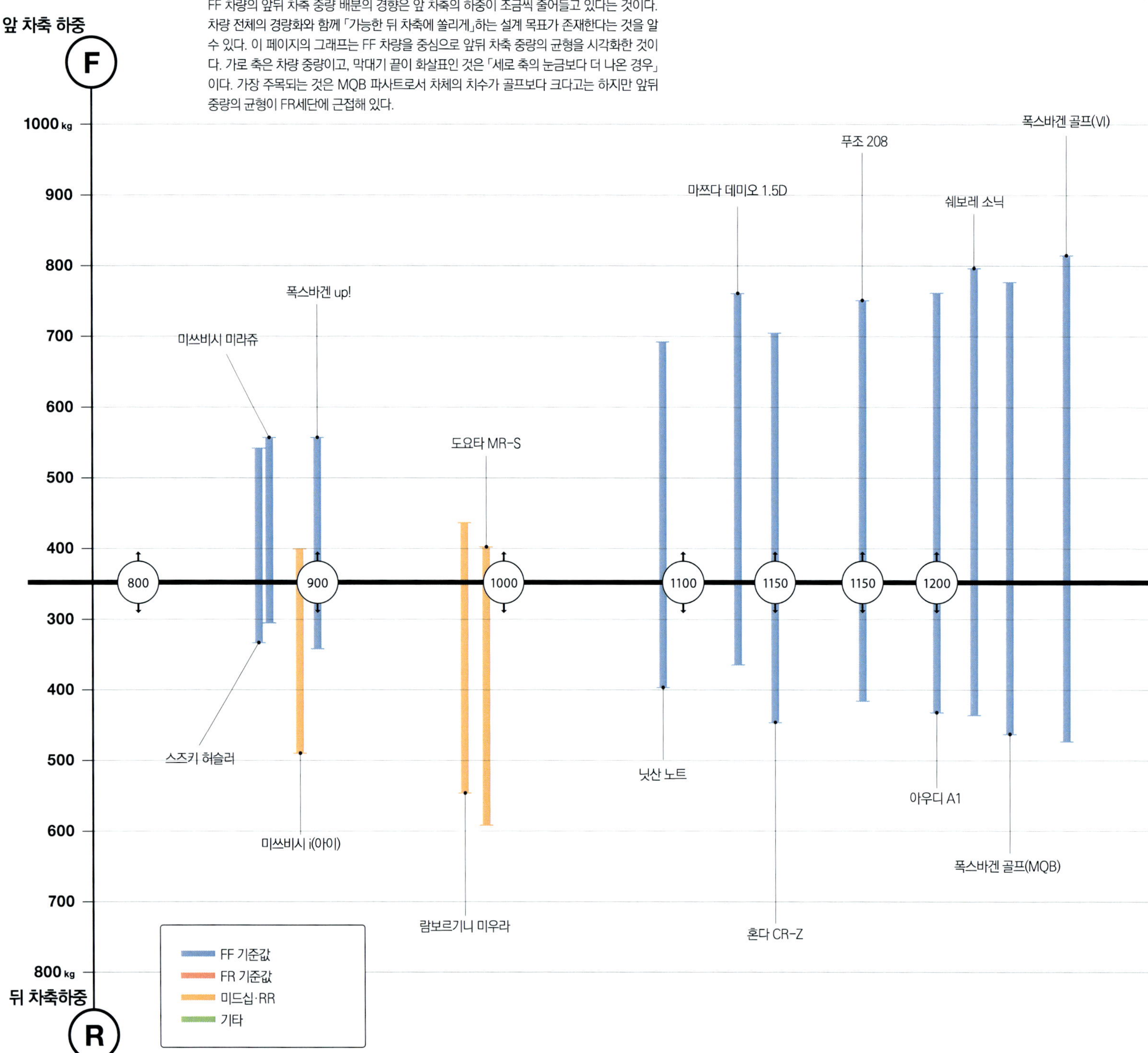

차량의 중량과 앞뒤 차축 중량의 관계

FF 차량의 앞뒤 차축 중량 배분의 경향은 앞 차축의 하중이 조금씩 줄어들고 있다는 것이다. 차량 전체의 경량화와 함께 「가능한 뒤 차축에 쏠리게」하는 설계 목표가 존재한다는 것을 알 수 있다. 이 페이지의 그래프는 FF 차량을 중심으로 앞뒤 차축 중량의 균형을 시각화한 것이다. 가로 축은 차량 중량이고, 막대기 끝이 화살표인 것은 「세로 축의 눈금보다 더 나온 경우」이다. 가장 주목되는 것은 MQB 파사트로서 차체의 치수가 골프보다 크다고는 하지만 앞뒤 중량의 균형이 FR세단에 근접해 있다.

소하면 몇 가지 장점을 얻을 수 있다.

자동차 제작사의 현가장치 설계부문에 물어보면 앞 차축의 중량부담을 줄이는 것은 킹 핀 축을 설정하는데 있어서 「다소의 여유를 가져다준다」고 한다. 이것을 조향장치의 설계 쪽에서 보면 「애커먼 기하학적 구조의 설정에 여유가 많아지는 동시에 EPS(전동 파워 조향장치)의 부담을 줄이는 것」으로 바꿔서 해석할 수 있다. 또한 뒤 현가장치의 설계 쪽에서 보면 「1~2%의 변동만으로도 뒷바퀴의 접지성능 향상에는 확실하게 장점이 증가」한다.

VW측은 MQB가 골프급 모델에서는 100kg 이상의 경량화 효과를 가져다준다고 주장한다. 배분에 있어서 앞 차축이 약 70kg으로, 엔진의 출력 90~100kW급에서 비교하면 중량의 감축 내역이 크랭크 케이스에서 22kg, 터보 유닛에서 2.5kg, 크랭크축 2.2kg, 기어종류에서 6kg…… 등으로 엔진과 그 주변에서 두드러진다. 하지만 앞 차축~페달 사이에 배치되는 모든 부품·엔진의 경량화 효과를 모두 합쳐도 70kg에는 미치지 못한다. 감춰진 「중량 배분의 개선」 분량이 있는 것이다.

VW은 MQB에 대해 「기존의 VW 모델에 비해 앞바퀴가 40mm 앞으로 나갔다」고 말한다. 하지만 MQB 이전의 모델과 비교하면 이것은 앞바퀴가 앞으로 나온 것이 아니라 「엔진의 탑재 방법을 후방 배기로 해서 탑재 치수를 50mm 줄인 것」과 더불어 상대적으로 운전석 HP(히프 포인트)가 약간 휠 하우스 내에서 뒤쪽으로 들어간 결과라는 가설에 이른다. 기존에는 알루미늄

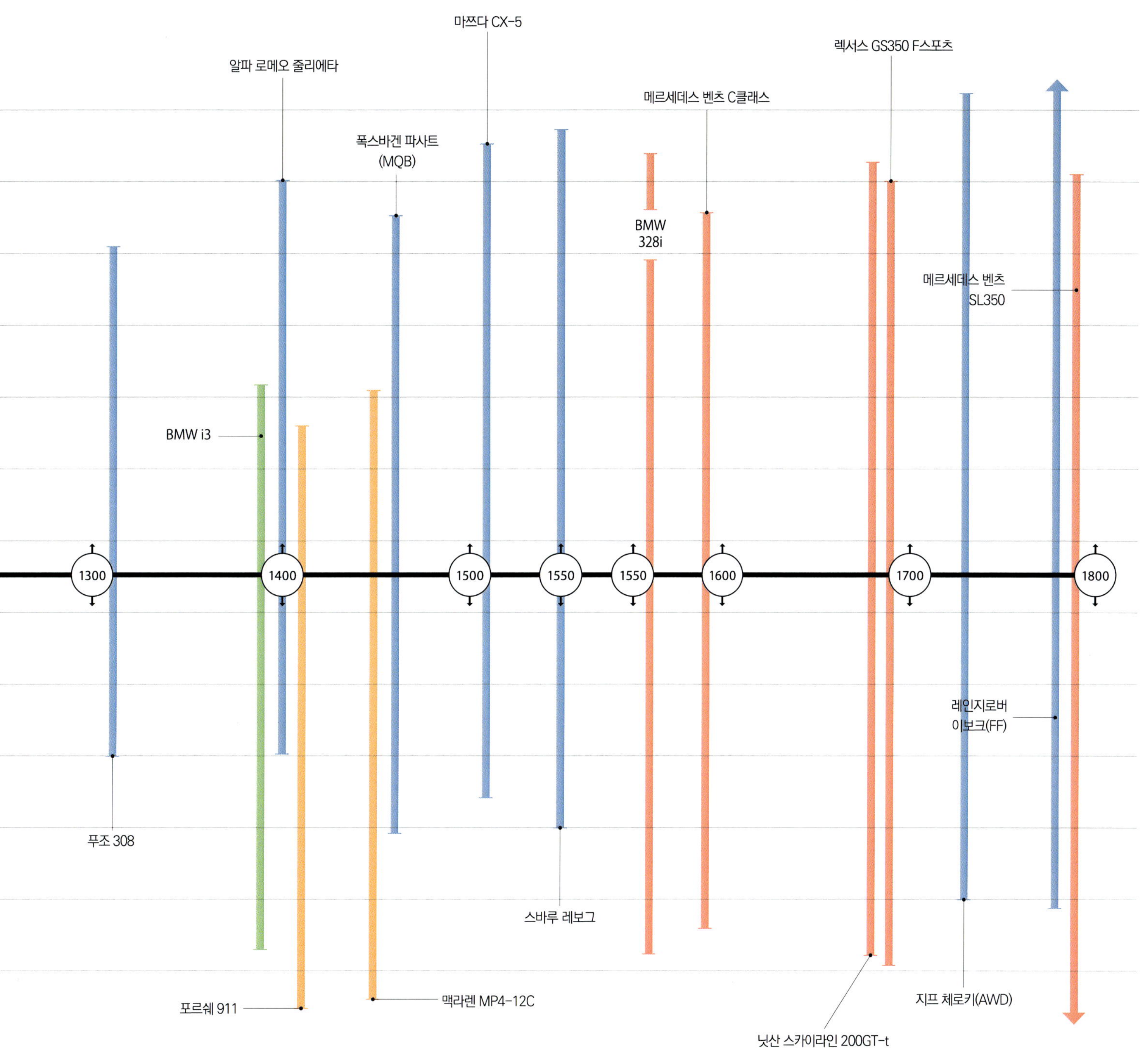

주물이었던 서브 프레임을 강판 프레스로 바꾼 효과도 있지만, 중량물이 아주 약간 뒷바퀴 쪽으로 이동한 결과의 「앞바퀴 중량 70kg 감축」이라고 말할 수 있을 것이다.

비슷한 경향은 마쯔다의 스카이액티브 보디에서도 볼 수 있다. 마쯔다도 운전석 HP를 상대적으로 뒤로 보냈다. 푸조 308도 비슷한 경향을 보일뿐만 아니라 심지어는 3기통 엔진 차량에서는 앞 차축의 중량을 감축한 효과가 더 크다. 어느 플랫폼 기획팀은 「이를 통해 가상 조향축으로도 실제 조향축에 가까운 느낌을 얻으려고 한다」고 분석했다. 즉 아주 약간이기는 하지만 FF 차량의 앞뒤 차축의 중량 배분은 FR 차량에 근접해 있는 것이다. 몇 가지 예를 검증해 보면 플랫폼을 새롭게 하는데 있어서는 앞뒤 차축의 중량 배분도 감춰진 주제로 있다는 가설에 이른다.

그러면 그 목적은 무엇일까. 운전 원활성(drivability)의 개선이라고 생각하면 물론 납득은 가지만 더 속을 들여다보면 운전자의 보조 기능과 그 다음에 있는 자율주행을 염두에 두고 있는 것처럼 생각된다. 조향을 자동으로 제어하는 것이라면 앞 차축의 중량은 줄이는 것이 좋다. 만약 FF와 FR가 앞뒤 차축의 중량 배분이 거의 비슷하다면 예를 들어 VW 같은 경우 하나의 자동제어 소프트를 적용할 수 있다. MQB 파사트의 앞 차축의 중량이 57%이야말로 VW이 계획하고 있는 미래라고 생각된다. FF나 FR 모두 역동적인 측면에서의 차이는 없어진다. 미래는 거기에 있을지도 모른다.

4바퀴 접지야말로 안정성의 열쇠

현재는 대부분의 FF 차량이 서브 프레임을 매개로 앞 현가장치를 차체에 결합시킨다.
반면에 뒤쪽은 FR의 경우 서브 프레임 마운트가 대세이지만 FF 차량은 일체식 차축도 아직 많이 사용되고 있다.
FF와 FR의 현가장치은 뒤쪽을 주목해 볼만 하다.

본문 : 마키노 시게오 수치 : 아우디 / 볼보 / 마키노 시게오 / 세야 마사히로 아카이브

Front Suspension

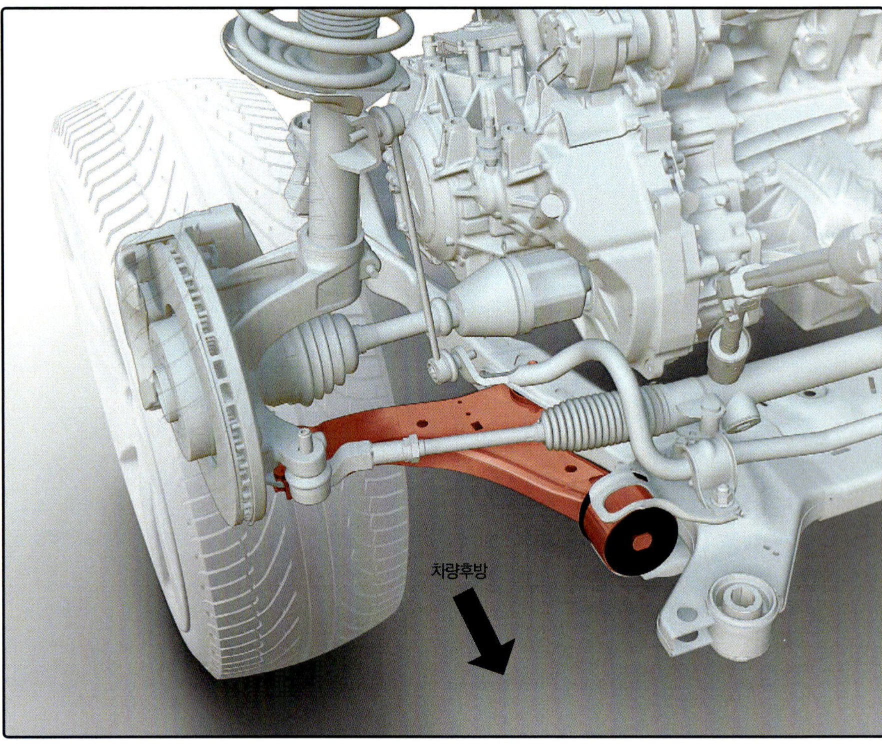

L자형 로어 암으로 결합된 스트럿 사진. L자 형상은 최대 조향 각도일 때 휠과 간섭하지 않도록 결정되며, 보디 쪽의 폭(span)은 최대 조향 각도일 때 암이 받는 횡력(side force)을 견딜 수 있도록 설정된다. 물론 이 암을 연결하는 곳의 서브 프레임 형상과도 잘 맞아야 하고 서브 프레임은 탑재하는 동력전달 장치에 영향을 받는다. 이러한 것들을 최대 공약수로 설정함으로서 개별 모델마다 세부적으로 도출해 내는 설정 방법이 일반적이다.

← 차량의 전방에서 더블 위시본을 바라보면 구동축을 피하기 위해 끝부분이 양 갈래로 나뉜 댐퍼 마운트 모습을 볼 수 있다. 그와 더불어 구동축과 타이로드도 현가장치 구성요소의 일부라는 인상을 갖게 된다.

→ FF용 더블 위시본 모습. 구성요소가 증가하는 만큼 기하학적 구조의 설정에 대한 여유가 많아진다. 이 일러스트 상에서는 어퍼 암/로어 암이 둘 다 2분할 방식이지만 어퍼 암을 일체형으로 하는 경우도 있다.

Rear Suspension

오른쪽은 FF기본의 4WD에 적용된 멀티 링크 방식의 뒤 현가장치이다. 종감속 기어 및 차동장치와 구동축을 빼면 FF사양도 되고, 이것을 FR용이라고 해도 별로 위화감이 없다. 몇 개의 짧은 암을 사용해 행정의 전체 영역에서의 기하학적 구조의 변화를 흡수한다는 점에서는 FF나 FR도 방법이 똑같으며, 「비어 있는 공간에서의 최대효율」을 얻고자 하는 점도 동일하다. 차량의 제조 단계에서는 사전에 조립한 이 모듈을 마지막에 보디에 결합시킨다.

TBA 모습. FR에서는 중앙에 종감속 기어및 차동장치가 배치되기 때문에 이러한 형상의 일체차축은 성립되지 않는다. FF 특유의 형상인 것이다. 쇽업소바와 코일 스프링의 장착은 별개의 방식이나 일체방식으로 나뉜다. 이 사진은 별개의 방식. 로테크(Low-Tech) 같지만 실은 성능이 상당히 뛰어나다.

요로즈가 개발한 액압 프레스로 만들어진 가변 단면 성형의 TBA 빔. 이러한 부품은 단면적과 형상을 개량함으로서 요구하는 성능에 맞게 형상이 만들어진다. 부품의 납품업체가 전문으로 하는 부분이다.

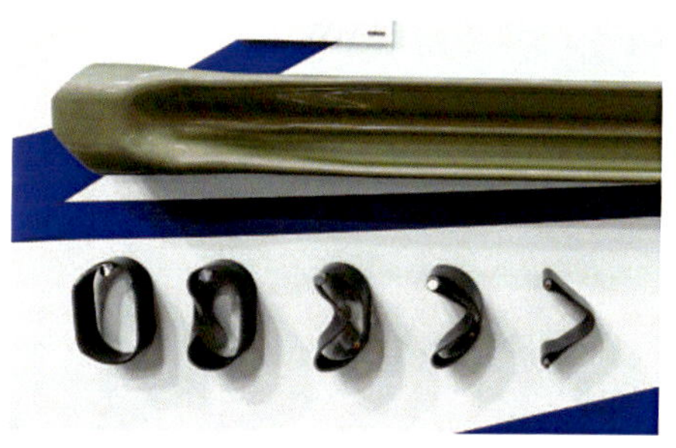

시판되는 차량의 앞 현가장치는 FF나 FR 모두 거의가 스트럿 또는 더블 위시본(더블 위시본)으로 집약된다. 스트럿의 경우는 L(=감마)자형의 로어 암이 압도적으로 많다. 예전에는 단순한 1개짜리 직선형상 암에 동적(動的)인 링크가 없는 텐션 로드 또는 스태빌라이저를 조합한 방식이나 보디 쪽으로 벌어진 A자형 암도 볼 수 있었지만 직진~최대 조향 각도 안에서 횡력(side force)을 확실히 받아 들일 수 있는 형상을 추구하다보니 L자형이 주류가 되었다. 엔진의 출력 상승에 따라 타이어의 그립력이 증가하면서 더 튼튼한 구조가 요구된 결과이다.

한편 더블 위시본은 앞바퀴 안쪽의 허브로부터 너클을 위쪽으로 많이 끌어올려 그 끝이 스트럿을 감싸듯이 보디 쪽 링크와 결합하는 어퍼 암의 설정이, 로어 암은 L자를 그리는 설정이 많다. 무엇보다 FF에서는 앞 현가장치를 더블 위시본으로 하는 경우가 별로 없다. 이 방식은 FR인 메르세데스 벤츠 S클래스(W116)가 아마 최초일 것이다. FF에 사용한 것은 1985년에 발매한 혼다 어코드(3세대)가 최초였다. 또한 예전에는 닛산이 90년에 발매한 FF 차량 프리메라(초대)의 앞 현가장치에 트위스트 너클(Twisted Knuckle) 더블 위시본을 발전시킨 멀티 링크를 사용했지만 현재는 멀티 링크 FF로 부를 만한 장치를 사용하는 시판 차량은 없다.

80년대의 일본제 FF승용차에서는 뒤 현가장치가 평행(parallel) 링크방식 스트럿이 많았다. 같은 높이로 2개의 로어 암을 배치하고, 세로방향은 레디우스 로드(Radius Rod)로 구성되었다. 현재는 도요타 캠리 등 일부 모델에만 남을 정도로 소수파로 전락했다. 대세를 차지한 것은 이것도 예전부터 존재하던 반독립식이다. 좌우 바퀴를 위아래로 작동하는 궤적을 규제하는 트레일링 암에 좌우 바퀴를 연결하는 액슬 빔(토션 빔)을 조합한 것으로 TBA(Torsion Beam Axle) 커플링 링크로 부른다. 방식 자체는 오래되었지만 소재나 성형방향, 동적 해석 등 주변 기술의 발전으로 인해 아직도 주연의 위치를 지키고 있다 FF의 고급 모델, 차량의 중량이 무거운 모델에서는 멀티 링크가 주류이다. FR의 멀티 링크와 개념이 동일해서 서브 프레임에 연결한 모듈 상태에서 차체에 장착한다.

근래의 FF 차량의 현가장치는 뒷바퀴의 접지를 확보하려는 방향에 있다. 선회할 때 안쪽 뒷바퀴가 뜨면서 「세 바퀴로만 주행하던」것이 예전의 FF이었지만, 그런 경향은 사라지고 있다. 접지만 되면 브레이크를 사용하는 안정성 제어(Stability Control)로 한계 부근에 개입할 수 있다. 뒷바퀴를 어떻게 접지시키느냐는 연구는 현가장치의 기하학적 구조의 설정분만 아니라 뒤 차축으로의 중량 배분이나 보디 전체에서의 롤 강성의 확보 방법 등에서도 볼 수 있다. 물론 멀티 링크 채택도 단순히 공간효율을 추구한 결과는 아니다.

앞바퀴 구동의 역사

파워트레인과 구동바퀴의 난해한 배치

자동차가 앞으로 가려면 4개 타이어 가운데 앞바퀴가 움직인다. 그렇게 생각하는 것이 극히 자연스럽다. 혼다 소이치로도 짐수레나 인력거가 앞에서 끄니까 안정적인 것이라고 말했다고 전해진다. 그런데 안정성을 실현시키는데 있어서 장애가 조향장치이다. 안쪽과 바깥쪽 바퀴의 속도차이 허용, 구동축의 등속성, 현가장치의 치수확보, 파워트레인의 탑재성 등등의 해결을 위해 노력해 온 기술자들의 지혜를 뒤돌아본다.

본문 : 사와무라 신타로 사진그림설명 : MFi

fig.1 퀴뇨 파르디에

프랑스의 기술자 니콜라=조세프 퀴뇨가 제작한 자동차. 앞 1륜, 뒤 2륜 구조. 보일러의 증기를 이용해 앞바퀴 좌우에 각각 배치된 실린더를 작동시킴으로서, 크랭크 암을 이용해 바퀴를 구동했다. 극단적으로 앞이 무거운 구조로, 차대가 평평한 것은 대포를 운반하기 위해서였다. 프랑스에 현존한다.

fig.2 드 디옹 부톤의 증기 자동차

드 디옹 부톤 회사 최초의 자동차. 차량 가장 앞부분에 세로로 배치한 보일러를 탑재, 바닥 아래 쪽의 출력 축에서 벨트로 앞바퀴를 구동한다. 물 탱크는 좌석 아래에 있다. 조향장치는 뒷바퀴에 있어서 허브 캐리어+타이로드를 사용해 각도를 주는 구조로 운전석에서 레버와 링크를 이용해 제어하였다.

fig.3 퀄스타인의 전기 자동차

앞바퀴의 차축 위에 전기 모터와 배터리를 배치해 유닛 전체로 조향한다. 마차를 유용하기가 쉬웠기 때문에 주목을 끌었다. 다루기 어려운 보일러나 엔진보다 안전하고 간단했기 때문에 여성들로부터 인기를 받았다. 운행거리와 가격 문제를 해결하지 못하던 중에 엔진으로 대체되었다.

앞바퀴를 구동하는 자동차의 역사에 대해 살펴보겠다.

FF 차량이 양산되기 시작한 것이 20세기 후반에 들어와서 부터라고 해서 우리는 이것이 근대에 들어와서야 겨우 탄생한 것으로 생각하기 쉽지만 사실 FF 차량은 19세기까지 거슬러 올라갈 만큼 오랜 역사를 갖고 있다…… 라고 쓰기 전에 확인해 둘 것이 있다. 앞서의 글은 가게야마 마타기씨의 명저『그림해설 앞바퀴 구동차』(산해당 출간)에 실린 것이다. 이 책에는 앞바퀴 구동 차량의 운동이론과 더불어 여명기의 앞바퀴 구동 차량이 망라되어 있어서 여기에 비견할만한 자료는 없다고 할 정도이다. 더 자세히 알고 싶은 독자는 이 책을 읽어보길 추천한다.

엔진이 탄생하기 전에는

그럼 사상 최초의 앞바퀴 구동 차량이 무엇인가 하는 이야기의 전단계로 가솔린 엔진이 발명되기 이전 시대에 많이 사용된 증기 기관을 동력으로 하는 차량의 세계부터 살펴보기로 하겠다. 이 책의「뒷바퀴 구동의 역사」글에서 18세기에 실제로 가동되었던 퀴뇨의 포차(fig.1)에 대해 살펴보았는데 사실 이 포차는 앞바퀴 구동이었다. 퀴뇨의 포차는 앞 오버행에 거대한 증기의 가마가 매달려 있었지만 그 동력원으로 구동했던 것은 후륜이 아니라 바퀴 하나 분인 앞바퀴였다. 뒤쪽까지 동력을 보낼 기술을 갖추지 못했기 때문일 것이다.

그 후 증기 기관은 백년에 걸쳐 개선되면서 그와 더불어 다양한 증기 자동차도 태어난다. 19세기 말 벤츠와 다임러가 가솔린 엔진 자동차를 만들어 시대가 전환될 때까지 증기 기관은 시대의 첨단을 걸었는데 그런 말기의 증기 자동차에도 앞바퀴 구동은 존재했다. 이 앞바퀴 구동을 제작했던 것은 나중에 가솔린 자동차의 발전에 막대한 영향을 끼친 벨기에의 귀족 알베르 드 디옹 백작. 백작은 기계직공인 조르쥬 부톤을 데리고 1

fig.4 로너-포르쉐의 하이브리드 자동차

마차 메이커인 로너에 취직한 페르디난트 포르쉐는 인휠 모터를 이용해 배터리 전기 자동차, 레인지 익스텐더 방식 하이브리드 자동차, 바퀴 4개 각각에 인휠 모터를 장착한 4WD 전기 자동차 등 다양한 전동자동차를 제작한다. 사진은 앞바퀴 구동인 시리즈 HEV.

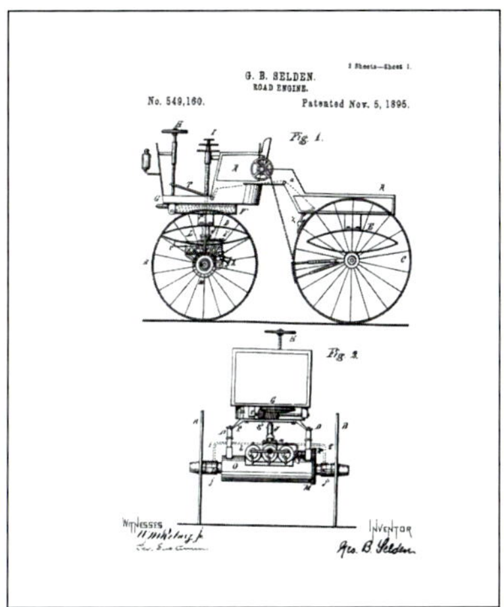

fig.5 셀던의 특허 도면

당시의 기술을 차량의 형태로 정리해 로드 엔진이라는 이름과 함께 특허를 신청. 아직 자동차라는 단어가 생겨나기 전의 일이다. 2행정 3기통 엔진을 수평으로 배치해 앞바퀴를 구동하는 아이디어였다. 특허의 정당성을 실증하기 위해 나중에 노면대로 2대를 시험제작한다.

fig.6 그레이프의 앞바퀴 구동 차량

드 디옹의 단기통 엔진을 차량의 좌측에 배치하고 우측에는 2단짜리 변속기를 배치한 구조. 차동기어를 차량의 중앙에 배치하고 카르단 조인트로 좌우 바퀴를 구동했다. 현가장치는 엔진과 마찬가지로 드 디옹 액슬. 시대를 생각하면 매우 선진적인 구조를 한 차량이다.

fig.7 소시에테 파리지엔의 앞바퀴 구동 차량

드 디옹 혹은 아스텔의 단기통 엔진을 차량 앞쪽 끝에 탑재. 기어로 감속하고 앞 차축을 구동한다. 조향은 조향장치 헤드를 지지점 삼아 구동 유닛 전체를 회전시킨다. 소형 경량의 2인승 트레일러를 일반적으로 빅토리아라고 불렀기 때문에 빅토리아 콤비네이션으로 불렸다.

fig.8 브라운의 앞바퀴 구동 차량

소시에테 파리지엔의 빅토리아 콤비네이션과 기계적인 특징이 거의 비슷했던 오스트리아 제품의 앞바퀴 구동 차량. 거의 비슷하다고는 하지만 차량마다 손으로 작업하던 시절을 감안하면 보기에는 다르다. 사진에서 보면 1인승 좌석 쪽이 전방이고, 그 아래로 엔진이 배치되었다는 것을 알 수 있다.

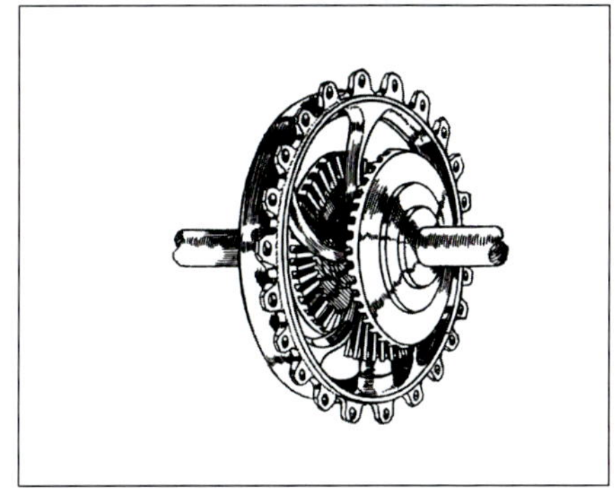

fig.9 스탈리의 차동장치

자전거 공학의 아버지라 불리는 영국의 발명가 제임스 스탈리. 그가 앞뒤 2명이 탈 수 있는 탠덤 사이클을 이용하기 위해 1877년에 발명한 오픈방식 차동 기어는, 조카인 존 켐프 스탈리에 의해 자동차에도 사용되었다. 존에 의해 일어난 것이 로버이다.

인승 4바퀴차에 얹을만한 작한 증기 기관을 개발한다. 1883년에 완성된 이 자동차(fig.2)는 앞 차축 바로 위에 어른이 앉을 정도의 크기인 증기 기관을 싣고, 그 아래쪽의 출력축에서 벨트를 매개로 앞 차축을 구동했다. 의심할 여지없는 앞 엔진 앞바퀴 구동 차량이다.

예의「뒷바퀴 구동의 역사」에서 벤츠나 다임러가 뒷바퀴를 구동했던 것은 앞바퀴에는 조향기구라는 번거로운 장치를 장착하기 때문이었다고 나와 있다. 드 디옹=부톤의 증기 FF 차량은 그것을 해결하고 있었을까. 아니다. 이들은 이 문제를 회피했다. 뒷바퀴 조향으로 했던 것이다. 별것 아니다. 벤츠 자동차나 다임러 자동차가 뒤쪽 방향으로 향하여 주행하는 것 같은 형태이다.

또한 19세기 말에는 납전지로 움직이는 몇몇 전기 자동차가 만들어졌는데, 독일에서 제작된 퀄스타인(fig.3) 제품은 앞 차축에 배터리와 모터를 얹은 앞바퀴 구동이었다. 또한 시간이 지나 1900년에 페르디난트 포르쉐는 가솔린 엔진으로 발전 하는 모터를 구동하는 직렬 하이브리드의 원형(fig.4)을 제작하는데, 이 모터는 양쪽 앞바퀴의 휠에 장착되어 있었다. 인휠 모터 FF 하이브리드 차량인 것이다.

엔진을 어디에 얹고, 어떻게 사용할 것인가

지금부터는 가솔린 엔진을 사용하는 FF 차량으로 주제를 옮겨보겠다.

그런데 여기서도 인류 역사상 최초는 이것이라고 간단히 쓸 수가 없다. 왜냐면 장치를 생각해 낸 시점과 실제 가동된 자동차의 탄생이 많이 다르기 때문이다.

장치를 고안한 제1호는 미국의 조지 볼드윈 셀던이라는 인물이다. 셀던은 1879년에 가솔린 엔진으로 움직이는 차량이라는 장치를 고안했다. 주의해야 할 것은 1879년은 칼 벤츠의 3륜차가 등장하기 7년 전이라는 것이다. 즉 이 시점에서는 자동차에 얹을 수 있는 소형 4사이클 엔진은 탄생하지 않았던 것이다. 다만 2행정 엔진은 영국과 프랑스에서 만들어져 가동되면서, 여기저기서 소형화를 목표로 활발한 연구가 펼쳐지고 있었다. 그런 상황에서 또 한 명의 미국인 조지 브라이튼은 실용화에 성공할 것으로 예상하고는 이미 마차나 증기 기관차 등에서 널리 사용되었던 조향장치나 클러치 등의 기술을 여기에 조합하여 통합 장치로 꾸민 자동차라는 개념으로 특허 신청을 냈다. 그 셀던의 안이 바로 엔진을 앞쪽에 배치하는 앞바퀴 구동 차량이었던 것이다. 게다가 그 아이디어는 매우 급진적이었다. 브라이튼의 엔진은 단기통이 아닌 직렬 3기통으로, 이것을 가로 배치로 해서 수평하게 앞으로 기울였다(fig.5). 사상 최초의 FF(에 대한 아이디어)는 가로로 배치한 엔진이었던 것이다.

물론 그 시점에서 실제 가동이 가능한 물체는 존재하지 않는다. 더구나 셀던은 실제 장치의 제작에 착수하지 않은 상태로 정식 특허신청을 1895년까지 늦추었다. 다른 기술자나 사업가가 실용화에 성공하기 직전에 특허를 출원함으로서 특허권료를 받으려는 속셈이었던 것이다. 너무나도 미국적인 장사 스타일이 아닐 수 없는 21세기에 들어서도 좀 교활한 IT 기술업체가 기도하는 수법이었지만 나중에 포드가 재판에서 이기면서 무효가 확정되었다. 축하할 만한 결과로 끝난 것이다.

fig.10 크리스티의 앞바퀴 구동 레이서

크랭크 케이스에 직접 휠을 탑재했다고 하면 그 독특한 구조를 짐작할 수 있을 것이다. V형 2기통을 병렬로 배치하고 좌우 바퀴의 차동도 구현했다. 현가장치 및 조향장치가 크랭크 케이스에 들어간다고 기술되어 있다. 마치 엔진이 달려오는 것 같은 분위기였을 것이다.

fig.11 밀러의 앞바퀴 구동 레이서

크리스티의 레이서를 참고로 했다고는 하지만 훨씬 근대적 감각이 느껴지는 밀러의 레이서. 엔진과 변속기 앞에 종감속 기어 및 차동장치가 있으며, 심지어 이 차량은 인보드 방식의 드럼 브레이크로 되어 있다. 좌우에 걸친 굵은 튜브는 드 디옹 차축의 좌우 암을 연결하는 멤버.

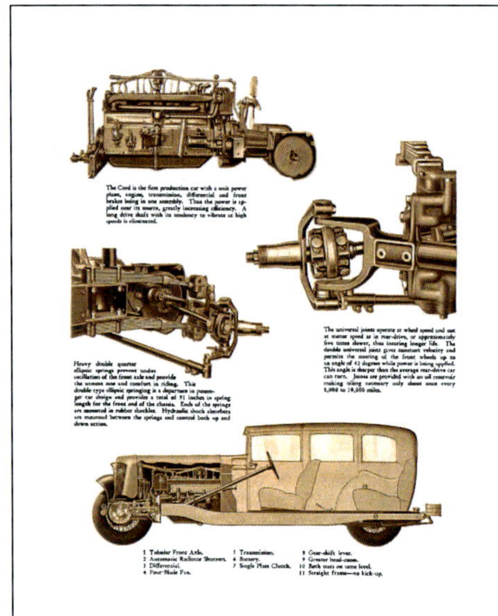

fig.12 코드 L-29

당시의 원칙에서 보자면 앞뒤가 반대로 장착된 코드 L-29의 동력전달 장치. 직렬8기통이나 되는 무거운 엔진이었지만 기계의 배치 때문에 앞바퀴 하중이 부족했던 것으로 추측된다. 구동축에는 십자형 자재이음 2개를 이용한 것을, 현가장치에는 1/4 타원 판 스프링 방식을 위아래 쌍으로 사용했다.

fig.13 부처리의 특허 도면

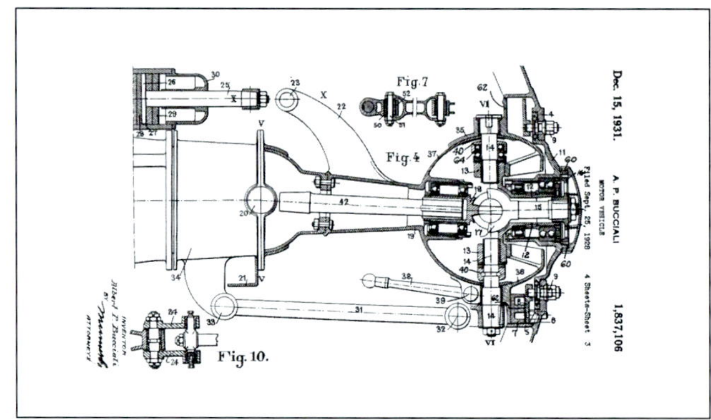

FF와 독립현가 방식을 양립시키려고 시도해 본 사례. 종감속 기어 유닛과 강하게 연결된 차축 하우징 전체를 어퍼암+링크 및 캠버의 제어기능을 담당하는 로어 암으로 차체 무게를 받쳐주는(현가하는) 구조. 차축 하우징 내부의 구동축은 중공신축 구조. 십자형 자재이음을 이용했다.

그렇다면 실제 가능한 기계는? 어쨌든 19세기 말은 벤츠나 다임러의 성공이 전 세계로 퍼져나가면서 세계 각지에서 일제히 가솔린 자동차 제작에 대한 도전이 활발하던 시기였기 때문에 특정하기는 곤란하지만 통설은 1895년 무렵에 만들어졌다고 전해지는 그레이프 자동차(fig.6)이다.

오스트리아에서 자전거 공방을 열고 있던 그레이프 3형제는 자동차의 장래성을 내다보고 이쪽으로 사업을 전환하지만 자전거 제작과 가솔린 엔진 제작은 수준이 달랐기 때문에 증기 기관부터 시작한다. 그 후 가솔린 엔진 쪽으로 넘어가기 위해 앞서 나가고 있던 드 디옹=부톤으로부터 단기통 엔진을 조달하기로 했다. 이 단기통을 뒤차축에 얹어 뒷바퀴를 구동하는 삼륜차를 만들었다면 그것을 드 디옹=부톤의 제1호 가솔린차의 모방에 지나지 않아 그레이프 3형제는 그렇게 하지 않았다. 4바퀴차의 앞차축에 단기통을 합체시켜 앞바퀴 2개를 구동시켰던 것이다.

같은 무렵 프랑스에서는 소시에테 파리지엔(fig.7)이라는 회사가 벤츠 차량인 빅토리아를 본보기로 그레이프 차량처럼 앞차축에 드 디옹=부톤의 단기통 엔진을 장착한 4바퀴차를 만들고 있었다. 또한 같은 오스트리아에서도 비슷한 브라운이라는 차량(fig.8)이 존재했다. 하지만 이것들은 조향기구가 원시적이었는데, 엔진마다 앞 차축 전체를 돌렸던 것이다. 앞쪽으로 엔진과 전달장치, 조향 장치가 중첩되는 어려움을 그렇게 피했던 것이다.

덧붙이자면 선회하는 바깥쪽 바퀴와 안쪽 바퀴의 궤적 R이 다른데서 오는 회전수 차이의 문제에 있어서는 이것으로는 대응을 할 수 없다. 뒷바퀴 구동 차량의 뒤쪽에도 똑같은 문제가 있지만 뒤쪽은 강력하게 미끄러지게 하면 어떻게든 된다(당시의 타이어는 자전거와 폭이 비슷해 그립도 뻔했다). 하지만 앞바퀴 구동 차량의 앞부분의 경우는 구동뿐만 아니라 조향에도 어려움이 따른다.

이런 난관을 그레이프는 멋지게 해결했다. 먼저 앞차축에 종감속기어 및 차동장치(차동장치 자체는 이미 영국 로버회사의 존 켐프 스탈리가 3륜차의 뒤 차축에 장착(fig.9)할 수 있게 발명한 상태였다)를 장착했다. 이것으로 좌우 바퀴의 회전 차이는 흡수할 수 있다. 하지만 차축의 중앙에 종감속 기어 및 차동장치가 버티고 있으면 그 설계가 어렵게 된다.

그래서 채택한 것이 엔진과 같이 드 디옹에서 구입한 그들 방식의 차축, 소위 말하는 드 디옹 차축이었다. 이것은 좌우 바퀴의 업라이트를 고정하는 작업은 구부린 강관(이 관을 드 디옹 튜브라고 부른다)에 맡기고, 그와 별도로 좌우 각각의 구동축(그래서 하프 축라고 불린다)을 준비하는 방식이다. 이렇게 구동축을 독립시켰을 뿐만 아니라 종감속 기어 및 차동장치와 바퀴 양쪽에 카르단(십자형) 방식의 자유로운 조인트를 사용했다.

예전에 마키노 시게오씨가 쓴 글에도 나와 있지만 17세기에 발명된 카르단 방식 조인트는 십자형 커플링으로 이어진 단순한 구조의 자재이음으로서 조인트 각도는 자유롭지만 등속성에는 문제가 있었다. 앞서 언급했듯이 그레이프 자동차는 앞차축 위에 엔진 구동장치가 합체되는 구조의 비독립 현가이기 때문에 등속 조인트의 구비가 필수는 아니지만 엔진 구동장치를 스프링 아래에서 스프링 위로 높이고 이에 대해 앞차축이 자유롭게 움직이는 구조로 개량하는 것까지 계획에 넣었을지도 모른다. 첨언하자면 그들은 엔진과 종감속 기어 및 차동장치 사이에 2단 변속기도 장착했다. 더구나 변속 레버는 칼럼까지 갖추었다. 그런데 지금까지 그들이라고 표현해 왔는데, 여기서 그들이란 그레이프 3형제

fig.14 트랙터의 르망 레이서

장 알베르 그레그와르가 설계한 프랑스 트랙터 회사의 레이싱 카. 최대의 공적은 더블 카르단이 아니라 하나의 조인트로 등속성을 부여했다는 것이다. 1926년 창업 이후 불과 2년 후인 28년에 르망에 참가. 총 3대가 완주했다. 42호차는 그레그와르 본인이 직접 운전.

fig.15 알비스의 노르만 레이서

1919년에 창업한 영국 알비스 회사는 28년에 FF 차량 「12/75」를 발매. 인보드 브레이크, OHC 헤드, 루츠방식 슈퍼차저를 갖춘 선진적인 차량이었다. 르망에도 참전해 6위 및 9위로 완주. 앞바퀴 구동의 우수성을 상품에 반영하려 했지만 진동과 소음을 해결하지 못하고 소멸되었다.

fig.16 아들러의 앞바퀴 구동차

TECHNISCHES

ADLERWERKE

VORM. HEINRICH KLEYER AKTIENGESELLSCHAFT · FRANKFURT A. M.

한스 구스타프 레어가 설계한 아들러 회사의 FF 차량이 트룸프흐. 구동축에는 트랙터 조인트를 이용했다. 세계 최초로 조향장치에 랙&피니언을 채택한 시판 차량으로, 당시에는 FF 차량의 현가장치 주변 공간에 여유가 있었기 때문에 가능한 구조이었다.

fig.17 시트로엥 트락시옹 아방

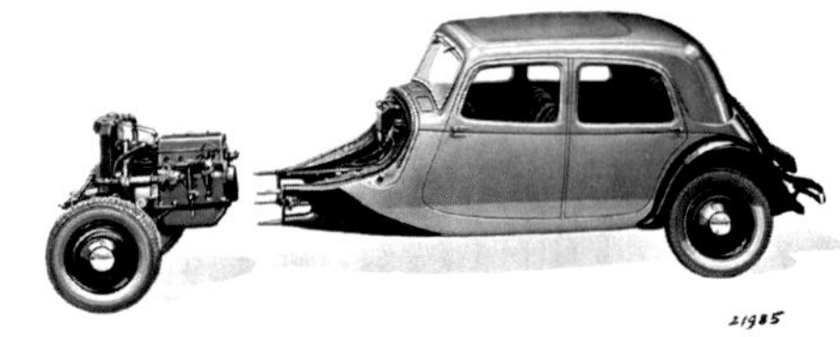

대량생산을 목전에 두고 최초로 FF 차량으로 성공했던 것이 트락시옹 아방이다. 원래는 7CV/5CV가 이름이었지만 선전 문구인 「앞바퀴 구동」이 그대로 차 이름으로 굳어졌다. 앞쪽의 동력전달 장치를 캐빈으로 연결하는 구조가 대량생산을 가능하게 했다. 모노코크 보디를 채택한 것도 특징 가운데 하나.

fig.18 그레그와르 설계의 시작차량

호치키스 회사로 경영권이 옮겨간 아밀카르 회사에서 알루미늄 모노코크+독립현가 방식의 「콤파운드 : 1937년」을 설계한 그레그와르는 1941년에 다시 알루미늄 섀시 차량을 설계. AFG라 불리는 이 시작차량은 4인승, 400kg 적재, 최고시속 90km를 목표로 했다. 차량 중량은 400kg 정도라고 한다.

fig.19 파나르 디나X

그레그와르의 시작차량 AFG에 대한 아이디어를 몇몇 회사가 갖고 간 이후, 그 가운데 실현한 곳이 프랑스의 파나르 회사였다. 그때까지의 FF 차량이 앞쪽부터 종감속장치, 변속기, 엔진 순이었던데 반해, 앞 차축의 무게를 줄이기 위해 그레그와르는 순서를 반대로 하고 있었다. 구동축은 더블 훅 조인트.

가 아니다. 실제로 설계가 주요업무였던 이는 요세프 카인츠라는 사람이고, 일시적으로 타트라회사를 떠났던 젊은 기술자가 조수를 맡았다.

이 젊은 기술자가 바로 나중에 타트라로 돌아간 다음 페르디난트 포르쉐 박사의 손에 의해 폭스바겐 KdF로 결실을 보는 다양한 혁명적 신기술을 고안했던 한스 레드빈카이다. 즉 사상 최초의 근대적 FWD는 20세기 전반의 자동차 엔지니어링을 개척한 인재들에 의해 탄생한 것이다.

앞바퀴 구동을 위한 다양한 시도

그런데 초창기 때의 앞차축에 엔진 구동장치를 합체시키는 강제적인 배치의 설계는 엔진이 작은 단기통이기 때문에 가능한 얘기이지, 이것이 4기통 이상의 멀티실린더가 되면 가로 배치가 필수인 만큼 이야기는 또 달라진다.

그럼에도 다기통 엔진을 가로로 배치해 앞바퀴를 구동하는 도전에 나섰던 사람이 있었다. 이 엉뚱한 사람의 이름은 존 월터 크리스티이다.

군사무기에 관계되어 관심이 많은 사람들에게는 제2차 세계대전 때의 전차 설계로 잘 알려진 이 미국인 기술자는 군사부문에서 명성을 쌓기 전에 자동차 개발도 시도했었다. 1907년에 FWD 직접 구동인 가로 배치 엔진의 앞바퀴 구동 레이싱카(fig.10)를 만든 것이다.

더구나 이 레이싱카는 구동장치의 설계도 황당했다. 변속기가 없는 것이다. 가로로 배치한 엔진의 크랭크축 양쪽 끝에 클러치를 설치하여 직접 좌우 앞바퀴를 구동한다. 직접 구동이라는 이름은 몸을 나타낸 것이다. 게다가 이 상태로는 선회할 때 좌우 바퀴의 회전 차이를 흡수할 수 없기 때문에 그때는 안쪽 바퀴의 클러치로 동력을 끊는다고 한다. 황당하고 황당한 설계이다. 그런데 이것을 시각을 바꿔서 바라보면 좌우의 토크에 변화를 주는 기계일 뿐만 아니라 단순한 종 감속기어 및 차동장치와 달리 클러치의 가감을 통해 어쨌든 안쪽 바퀴보다 바깥쪽 바퀴의 토크를 증가시킬 수가 있다. 크리스티는 본지에도 많이 등장한 사와세 가오루 씨의 조상 같은 사람인 것이다.

한편 20세기에 들어와 그레이프 회사는 같은 오스트리아의 슈티프트 회사와 합병하면서 사업을 확대한다. 그와 동시에 FF를 포기하고 당시에 사실상 표준으로 확립된 FR로 전환하지만, 카인츠 기술자나 레드빈카 기술자가 씨를 뿌린 기술은 바다 넘어 미국에서 발전할 조짐을 보였다.

1923년에 제작자로 인디 500의 패권을 차지했던 해리 밀러(fig.11)는 25년에 머신의 제작을 의뢰받는다. 의뢰인은 앞서의 크리스티 자동차에 감명을 받아서 머신을 FF로 만들어 달라는 주문이 붙었다.

이에 대해 밀러는 크리스티 자동차 처럼 엔진을 앞차축 위에 가로로 배치하는 무리수는 두지 않았다. 전가의 보도 같은 밀러 1.5리터 직렬 4기통 DOHC 4밸브는 휠 베이스 안에 들어가도록 세로로 배치되었다. 이 직렬 4기통에서 앞을 향해 세로 배치의 변속기가 배치되고, 좌우 앞바퀴 사이에 둔 종감속 기어 및 차동장치가에 걸쳐 이것들이 하나의 동력전달 장치을 형성한다. 이렇게 종감속 기어 및 차동장치가 스프링 위에 있으려면 고정 차축으로는 안 되기 때문에 드 디옹 액슬을 채택했다. 종감속 기어 및 차동장치에 대해 바퀴가 자유롭게 위아래로 움직이기 때문에 조인트에는 십자형 자재이음를 상용했다. 그야말로 그레이프 1호차가 보여준 방향성을 구체화한 것이다. 더구나 이 FF 밀러 차량은 그저 불우한 머신에 머무르지 않고 인디 500은 물론 각지의 레이스에서 화려한 전적을 남겼다.

fig.20 지아코사에 의한 앞바퀴 구동 차량 검토

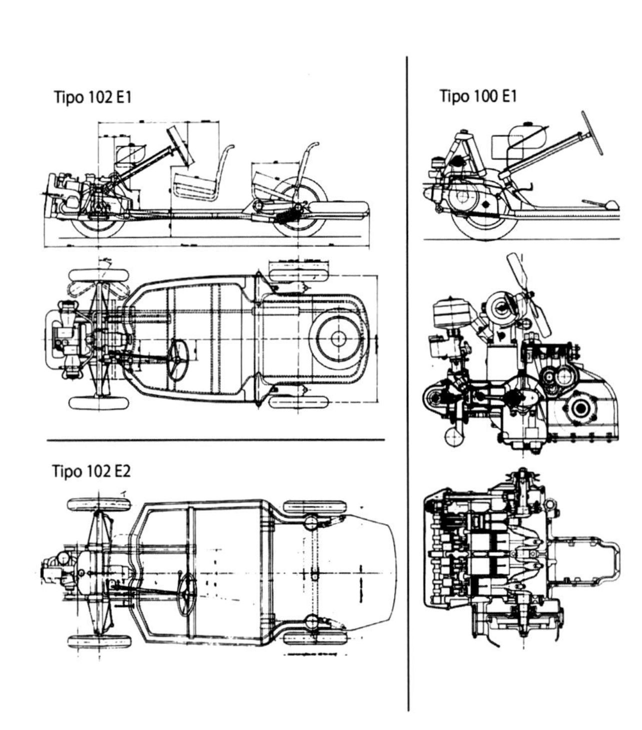

1946년 1월에 검토한 102E1 타입은 AFG를 기본으로 했던 만큼 수평대향 2기통이 앞쪽의 끝에 배치되었다. 같은 해 10월의 102E2 타입은 세로 배치 4기통으로 바뀌며, 나아가 1947년의 100E1 타입에서는 직렬 4기통 엔진이 가로 배치에 수평 배열을 하고 있었다. 변속기는 그 뒤쪽 윗부분에, 종감속 기어 및 차동장치는 그 아래에 배치되었다.

fig.21 DKW의 앞바퀴 구동 차량 구조

엔진을 가로로 배치한 FF 차량의 선구자의 독일 DKW 회사. 1931년의 이른 시기에 「F1」에다가 2행정 2기통 엔진을 가로로 배치해 시판했다. 그림은 1950년에 판매되기 시작한 「F89」로서, 역시 2행정 2기통 엔진을 가로로 배치했다. 변속기는 그 뒤쪽으로 직렬로 배치되어 있는 것 같다.

fig.22 BMC 미니

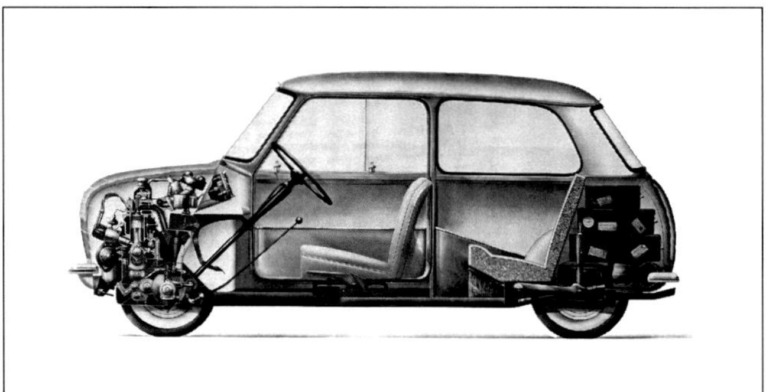

엔진을 가로로 배치하고 그 옆으로 변속기를 배치하면 종감속 및 차동장치로 부터의 구동축이 좌우 길이가 똑같아지지 않기 때문에 토크 스티어의 원인이 된다. 이것을 해결하기 위해 이시고니스가 생각해낸 것이 엔진과 변속기의 2층으로 조립하는 구조이다. 길이가 다른 구동축을 해결하는 동시에 극적으로 동력전달 장치를 소형화하는데도 성공했다.

이것을 보고 시판 차량의 제작사가 움직였다. 오번 회사나 듀센버그, 라이커밍 등을 소유한 기업 그룹의 경영자 에렛 로번 코드가 밀러에게 설계를 의뢰해 밀러 1.5 직렬 4기통 엔진 대신에 오번 5.0리터 직렬 8기통 엔진을 탑재하는 L29를 개발해 1929년에 시판 투입(fig.12)했다. 이것이 사상 최초의 FF 미국 차량이다.

한편 씨를 뿌린 유럽에서도 비슷한 시기에 세로로 배치한 엔진의 FF 시판 차량이 등장했다. 그런 움직임이 있었던 곳은 20세기 초기부터 1920년대에 걸쳐 기계공학기술의 최첨단을 달리고 있던 프랑스였다. 예를 들면 부처리 형제는 28년 파리 오토살롱에 앞쪽 현가장치를 더블 위시본의 독립현가 방식으로 만든 TAV6를 전시(fig.13)하면서 판매를 시작했다.

또한 그해 28년 르망 24시간 레이스에는 장 알베르 그레그와르 기술자가 설계한 직렬 6기통 엔진 앞바퀴 구동 머신(fig.14)이 달렸지만 사실 그 원형은 26년에 완성됐었고, 일반도로용 시판 모델은 27년 파리 오토살롱에서 공개가 끝났었다. 또한 영국의 알비스(26년 : fig.15)나 독일의 아들러(fig.16)가 똑같은 FF 차량을 시판하기도 했다.

트락시옹 아방의 등장

이들 20년대의 FF 차량은 앞(미드십)에 엔진을 장착했지만 이러한 배치는 필연적으로 안고 가야하는 고질병이 있었다. 구동 바퀴의 구동력 부족이다. 여기에 돌파구를 연 곳이 시트로엥의 트락시옹 아방(fig.17)이다. 이 자동차도 또한 직렬 4기통 엔진을 앞 미드십에 세로로 배치했지만, 클러치 직전에는 종감속 기어 및 차동장치가 오고 변속기는 그 종감속 기어 및 차동장치의 더 앞쪽으로 옮겨갔다. 다시 말하면 나름대로의 중량을 가진 변속기가 앞 차축보다 앞의 오버행으로 튀어나감으로서 앞바퀴의 접지 하중을 담보하는 역할을 했던 것이다.

또한 직렬 4기통 엔진을 세로로 배치한 동력전달 장치과 앞 현가장치는 서브 멤버를 매개로 일체화되었으며 또한 그것이 앞의 격벽 이후의 강판 용접 구조 모노코크에 연결된다. 시트로엥은 이 구조를 통해 생산 효율을 크게 향상시키면서 프랑스를 대표하는 메이커로 도약해 나갔다.

나아가 프랑스는 FF를 진화시킨다. 앞서의 그레그와르 기술자는 1930년대에 호치키스 회사의 의뢰를 받아 알루미늄 제품의 응력 담체를 장착한 FF 차량을 개발하지만, 41년에 제작한 AFG(Aluminum France Gregoire) 시작 차량(fig.18)에서는 공랭 2기통을 원동기로 삼는 한편 트락시옹 아방 원동기를 앞뒤의 방향을 돌려서 배치, 즉 앞 오버행에 엔진 쪽이 돌출되는 배치를 시도했다. 제2차 세계대전 후에 파나르 회사는 알루미늄 차체를 포함해 이 설계도를 매입해 디나X(fig.19)를 완성시켜 시판에 들어간다.

앞에서부터 엔진→종감속 기어 및 차동장치(앞 차축)→변속기로 배치하는 방식을 르노나 사브 등이 채택하면서 1950년대에 걸친 FF 차량의 한 가지 원칙처럼 정착되어 나갔다. 하지만 생각해 보면 알 수 있듯이 이런 배치는 엔진이 길어지면 앞 오버행도 같이 길어진다. 따라서 이 방식을 사용하는 것은 엔진이 작은 실용적 차량이 태반이었다.

물론 그런 종류의 자동차들도 더 작게 만들려고 할 때는 동력전달 장치 전체가 세로로 길게 되어 있다는 사실

fig.23 아우토비안키 프리물라

지아코사는 엔진과 변속기를 직렬로 배치하는데 따른 결실을 맺는다. 제 1탄이 이 프리물라. 피아트가 아닌 아우토비안키에서 먼저 발매되었다. 구동축은 바이포드 방식(투 롤러)을 채택. 이후 FF 차량의 패키징에 있어서 결코 빼놓을 수 없는 주요한 방식이 되었다.

fig.24 피아트 128

동력전달 장치 전체를 운전석 쪽에서 바라본 모습. 현가장치는 스트럿 방식, 조향장치에는 랙&피니언을 채택. 구동축은 트라이포드 방식으로, 종감속 기어 케이스 안에 들어가는 것이 특징. 가로배치에 따른 진동 대책이 새롭게 요구되었다. 우측 핸들화가 얼마나 어려웠는지를 이해할 수 있다.

fig.25 폭스바겐 K70

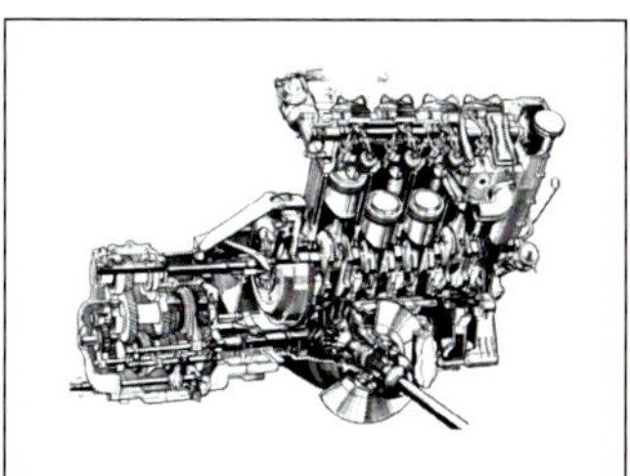

NSU Ro80의 왕복운동 엔진 타입으로 기획되었던 K70은 매수를 거쳐 폭스바겐 브랜드로 발표. 수랭방식의 직렬 4기통 엔진을 세로로 배치한 FF 라고 하는, VW에 있어서 처음으로 공을 들인 구조였다. 상업적으로는 성공을 거두지 못했지만 기계적인 특징은 아우디 80/폭스바겐 파사트로 전승되었다.

fig.26 혼다의 FF 미드십

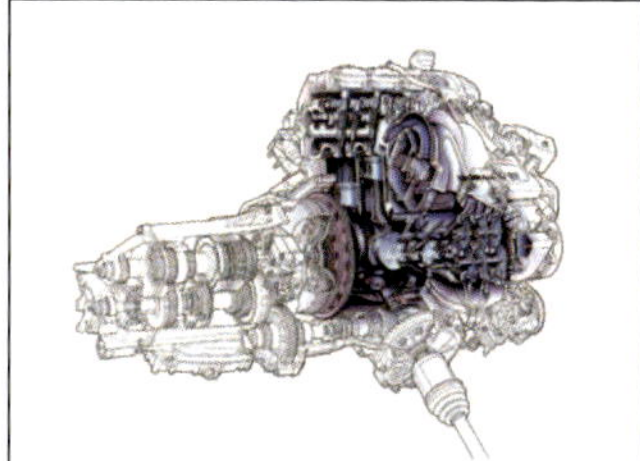

어코드 인스파이어와 비거에 채택된 동력전달 장치에서 직렬 5기통 엔진으로 처음 등장. FF의 장점인 패키징의 우월성이나 구동축에 대한 하중의 확보 같은 점을 살리는 한편 공회전 진동 등의 단점은 불식시켰다. V6 엔진도 장착. 어떤 엔진이든지간에 앞 차축이 중앙부근에 배치되었다.

fig.27 트라이엄프 1300/1500

레이랜드 모터스 회사의 트라이엄프 브랜드로 발매된 당사 최초의 FF 차량. 이미 경쟁업체인 BMC가 FF 차량을 발매하고 있던 만큼 트라이엄프 1300에도 많은 기대가 모아졌다. BMC의 이시고니스 방식에 대해 트라이엄프는 세로로 배치한 엔진 아래에 종감속 기어 장치를 배치해 높이가 높은 유닛이었다.

fig.28 사브 99

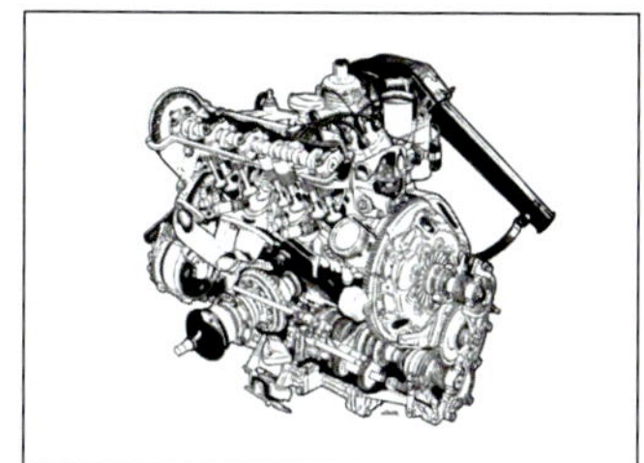

앞 모델 「96」도 세로로 배치한 FF 였지만 99는 종감속 기어 장치가 클러치 뒤/변속기 앞에 위치했다. 「99」로 풀 모델 체인지될 때 동력전달 장치을 작게 만드는데 착수해 엔진/변속기의 2층 구조+종감속 기어 장치를 내장하는 구조로 바뀌었다. 등장할 때는 트라이엄프의 1750cc 엔진을 이용했다.

에 곤혹스러워하게 된다.

때문에 여기서 패키지 효율이라는 개념이 생겨나고 직렬 엔진을 가로로 배치하는 안이 등장한다. 여명기의 가로 배치는 앞차축 위에 얹기 위한 가로 배치 였지만, 이번에는 엔진 구획의 세로치수를 줄이는 것이 목적이다.

지아코사와 이시고니스

시작(試作) 범위에서 기록에 남아 있는 초기 사례는 피아트의 단테 지아코사 기술자가 초대 500(토폴리노)의 후속 차량을 위해 1947년에 제안한 (fig.20)이다. 이것은 직렬 4기통 엔진을 가로로 배치하면서 더 나아가 수평이 될 때까지 앞으로 눕힌 다음 그 뒤로 변속기를 가로로 배치, 또 그 뒤로 종감속 기어 장치를 배치하는 특이한 설계였다. 이것은 도면상의 검토로 끝나지만 그때까지의 원칙 같은 세로 배치를 해왔던 독일 DKW가 세로 배치의 엔진을 앞으로 눕히지 않고 똑바로 세워 50년에 F89로 시장에 투입(fig.21)했다. 덧붙이자면 DKW는 이 배치 자체를 31년의 F1에서 이미 실용화해 놓고 있었다. 그리고 이 설계를 감수한 사람이 다름 아닌 그레그와르 기술자였다.

그리고 가로 배치의 결정판 같은 해법이 탄생한다. 아시는 바와 같이 BMW 미니(fig.22)이다. 설계 담당인 알렉 이시고니스는 가로로 배치한 직렬 4기통 엔진 바로 밑에 가로로 변속기를 배치하고 그 직후에 종감속 기어 장치를 배치한 설계를 고안. 이렇게 해서 동력전달 장치의 앞뒤 치수가 근본적으로 단축됨으로서 전장이 불과 3m인 차체에 4명을 태우는 패키지 효율을 미니가 달성하면서 혁명의 기수가 되었다.

하지만 곧 바로 대안이 등장한다. 앞서의 단테 지아코사는 가로로 배치한 엔진과 가로로 배치한 변속기를 일직선 상으로 배치하고 변속기 뒤로 종감속 기어 장치의 배치를 완성시킴으로서 65년에 아우토비안키 프리물라(fig.23)를 시험적으로 시장에 투입한 다음, 69년에 피아트 128(fig.24)에 본격적으로 이 배치를 적용해 또 하나의 혁명을 이룩한다.

이후 FF 차량은 탑재하는 엔진의 종류나 변속기의 선정에 대한 선택지가 넓은 지아코사 방식으로 정리되었다. 세로 배치도 엔진 아래에 종감속 기어 장치를 배치하는 폭스바겐 K70(70년 : fig.25)-FF 미드십을 표방한 어코드 초대 인스파이어(fig.26)는 사실 이 배치로 사칭이 아닐 수 없다-, 나아가 변속기까지 밑에 배치한 트라이앰프(63년 : fig.27)나 사브 99(73년 : fig.28) 등이 열세 속에서 대항을 하기는 하지만 21세기인 오늘날에 와서 세로 배치는 수평대향 때문에 가로로 배치하고 싶어도 불가능한 후지중공업과 DKW 이래의 전통에 집착하는 아우디가 4WD로 만들기 쉽다는 이점에 활로를 찾아 잔존하고 있을 뿐이다.

프리우스를 필두로 하는 FF 하이브리드 자동차들도 사실 설계는 유성기어 변속기(동력분할 장치 겸용)가 가로 배치 엔진과 직렬로 배치되는 즉 기본적으로는 지아코사 방식이다.

초대 그레이프 자동차로부터 횟수로 120년. 앞바퀴 구동 차량은 이렇게 흘러왔다. 지금 보이는 것은 오로지 유용성의 잠재력과 생산효율 2가지 뿐, 기술개발 세계의 아직 보지 못한 개척자를 찾는 동기부여 따위는 어디서도 찾아 볼 수 없는 사막 같은 환경이다.

1950년대 말부터 60년대에 걸쳐 이시고니스와 지아코사에 의한 혁명으로 미개척 자동차 엔지니어링에 대한 광대한 분야가 제시되었다. 가로 배치 FWD 엔진이라고 하는 구성이 채택됨으로서 자동차 전체 체적에 있어서 사람의 거주공간이 차지하는 비율이 현격히 확대된 것이다. FWD는 뛰어난 패키지 효율이 가장 중요한 이점이라는 명제가 여기서 굳어진 것이다.

그리고 이 명제 앞에서 FWD화에 따른 여러 가지 부수적 단점은 눈을 돌리게 만들었다. 그 단점의 주요 부분을 살펴보면 다음과 같은 사항들이다.

① 조향과 구동 양쪽을 앞바퀴에 의존하기 때문에 뒷바퀴 쪽은 상대적으로 성능이 부족하다. 이로 인해 기본적으로 조종성은 언더 스티어의 경향을 띤다.

② (특히 엔진을 앞 오버행에 배치하는 패키지에 있어서) 앞쪽으로 질량이 편중된다.

③ ①에 ②가 더해져 언더 스티어의 경향이 심화된다.

④ ②의 질량 편중은 무거운 앞쪽을 떠받치는 스프링을 딱딱하게 하고, 가벼운 뒤쪽을 떠받치는 스프링을 부드럽게 해야만 하는 상황을 초래함으로서 이 스프링 정수의 차이가 앞쪽으로 치우친 무게 중심과 맞물려 피칭 모션을 메인으로 하는 승차감의 저하가 일어나기 쉬워진다.

⑤ 가속할 때는 뒤쪽으로 하중이 이동하기 때문에 앞바퀴의 접지 하중이 감소하면서 구동 바퀴의 구동력이 부족해지기 쉽다.

⑥ 감속할 때는 앞으로 하중이 이동하기 때문에 뒷

Illustration Feature
Statics & Dynamics of the
앞바퀴 구동
DYNAMICS
01
FF vs FR 동적자질 검증

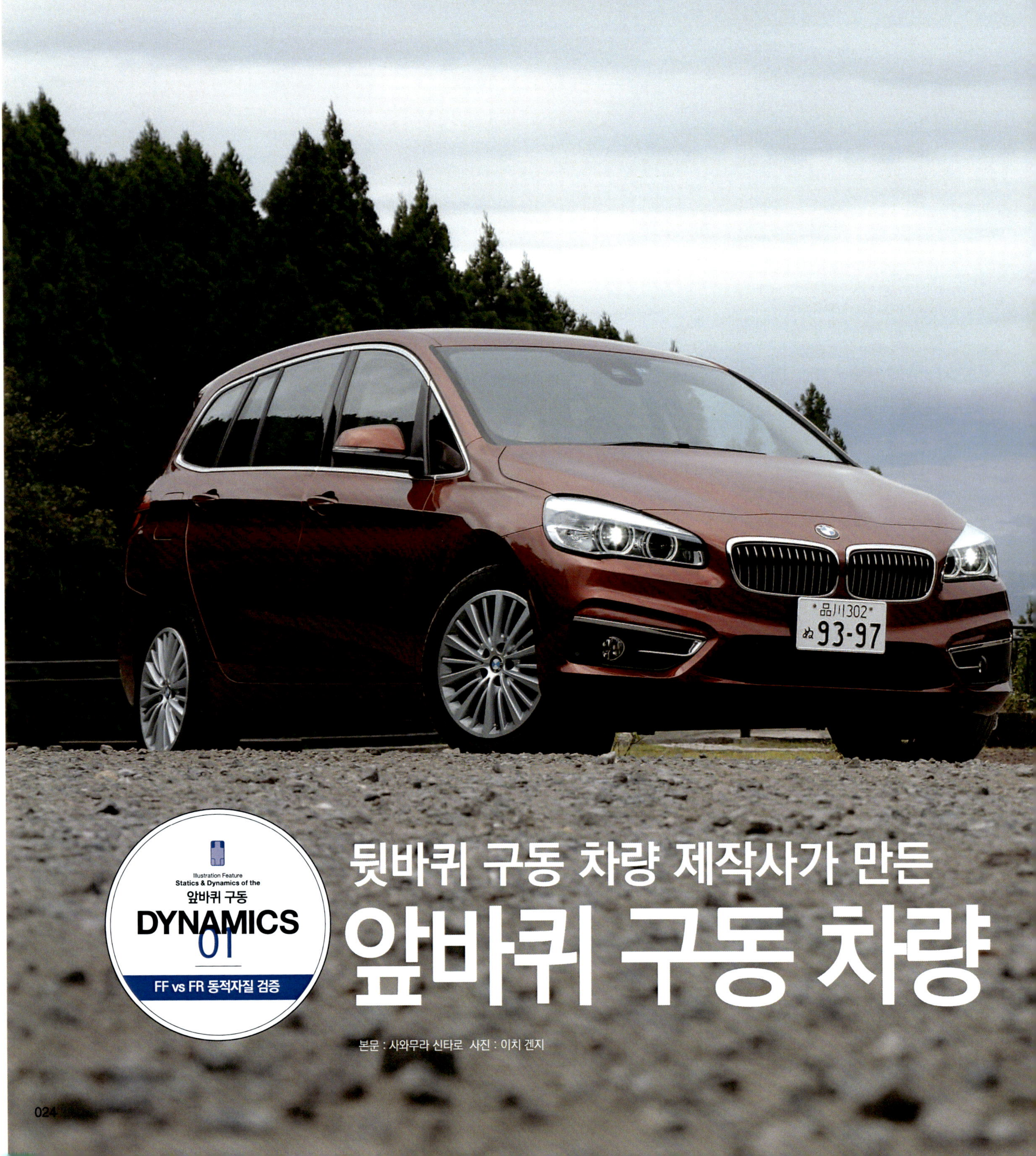

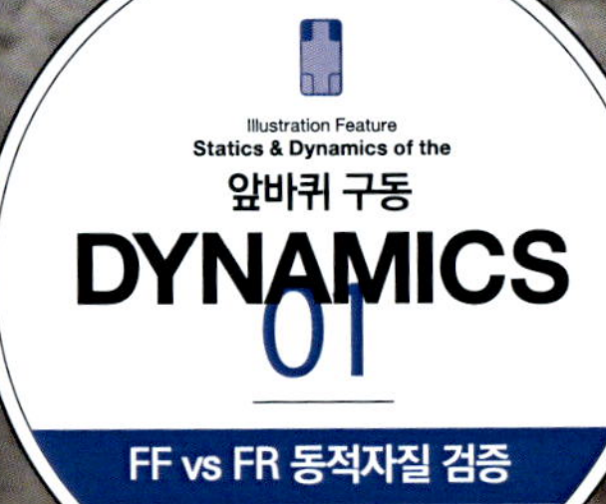

뒷바퀴 구동 차량 제작사가 만든 앞바퀴 구동 차량

본문 : 사와무라 신타로 사진 : 이치 겐지

바퀴의 접지 하중이 감소하여 뒤쪽으로 제동력을 배분할 여유가 줄어들면서 종합적인 제동능력이 떨어지기 쉽다.

⑦ ②에 의해 조향력이 과도하게 무거워진다.

⑧ 가로로 배치하는 지아코사 방식은 엔진의 구획이 가로로 넓어지기 쉽고, 그것이 휠 하우스 안쪽을 제한함으로서 타이어의 이동각도를 크게 설정하기가 힘들다.

⑨ 가로로 배치하는 지아코사 방식은 좌우의 하프축 길이가 고르지 않은데 이것이 토크 스티어를 발생시킨다.

⑩ 가로로 배치하는 경우는 엔진으로 돌아오는 토크 반동과 가감속G가 앞뒤 방향으로 똑같아져 겹치기 때문에 엔진의 마운트 설계가 어려워진다.

이러한 FWD의 이해 득실이 21세기의 최신상품에 있어서 현실적인 현상으로서 어떤 상태로 반영되고 있는지를 검증하는 것이 이 글의 목적이다.

그 목적에 들어맞는 최선의 선택으로 BMW의 2시리즈와 3시리즈가 선정되었다. 아시는 바와 같이 F45/46계열 2시리즈는 BMW가 처음으로 시장에 투입한 FWD차량이다. 동력전달 장치은 직렬 3기통 엔진과 직렬 4기통 엔진을 가로로 배치해 지아코사 방식의 설계를 이용한다. 또한 F30계열 3시리즈는 직렬 6기통 엔진과 함께 직렬 4기통 엔진을 사용한다.

다만 F45/F46계열 2시리즈의 직렬 4기통 엔진은 최근 판매되기 시작한 3기통, 4기통 모듈러로 설계한 B38/B48 타입이고, 3시리즈는 이 타입으로 부품을 바꾸기 시작한지 얼마 되지 않아서 일본 법인에는 후기형 홍보차량이 준비되지 않은 상태였다. 그래서 어쩔 수 없이 부품들이 바뀌기 전인 N20형 직렬 4기통 엔진 사양을 준비하게 되었다. 덧붙이자면 차량은 개인소유의 2013년식 320i 기본사양이다. 또한 BMW는 2시리즈 지붕의 높낮이에 따라 액티브 투어러와 그랜투어러 두 가지 모델을 구분해서 만들지만, 배기량을 같게 하려고 했기 때문에 불가피하게 2.0l 라인업된 F46계열의 그랜투어러가 선택되었다. 이 차는 2015년식 홍보차량이다.

앞서의 FWD에 대한 단점 가운데 후반부분은 근대적 엔지니어링으로 해결되었다고 간주되는 것이 많다. 그 중에서도 ⑦의 조향력 과중에 대해서는 파워 어시스트가 RWD 차량에도 기본적으로 갖춰지게 되면서 둘 사이의 격차가 없어졌다. 이 비교 테스트에 있어서도 두 차량의 조향력이 육체적으로 피곤함을 주는 일은 없었다.

다만 220i 그랜투어러는 가로로 배치하는 지아코사

BMW 2er은 FF의 규범이 될 수 있을까

오랫동안 이상적인 앞뒤 중량의 배분과 정교하고 치밀한 타이어 주변의 조립을 통해 뒷바퀴 구동 자동차의 교본으로 군림해 온 BMW. 그런 BMW도 이제 앞바퀴 구동이라고 하는 현재의 보편적 승용차이지만 그들에게는 미지인 분야에 발을 들여놓았다. RWD의 이정표라고도 할 수 있는 3er와 비교해 새로운 2er이 과연 FWD로서도 존경과 칭송의 대상이 될 수 있을까.

220i Gran Tourer (2015년식)

전장 / 4565mm **전폭** / 1800mm **전고** / 1645mm **휠 베이스** / 2780mm **화물공간 용량** / 145ℓ(3열 시트를 접으면 560ℓ) **차량 중량** / 1650kg **앞 차축 중량** / 910kg **뒤 차축 중량** / 720kg **타이어** / F·R 205/55R17(브리지스톤 투란자) **엔진 형식** / B48A20A **총배기량** / 1998cc **내경·행정** / 82mm×94.6mm **압축비** / 11.0 **최대 출력** / 141kW(192마력)/5000rpm **최대 토크** / 280Nm(28.6kgm)/1250~4600rpm

패키징

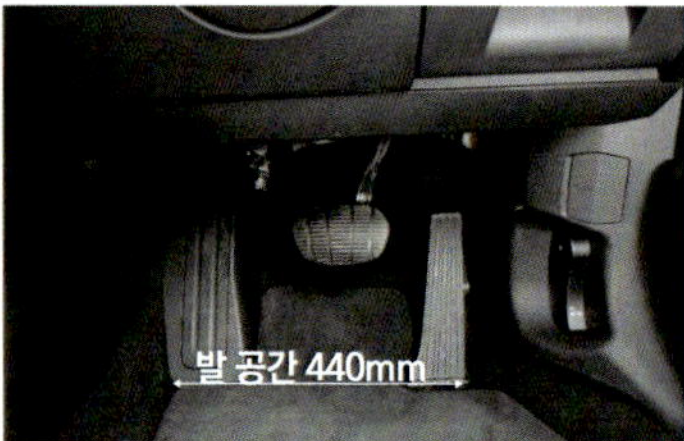

이 사진은 FF이지만 2시리즈에는 FR 쿠페 모델이 있다. 「그랜 투어러」는 먼저 발매된 「액티브 투어러」보다 전고가 95mm, 휠 베이스가 110mm 넓으며 7인승이다. 2013년에 발표된 3세대 F54계열의 미니와 플랫폼과 엔진 모두 공통으로, 기존의 FR BMW와는 기술적 연관성이 없다. 화물 적재 공간은 2열과 3열 시트를 눕힐 수 있으며, 전고 높이와 해치 게이트를 활용한 수납 기능은 FR 모델과는 차원을 달리한다. 운전석도 SUV답게 착석위치가 높고 업라이트(Upright)를 감안한 구조로서, FR BMW 특유의 운전자세(Driving Position)와는 대조적이다. 시트가 미니와 동일해서 유럽의 차량치고는 약간 작은 편이다. 가죽시트의 소재가 딱딱해서 몸을 잘 감싸준다고 하기는 어렵다. 발 공간은 변속기의 돌출부분이 없는 만큼 넓은 편이지만, 사이드 실이 실내 쪽으로 들어온 관계로 우측 핸들 사양에서는 페달이 약간 좌측으로 치우쳐 있다.

동력전달 장치

3·4·6기통을 모두 똑같은 내경×행정과 연소실 형상으로 나누어 제작하는 모듈러 엔진인 B계열의 2.0ℓ 사양을 탑재. 출력과 토크 모두 구형 N계열보다 뛰어나며, 시승해본 느낌으로는 320보다 응답성이 뛰어나고 활발했다. 변속기는 바탕이 된 미니의 아이신 AW 6단 제품과 달리 아이신 AW의 8단 가로 배치 모델을 사용한다. 다만 변속 레버는 미니와 똑같아서, 게이트가 앞뒤 일직선으로 설계된 전통적인 방식이다.

현가장치

현가장치는 앞뒤 모두 미니와 동일한 설계구조이다. 앞 현가장치는 L자형의 강판 프레스 로어 암을 사용하는 스러스트 방식. 부시는 앞쪽이 앞뒤 차축에, 뒤쪽이 상하 축에 위치해 있다. 뒤 현가장치는 멀티 링크라고 주장하지만, 더블 위시본이라기 보다 트레일링 암이 위치를 결정하는 TBA를 좌우 독립식으로 했다고 하는 편이 타당하겠다. 로어 암은 가로 방향 지지와 스프링을 받아주는데 사용하며, 상하 2개의 가로 방향 암으로 캠버를 제어한다.

방식이기 때문에 타이어가 꺾이는 각도가 작은 편이고, 320i처럼 타이어 폭(205)이 똑같다. 휠 베이스는 220i가 30mm 짧은데도 불구하고 최소 회전반경은 0.3m가 큰 5.7m나 되었다. 이와 관련하여 핸들을 양쪽으로 최대로 돌렸을 때(Lock to Lock)의 값을 보면 320i이 15.1인데 반해 220i는 15.7이지만, 실제 사용에 있어서는 빠르고 느린 감각의 차이는 느낄 수 없었다.

다만 이 감각이라는 것이 소위 말하는 조향의 감각이라고 했을 때는 말해두어야 할 것이 있다. 두 차량 모두 EPS의 완성도가 좋지 않다. 일정 속도로 림(핸들)을 돌렸을 때 손으로 전해지는 반응에 있어서 노골적인 위화감은 없지만, 이때 앞바퀴의 움직임이 다시 손으로 피드백되지는 않는다. 게다가 그 과묵함은 220i 쪽이 강하다. 정지 상태에서 이미 앞바퀴 하중이 큰 FWD 차량은 조향 감각을 전달하기 쉬울 것이다. 또한 앞쪽 현가장치 형식도 로어 암이 분할 타입이어서 부시 용량이나 히스테리시스가 큰 320i에 비해 220i는 L자형 암의 스트럿을 사용하고 있어서 그 간결한 구조 때문에 유리할 것이다.

그런데도 220i 쪽이 좋지 않은 것이다. 이것이 어시스트 양이 많은데서(앞바퀴 하중이 많고 기어비의 변화가 빠르기 때문) 기인하는 것인지 또는 차량의 크기가 차이에 맞춘 적합도 차이인지는 추측이 불가능하지만, 정서적으로 둘 다 사소하다고는 하지만 차이가 있는 것만은 확실하다.

⑨의 토크 스티어는 지아코사 방식에서 길어지는 쪽의 우측 하프 축를 2분할하거나 좌우의 지름을 바꾸는 식으로 대처함으로서 현재의 FWD 차량에서 토크 스티어는 적어졌다. 이것은 220i에 있어서도 예외가 아니기 때문에 다운사이징 과급 엔진의 특징적인 저속 회전부터 액셀러레이터 페달을 많이 밟았을 때의 토크 급상승에 있어서도 핸들이 흔들리거나 확연하게 진로가 흔들리는 경우는 없었다.

다만 28.6kgm/1250~4600rpm을 최대로 하는 토크-320i가 장착되는 앞세대 N20타입보다도 1.1kgm 증가-의 발산에 있어서 ⑤의 앞바퀴 구동력의 부족이

320i SE (2015년식)

전장 / 4625mm **전폭** / 1800mm **전고** / 1440mm **휠 베이스** / 2810mm **화물공간 용량** / 480ℓ **차량 중량** / 1500kg **앞 차축 중량** / 750kg **뒤 차축 중량** / 750kg **타이어** / F·R 205/60R16(던롭 뷰로) ※ **엔진 형식** / N20B20B **총배기량** / 1998cc **내경·행정** / 84mm×90.1mm **압축비** / 11.0 **최대 출력** / 135kW(184마력)/5000rpm **최대 토크** / 270Nm(27.5kgm)/1250~4500rpm ※사용자에 따라 FRT에서 변경

패키징

BMW를 중흥시킬 기수로 기대한 3시리즈의 6세대로서 2011년에 등장. 앞 모델 90보다 전장이 85mm 길어졌지만 전폭은 그대로이다. 일본사양은 문을 전용으로 설계하면서 전폭을 억제시켰다. 모델 전체가 터보를 장착했지만 지금도 BMW의 아이콘이라 할 수 있는 직렬 6기통 엔진을 탑재한 모델은 남아 있다. 화물공간은 런플랫 타이어를 사용하면서 스페어 타이어를 탑재하지 않은 이유도 있지만, D세그먼트 FF와 비교해도 충분한 용량을 확보하고 있다. 운전석은 좋든 싫든 BMW 특유의 낮게 앉도록 설정되어 있어서 시야는 당연히 220보다 떨어진다. 이 차 또한 독자적인 변속 레버나 i-Drive 조작장치도 낮게 앉는 것을 전제로 해서 위치가 결정되었다. 발밑은 변속기가 돌출된 것이 의식되지만 220보다 우측방향으로 여유가 있고, 시트도 약간 바깥쪽으로 치우쳐 있기 때문에 압박감을 주지는 않는다. 고속도로를 같은 속도로 주행 하였을 때 220i보다 압도적으로 속도감이 낮은데서 확인할 수 있듯이 불편한 전방시야를 포함해 고속주행을 전제로 하지 않는다.

동력전달 장치

BMW의 4기통 엔진 모델은 이 N20형부터 모두 터보과급으로 바뀌었다. 과급압 설정에 따라 저출력 사양이 「320」, 고출력(180kW) 사양이 「328」이라는 이름을 갖는다. 과급은 1·4번과 2·3번 실린더의 배기를 다른 경로를 통해 터빈으로 유도하는 트윈 스크롤 방식이다. 모듈러 설계 방식의 신형B20으로 바꾸겠다는 언급이 이미 보도되었다. 변속기는 220과 똑같은 ZF의 8HP를 사용하지만 유단 비율이 다르고 종감속 기어장치를 포함해 전체적으로 320 쪽의 총감속비가 작다.

현가장치

3시리즈의 전통인 앞 맥퍼슨 스트럿은 또한 BMW 특유의 더블 조인트 로어 암을 사용한다. 전열 배치인 타이로드를 포함해 너클 주변은 하이캐스터 설정과 더불어 낮고 앞쪽으로 치우치게 위치를 결정했다. 220과는 형식이 같지만 제조나 소재는 전혀 다르다. 320에서는 리어의 멀티 링크도 더블 위시본에 토 컨트롤 암을 사용한 표준적인 5시리즈 방식을 하고 있다.

느껴지는 장면은 몇 번인가 있었다. 이것은 시승 코스에 포함되어 있던 좁고 굴곡이 강한 경사로에서 발생되었다. 앞쪽에 롤이 들어가면 앞바퀴의 안쪽 접지력이 약해지는 경향이 있고, 거기서 출력이 전달되면 쉽게 토크 컨트롤이 끼어든다. 220i의 앞쪽 차고는 차고가 낮은 320i와 대조적으로 높은 편이어서 이렇게 기하학적 구조로 유지할 경우 쇽업소버나 스프링을 조합하는 데 있어서 정교하고 치밀함이 요구된다. 그런데 내려가는 행정을 안이하게 범프 스토퍼(bump stopper)에 의존해 멈추게 하는 요즘 2세대 BMW의 나쁜 습관이 여기에도 적용되어 ④의 승차감이 처음에는 약하다가 부하가 높아지면 갑자기 흔들려 불쾌해진다- 솟구치려고 하는 안쪽 바퀴가 안정되지 않음으로서 불안한 변동이 노출되어 가해지는 토크에 쉽게 밀리는 것이다.

제동 G에 있어서 220i의 열세는 확실했다. 다만 이것은 ⑥의 앞뒤의 하중 문제 이전의 부분이 원인이라고 생각되었다. 시승 차량은 마치 로터와 패드의 마찰이 적은 것 아닌가 싶을 정도로 가해진 페달 답력에 따른 제동 G가 충분히 나오질 않는 것이다. 이상하게 생각해 휠을 보았더니 패드의 찌꺼기(dust)가 별로 부착되지 않았다. BMW는 일본사양에 있어서 바퀴의 주변은 북미를 대표로 하는 저속 영역용으로 맞추는 경우가 많았지만, 브레이크만은 본국 사양 그대로라고 밝혀 왔다. 하지만 이 결과를 보면 패드의 찌꺼기 오염이 적고 저속 효능에 치우친 저속영역의 특화타입 브레이크인지도 모른다. 또한 PSA 차량들과 달리 F45/F46계열은 물리적인 공간의 장애가 발생하기 쉬운 지아코사 방식 FWD인 우측 핸들 모델인데, 브레이크 마스터가 정확히 우측으로 옮겨 배치되어 기쁘긴 하지만 정작 중요한 현실감은 약간 아쉬운 감이 있다. 이것도 패드가 원인일 가능성이 있다.

여기서 패키지에 대해 살펴보겠다. 전고가 75mm 낮은 자매 차량인 액티브 투어러도 마찬가지이지만 220i의 운전석은 착석 위치가 높고 또한 등받이도 약간 세워진 듯한 명확한 직립식 자세이다. 그에 반해 약간 낮게 설치된 대시보드 윗면을 내려다보듯이 바라보

게 된다. 320i는 3세데 전의 E36계열부터 일반화된, 낮게 앉아 등받이를 약간 높이는 듯한 앉는 자세로서 220i와 상당히 다른 인상을 받게 된다.

그리고 220i는 이렇게 직립적으로 앉기 때문에, 그렇지 않아도 유리한 지아코사 방식 FWD 차량의 패키지 효율이 더 유리해진 그 결과 3열 7시트가 실현될 수 있었다. E36계열부터 이 뒷자리의 거주성을 벤치 마킹한 감이 있는 3시리즈에 대해 차별적인 대조를 보이는 것이다.

그보다 RWD인 F22계열 2시리즈를 이미 배치한 상태에서 FWD인 F45/F46계열 2시리즈를 추가하는 이상, FWD 때문인지 모를 이런 식의 불리한 점을 덮으려면 실내 유틸리티에 특화시키는 수밖에 선택 사항은 없었을 것이다. 이것은 BMW의 영업적인 전략에 바탕을 둔 큰 요소라고 할 수 있다.

그러면 ①부터 ⑤까지 좁은 의미에서의 핸들링에 대한 의견을 말해 보겠다.

차량 검사증에 기록되어 있는 중량 배분은 다음과 같다.

□ 320i 차량 중량 : 1500kg 앞 차축 하중 : 750kg 뒤 차축 하중 : 750kg 비율 : 50:50

□ 220i 차량 중량 : 1630kg 앞 차축 하중 : 710kg 뒤 차축하중 : 720kg 비율 : 56:44

중량 배문의 비율을 말하기 전에 놀랄만한 것은 중량의 차이이다. 차량은 전장(全長)에서 54mm 정도 차이가 있지만 전폭은 똑같기 때문에 상면 투영 면적은 그다지 차이가 없다. 그런데 220i가 높은 지붕을 떠받치기 때문에 다소 튼튼하게 만들었는지 또는 3시리즈만큼 세세하게 가볍게 하려던 뜻을 접었는지 10%나 가깝게 더 무거운 것이다. 추진축과 3열째 시트의 유무를 더하고 뺀다 하더라도 220i의 차체가 150kg 정도는 무거워진다.

절대 질량의 차이는 그렇다치고 앞뒤 하중의 무게 비율로 보면 220i는 그다지 앞으로 편중되지 않았다. C세그먼트의 가로 배치 FWD 차량에서는 60 : 40을 넘는, 앞이 무거운 설계도 적지 않다. 그렇기는 하지만 앞바퀴는 조향이나 구동도 책임지기 때문에 상대적으로 앞바퀴가 힘든 것은 틀림없다. 그러면 시승 코스에 포함되었던 하코네의 언덕길 등에서 220i가 그림을 그리는 듯한 언더 스티어를 연출했느냐면 그렇지는 않다. 분명 약간 부하를 올려 달리면 앞바퀴가 언더 스티어 직전까지 갔던 것은 사실이지만 선회 궤적이 커질려는 시점에서 ESC가 끼어든다.

이것은 포르쉐의 장치처럼 요 운동을 가지런히 하는 것이 아니라, 그 상태 그대로 속도를 늦춰 앞바퀴의 여유를 되돌리려는 정직한 방향의 제어이다. 출력을 높였을 때의 언더 스티어 증상에 대한 대응도 엔진의 출력을 제어해 앞바퀴로의 실효 토크를 가감하는 것처럼 강력한 탈출도 안 되지만 대신에 대책 없이 미끄러지지도 않는다. 실로 고마운 것은 FWD의 단점을 수면 아래에 묶어두는 현대의 제어기술이다.

그런 연속선상에서의 뒤쪽의 움직임은 철두철미하게 노면을 계속 박차는 느낌이다. 즉 왕년의 프랑스산 FWD 차량처럼 선회가 심해지는데 따라 뒷바퀴의 슬립각이 증가하면서 선회 궤적을 중립방향으로 수정하는 듯한, 좋지 않은 움직임은 전혀 보여주지 않는다. 대신에 뒤쪽이 반석 같다는 안심감을 갖고 주행할 수 있다. 저렴한 TBA와 달리 가로방향의 부자재를 갖는 3링크의 뒤 현가장치는 1인 승차로 뒤쪽에 질량이 실리지 않은 상태에서는 충분 이상으로 횡강성이 높아 거칠게 주행해도 뒤쪽에 부담가는 경우는 없는 것이다. 완고하게 안정적인 뒤쪽에 비해 조심스럽게 움직이는 앞쪽, 이렇게 뒤쪽을 우세하게 안배한 것은 정확하게 미니의 경우와 닮은꼴이다.

재미있는 것은 그런 뒤쪽도 그리고 앞쪽도 앞뒤의 하중 이동에 대해 반응을 보이면서 궤적을 바꾸는 모습이 없다는 것이다. FWD이든 앞쪽이 무겁든지 간에 타이어에 하중을 의존하는 이상에는 앞뒤 하중의 이동에 있어서 반드시 그립 변화가 생긴다. 이런 물리적 이치에도 불구하고 220i의 선회 궤적이 바뀌지 않는다는 것은 현가장치나 조향장치의 기하학적 구조의 조합을 통해 의도적으로 타이어의 기능의 변화를 취소시키는 것이라고 밖에 생각할 수 없다. BMW는 FWD에서 앞뒤 하중의 이동에 대해 선회모습이 (특히 언더 방향으로) 한정된다면 차라리 그 변화를 없애버리겠다고 생각했는지도 모른다. 그 중에서도 작게 돌아 들어가는 연속성이 작은 대신에 운전자가 아우토반 같이 초고속도로에 있어서의 직진 안정성을 요구하는 독일권에서는 정곡을 찌른 조합이라고도 할 수 있다.

이런 220i의 조종성을 알게 되었을 때 운전자가 조작에 대한 정확한 반응을 즐기고 싶다면 BMW의 숙원

「스로틀을 조작하여 선회를 자유롭게 할 수 있는 RWD의 우위성을 3er에서는 지워버렸다. 이미 FF이냐 FR이냐는 것은 문제가 아니다」

인 RWD를 구매해 달라는 의미가 아닐까 생각한다.

확실히 그렇기는 했다. 다만 E46계열까지는.

BMW는 이전의 모델 3시리즈 E90계열(이것과 플랫폼을 같이 쓰는 이전의 모델 2시리즈 E87계열)에 이르러 갑자기 뒤쪽으로 확연히 치우친 섀시를 만들어왔다. 불쾌할 때까지 철저히 계속 버티며 그 상태를 유지한다. 진로변경과 같이 비스듬하게 이동할 때는 묘하게 조향 동작이 신속하지만, 돌아나가는 앞 부분의 움직임에는 지연된다. BMW는 3시리즈를 뒷부분 우세의 전형 같은 이런 섀시로 확 바꾸었다. 그리고 현재F30계열도 표면적인 감촉을 약간 조정하긴 했지만 심층적인 부분에서는 마찬가지로 뒷부분 우세 경향이 강한 섀시로 만들어왔다. 뒷부분 우세라고 하면 FWD가 원래부터 갖고 있던 특성이다. 21세기의 BMW는 일부러 RWD를 리어 우세 방향으로 돌리는 것이다.

사실 현대에 있어서 FWD를 중립 스티어로 설정하는 것은 어렵지 않다. 횡강성이나 기하학적 구조의 관리 능력에 뛰어난 현가장치를 적절하게 사용하면 근본적으로 앞이 약한 것을 충분히 메워서 균형을 잡을 수 있다. 앞 차축에 적절한 차동제한 능력을 갖춘 LSD를 사용하면 출력을 가할 때의 언더 스티어 상쇄는 물론이고 과도한 중립까지도 연출할 수 있다. 이렇게 빼어난 FWD 차량은 D세그먼트를 중심으로 많이 있었다. 예를 들면 90년대에 BMW가 3시리즈의 FWD화를 모색하다가 시작품을 만들기도 하지만 결국은 버리게 된 섀시를 받은 로버가 자신들의 75나 파생 모델인 MG ZT로 그것을 실증해 보였다.

그래도 RWD에서 운전의 재미를 느끼는 운전자가 많은 것은 손에 넣을 옵션이 증가한다는 점 하나 때문인 것이다.

앞서 언급한 빼어난 FWD 차량이라고는 했지만, 결국 운전자가 자동차의 움직임을 제어하는 수단은 조향 조작으로 집약된다. 브레이크나 액셀러레이터를 사용한다 하더라도 그것은 여유가 별로 없는 앞바퀴의 여유 범위 이내로 한정된다. 기본적으로 FWD에서는 섀시를 만든 쪽이 그린 몇 가지 시나리오를 운전자가 조향 조작으로 선택하고 있을 뿐인지도 모른다.

하지만 RWD에서는 액셀러레이터로 뒷바퀴를 사용할 수가 있다. RWD이기 때문에 앞뒤 하중이 잘 배분되어 있고, 앞뒤 모두 처음부터 여유가 있기 때문에 브레이크나 액셀러레이터로 앞을 사용하는 한편 액셀러레이터를 밟아 충분히 뒷부분을 사용할 수 있다. 앞이 좀 무겁고 타이트하게 진입했을 때는 악셀러레이터를 사용해 전방 하중을 후방 하중으로 바꿔준다. 후방 하중으로 밀어내기를 하면서 후반에 액셀러레이터를 빼서는 궤적을 좁힌다. RWD라면 선회 도중에 이 옵션을 사용할 수 있는 것이다.

서킷과 달리 일반도로는 앞에 무엇이 기다리고 있을지 알 수가 없다. 하지만 옵션을 갖고 있으면 예기치 못한 사태에 대응할 여지가 생긴다. 이 여지가 있기 때문에 속도를 높일 수 있다. 드리프트(drift) 즉, 파워 오버스티어 이야기를 하는 것이 아니다. 타이어 폭 반 정도의 라인을 조정할 정도로 치밀하고 지적인 운전에 이것은 유효하다. 비일상적인 고부하뿐만 아니라 도시에서 흔히 사용하는 저부하 주행에 있어서도 실험부대가 그린 시나리오를 운전자 자신이 개입해 조정할 수 있는 것이다. 그렇기 때문에 BMW는 50:50의 앞뒤 차축 중량 배분에 애써왔던 것은 아닐까.

그러나 지금은 BMW의 RWD는 RWD가 FWD에 대해 갖는 결정적 우위를 포기하는 선택을 했다. 물론 타이어 능력이나 현가장치의 능력에 물리적인 여유가 있기 때문에 320i의 운전은 220i보다 제약이 적고 자연스럽다. 하지만 RWD이기 때문에 가능한 운전의 재미는 크게 상실되었다.

운전자의 조작을 전자제어가 덮어버리는 식으로 고기동성이나 안전성을 담보하려는 현대의 자동차 제조에 있어서 운전자의 조작을 통한 섀시의 섬세한 반응은 오히려 방해인지도 모른다. 자동운전을 지향한다면 더욱 그럴지도 모른다. 이미 FWD나 RWD가 문제가 아닐지도 모른다. 우리에게 허락된 것은 그려진 시나리오의 대리 체험뿐인 펀 투 구동이나 달려 나가는 기쁨밖에 없을지도 모른다. 미래는 어둡다.

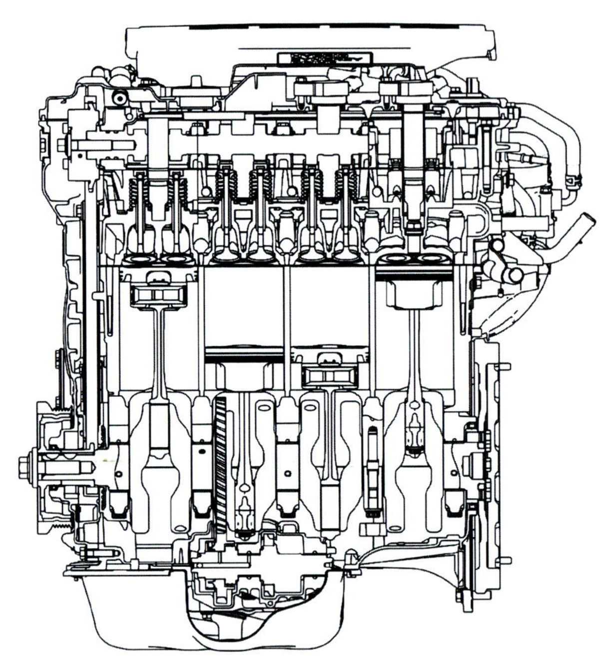

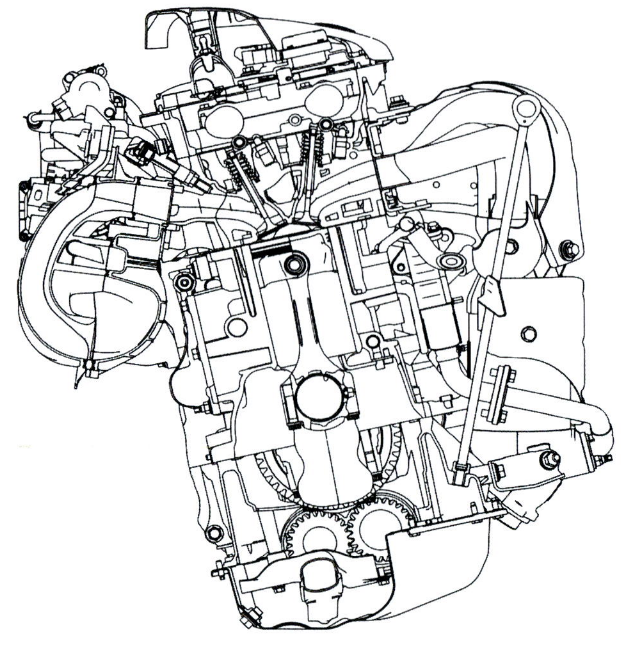

같은 엔진의 가로와 세로 배치

도요타의 경우

2AR-FXE × 2AR-FSE

「뒷바퀴 구동」에서 언급하는 마쯔다의 FF용과 FR용 엔진은 로드스터라고 하는
매우 특수한 마쯔다의 사정(事情)이 만들어낸 산물이라고 할 수 있다.
캠리와 크라운 같은 주력 차종에 가로 배치·세로 배치 엔진을 나누어서 사용하는 도요타의 경우
거기에 어떤 기술과 내부사정이 담겨있을까.

본문 : 미우라 쇼지 사진 & 수치 : 도요타

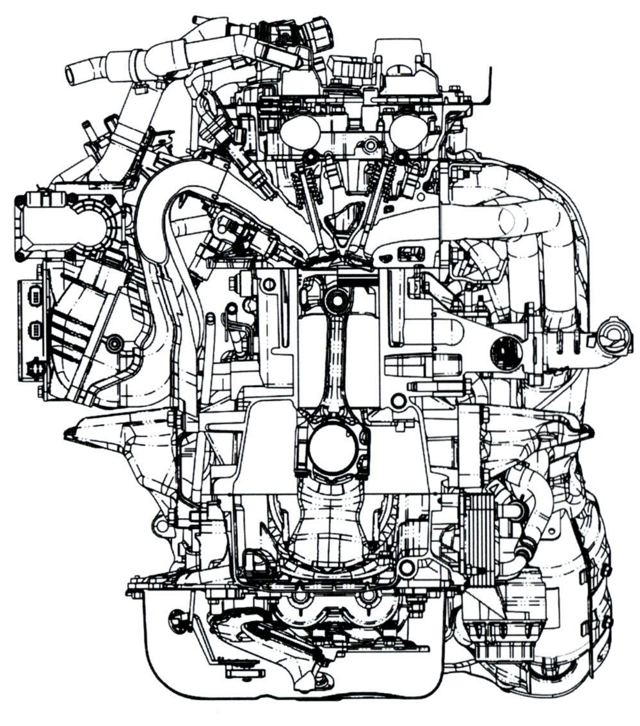

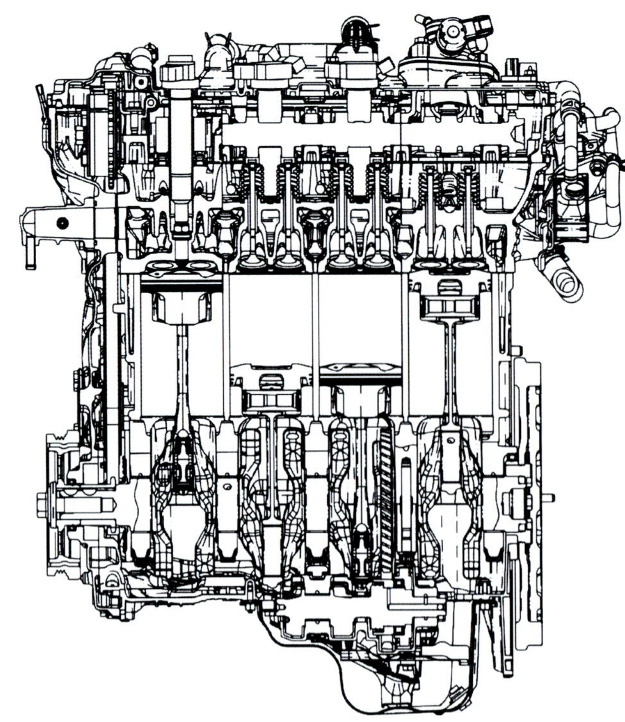

같은 계열의 엔진을 FF용 가로 배치와 FR용 세로 배치로 나누어서 사용하는 것을 90년대 무렵까지 당연시되어 왔던 일들이 지금은 매우 드물어지고 있다. 단순하게 보면 FR 차량을 만드는 제작사가 점점 줄어들고 있는 것이다. 마쯔다의 경우는 매우 특이한 경로로, 지금은 스포츠카가 아닌 일반 승용차에 FR은 존재하지 않는다. 도요타와 닛산 정도가 FR 차량을 계속 만들고는 있지만 수요는 거의 해외 쪽에서 오는 것이고, 그것도 V6·V8 같은 멀티 실린더 엔진을 탑재한 것들이다. 직렬 4기통 가로 배치 엔진을 세로 배치로 개조해 사용하는 사례는 한 가지 밖에 없다. 그것이 도요타의 AR계열 엔진이다.

먼저 AR계열의 출생을 간추려 보면 그 원류는 1980년대 초기에 등장한 S타입(2세대)으로 거슬러 올라간다. 1800~2200cc의 주철 실린더 블록 차종에 탑재되었을 뿐만 아니라 마크 II 시리즈나 알테자 같은 FR에도 사용되었다. 「높은 구조의 트윈 캠」이라고 하는 DOHC가 일반화되는 계기가 됐던 구조를 채택한 것으로 알려져 있지만, 그 외에도 그때까지 세로 배치→가로 배치에 대한 개조가 다반사였던 것이 이 계열부터 가로 배치를 전제로 하고 나중에 세로 배치로 만드는 방법을 취하게 되었다. 그 후 도요타의 2000cc급 직렬 4기통은 알루미늄 실린더 블록의 AZ계열로 바뀌고, 세로 배치 패키징으로는 만들어지지 않았지만 하이브리드화되면서 현재의 AR계열에 이르고 있다.

AR계열에서는 기획단계에서부터 과급과 세로 배치화가 검토되었다. 과급에 있어서는 연소 압력을 견딜 수 있을 만큼의 실린더 블록의 강성이 필요하기 때문에 처음부터 설계에 반영되었지만, 세로 배치는 「어쩌면 할지도 모른다」정도의 분위기였을 뿐, 기획단계에서는 결정이 되지 않았던 것이다. 하지만 세로 배치를 할 때 탑재 상 문제가 되는 오일펌프의 위치가 AZ계열이 체인 구동으로 크랭크축 아래에 배치했던데 반해 AR계열에서는 크랭크와 동일 축으로 구동이 되면서 세로 배치용 준비는 애초부터 준비되었다고도 할 수 있다. 2011년에는 하이브리드화된 2AR-FXE가 캠리에 탑재되어 등장 다음 해에는 하이브리드 그대로 세로 배치되어 크라운에 탑재된 것은 아시는 바와 같다.

그러면 2AR-FXE에서 2AR-FSE로 개조되는데 있어서 어떤 점이 바뀌었을까.

가장 큰 차이점은 5가지이다. 냉각수의 흐름, 배기관의 배치, 오일 팬과 밸런서의 배치, 엔진 마운트, D-4S(직접분사와 포트분사 겸용 인젝션)의 채택이다.

이 가운데 배기관과 오일 팬에 대한 사항은 엔진 구획의 크로스 멤버와 조향장치의 배치가 가로 배치로 할 때와 세로 배치로 할 때가 완전히 틀린데서 기인하는 개조이다. FXE는 전방 배기인 관계로 엔진의 중간 아래를 통해 돌아나가기 때문에 엔진 전방(정면에서 봤을 때 좌측)에 오일 팬을 배치하는데 반해 FSE는 엔진 앞부분 아래에 조향 랙이 위치한다. 그래서 오일 팬 위치를 후방으로 배치하였다. 그런데 이렇게 하면 오일 팬 안에 들어가는 밸런서를 구동하기 위한 기어의 위치가 바뀌게 된다. 자동적으로 밸런서의 동력원인 크랭크축도 바꿔야 한다. 더 자세히 말하면 진동 균형도 바뀌기 때문에 세밀한 튜닝이 필요하다.

냉각수 처리는 마쯔다의 경우와 마찬가지로 FXE는 앞에서 뒤로, FSE는 앞에서 앞으로 흐르게 되어 있다. 배관이 길어지는 비용적인 이유뿐만이 아니다. 전에는 뒤에서 앞으로 해서 실린더 헤드 위를 지나는 배관을 처리하는 경우도 있었다고 하지만, 현재는 엔진 구획의 공간이 너무 빡빡해서 배관을 할 만한 공간 등이 전혀 없다고 한다.

엔진 마운트는 FXE가 4점 지지인데 반해 FSE는 엔진 양쪽과 변속기 2군데이다. 차이는 당연하다고 할 수 있지만, 도요타의 경우는 같은 플랫폼에 다른 엔진을 사용하는 사례가 많기 때문에 이야기가 복잡해진다.

탑재 방법과 섀시 요건에 따른 변경 사항

2AR-FXE(가로 배치)

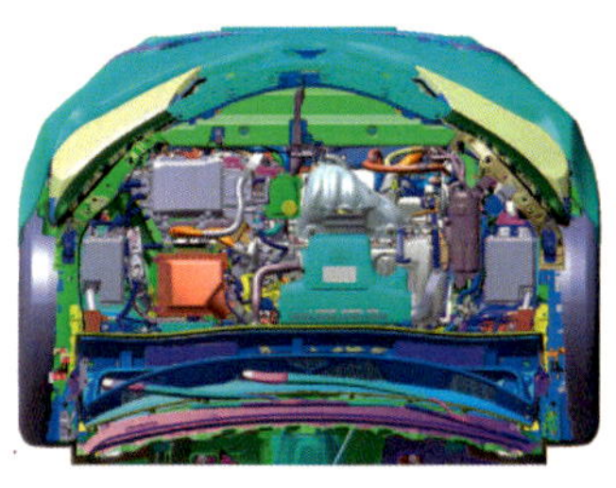

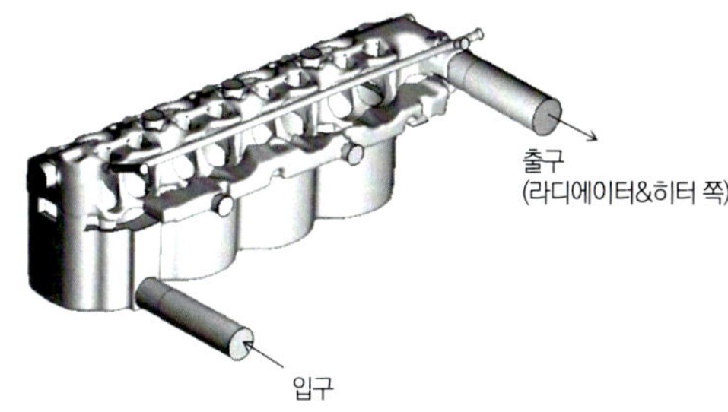

2AR-FSE(세로 배치)

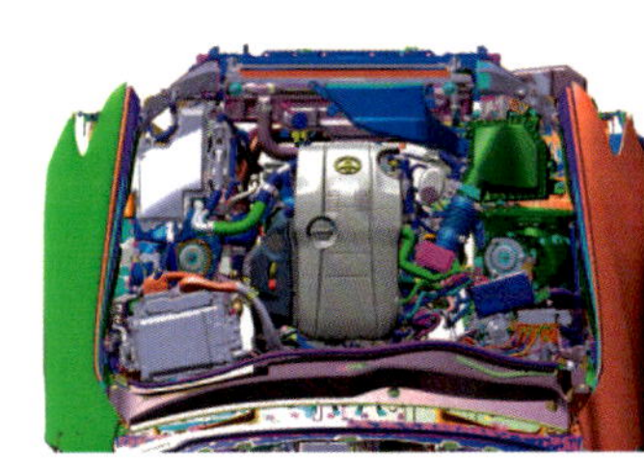

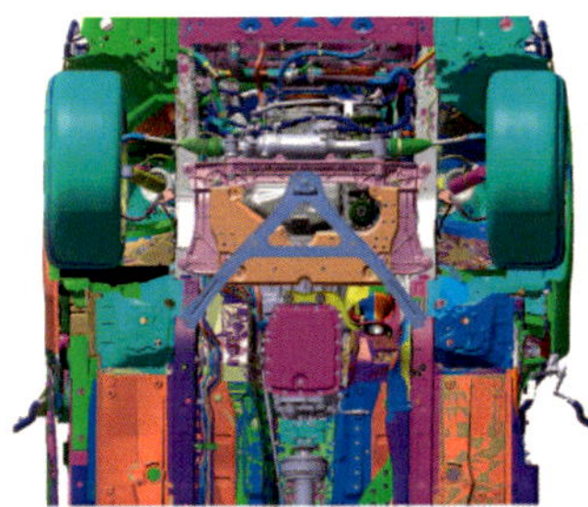

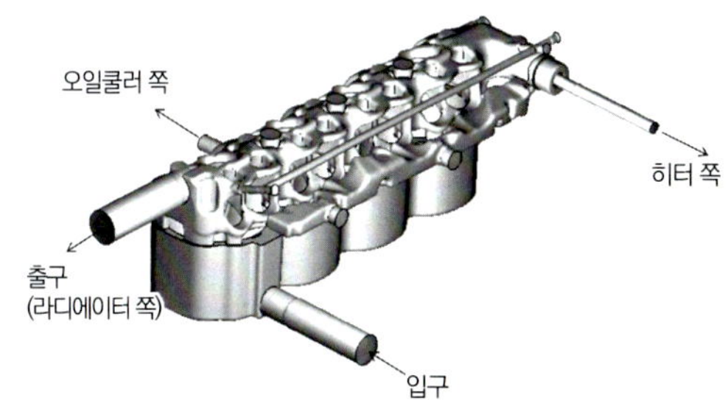

가로 배치인 2AR-FXE와 세로 배치인 2AR-FSE를 각각 탑재상태에서 위쪽과 아래쪽에서 본 모습. 위쪽 그림에서는 가로가 세로로 바뀐 정도밖에 차이가 없지만, 아래쪽에서 보면 상당한 차이가 있다는 것을 알 수 있다. FXE는 전방 배기이기 때문에 배기관이 엔진의 바로 아래를 지나가도록 배치되어 있는데 반해, FSE에서는 엔진과 배기관이 간섭하지 않는다. 그 대신에 전방 조종인 타이로드와 조향 랙이 엔진의 앞쪽 아래를 횡단한다. 그 때문에 오일 팬 위치가 FXE와 FSE가 서로 다르다(상세한 것을 다음 페이지). 엔진과 현가장치를 지지하는 서브 프레임(크로스 멤버)은 플랫폼의 차이 그대로 다르게 되어 있다. 크라운은 2WD와 4WD에서도 형상이 다르다. 전에 소개한 마쯔다의 경우와 마찬가지로 냉각수의 흐름은 FXE가 엔진의 앞쪽(우측)에서 뒤쪽(좌측)으로 흐르는데 반해 FSE에서는 앞으로 들어가 뒤로 나온다. 앞 페이지의 투시도에서 보듯이 FXE는 앞으로 12.5° 기울어 있지만 FSE는 수직배치(1.9° 앞이 올라간 배치)이기 때문에 오일의 흐름이 약간 다르다. FSE의 흡기장치의 배치(에어클리너부터 인덕션 박스, 스로틀까지)는 V6기통 엔진과 기본적으로 동일. 저속에서는 모터로 주행하기 때문에 저속회전에서의 엔진 토크 특성은 거의 고려하지 않아도 되었기 때문이다. 실제 차량에 탑재한 테스트에서도 V6기통과 직렬 4기통의 공기 흐름을 바꿀 필요가 없었다고 한다.

FXE를 사용하는 캠리나 FSE를 사용하는 크라운 모두 직렬 4기통과 V6기통 엔진이 장착된다. 엔진 마운트 위치는 플랫폼 설계단계 초기에 결정되기 때문에나중에 채택하는 엔진은 거기에 맞추기 실제 차량에서 튜닝을 하는데 이것이 상당히 큰일이라고 한다. 「마운트 위치를 몇 mm만 바꿀 수 있다면…」하는 정도의 아쉬움은 항상 있다고 한다. 차량 설계의 기본인 무게 중심의 위치는 당연히 엔진 형식에 따라 달라지는데도 불구하고 마운트 위치가 똑같아서는 아무래도 고민이 아닐 수 없다. 양쪽 다 V6기통 엔진의 기본에 직렬 4기통엔진을 얹기 때문에 무게가 가벼워지는 것과 상반관계가 되도록 세밀한 튜닝이 이루어진다. 이와 관련하여 진동을 억제한다는 관점에서 가로 배치 쪽이 훨씬 어렵다는 것은 마쯔다의 사례와 동일하다. 가로 배치에서는 진동의 마디(Node)가 분산되어 있기 때문에 사실상 앞뒤 2군데서 지지하는 마운트의 관성 주축(主軸) 위치가 약간 바뀌는 것만으로도 진동의 특성은 완전히 달라진다고 한다. 세로 배치는 그런 점에서 자유롭기 때문에 마운트 고무에 부드러운 것을 사용할 수가 있지만 변속기와 결합하는 부분의 강성 확보가 어렵다(이것 또한 마쯔다 사례와 동일). 진동 주파수에 유의하지 않으면 부밍음이 발생한다.

엔진의 흡기 장치는 하이브리드를 전제로 저속에서는 모터를 사용하기 때문에 최대 흡기량만 결정하면 변경할 것이 거의 없지만, 직접분사로 바꿀 때는 여러 가지를 변경해야 한다. 특히 어려운 것은 고압 연료 펌프를 배치할 장소이다. V6기통엔진의 경우는 뱅크 사이에 놓으면 되지만 엔진의 높이가 높은 직렬 4기통 엔진은 충돌안정성 때문에 보닛과 엔진 사이의 공간에 배치하여야 하는 제약이 있어서 간단하지 않았다. 엔진 뒤쪽의 벌크 헤드와의 사이에 놓고 싶었지만 엔진 치수가 바뀌게 되어 생산라인을 공통화할 수 없기 때문에 어떻게든 엔진 위에 놓기로 정리되었다.

S타입 이후 30년 이상이나 되는 경험으로부터 가로 배치에서 세로 배치로 개조하는데 있어서의 상당한 부분의 체계가 확립되었고, 세밀한 튜닝 영역의 축적이 대부분을 차지하는 가운데 상품수준에서는 FXE와 FSE에서 약 60%가 공통화되고 있다. 하지만 엄연한 제약은 존재한다. 생산라인, 즉 비용이다. FSE를 기획

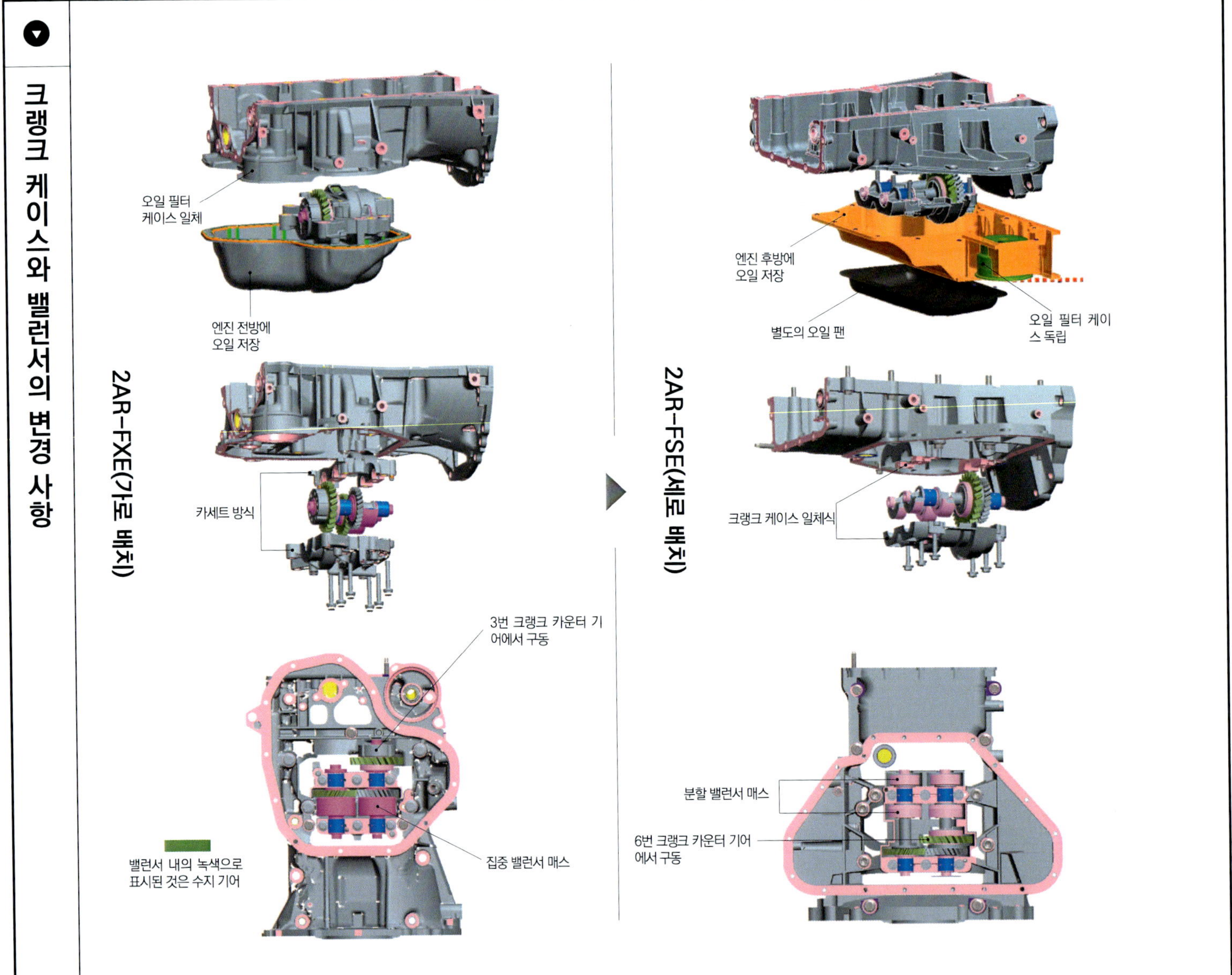

앞 페이지에서 보듯이 FXE에서는 배기관을, FSE에서는 조향 랙을 피하기 위해 오일 팬의 위치를 바꾸었다. AR계열에서는 오일 팬 안에 2차 밸런서를 두고 있기 때문에 필연적으로 밸런서 위치가 바뀐다. 밸런서를 구동하기 위한 출력을 FXE에서는 크랭크축의 3번 카운터 기어에서 가져오는데 반해, FSE에서는 6번에서 가져온다. 엄밀하게 말하면 출력의 위치가 다르면 진동 특성도 바뀌지만, 문제가 될 만한 것은 기어의 유격이나 소음으로서 이것들은 AZ계열부터 사용하고 있는 밸런서 쪽 입력 기어를 수지로 만들어(카운터 기어도 포함) 문제가 없는 수준까지 억제하고 있다. 덧붙이자면 2차 밸런서 위치는 제작사에 따라 엔진 양쪽에 있거나 캠축 쪽에 있거나, 평행배치 또는 단차가 있는 배치 등 다양하지만 계산상으로는 어디에 있어도 상관이 없다고 한다. 다만 엔진의 중심에 두어 출력을 크랭크축 가운데에서 가져오는 것이 대전제이다. 현실적으로는 그렇게 밸런서를 잘 배치할만한 장소가 없기 때문에, 탑재요건 범위 내에서 최대한 한 가운데로 치우치도록 배치하게 된다.

하던 당초에는 「투자비는 없다」는 말까지 있었다고 한다. 실제로는 반드시 필요한 부분의 예산을 절충해 나가면서 깎는 것이 일반적이지만 절대적 수량이 적은 세로 배치용으로 생산라인을 바꾸는 것은 허가를 받을 수 없다는 것이 배경에 있었다.

하지만 이번 FSE의 경우는 「크라운에 장착」한다는 이유 때문에 물심양면으로 지원이 이루어졌다. 도요타에게 있어서 크라운은 일반적으로 생각되는 것보다 훨씬 특별한 존재로서 깐깐해만 보이는 생산관리 담당자도 「크라운이니까 그렇지…」하고 한 발 물러서는 경우마저 있다고 한다. 그 대신에 NV(Noise&Vibration)대책에 대해서는 모든 분야의 담당자, 심지어는 OB들까지 말이 많다. 캠리에서는 문제될 것이 없을 것 같은 소음인데도 크라운에서는 무슨 엄청난 일이라도 난 것같이 난리가 나기 때문에 대책을 강구해야 하는 것이다. 크라운에 직렬 4기통 엔진을 얹기로 결정될 때까지는 우여곡절도 많았던 듯, 「NV는 V6 엔진과 똑같거나 낮추어라」라고 지시 받은 담당자의 압박감은 상상하기 어렵지 않다. 「만약 FSE를 렉서스(IS)로 시작하기로 했다면 상황은 상당히 달라졌을 것이라고 생각한다」는 것이다. 완전히 도요타 특유의 사정이라고 할 수도 있겠지만, 애초부터 세로 배치나 과급을 감안했다고 하는 사실은 S타입부터 이어지는 기술의 계승과 도요타이기 때문에 가능한 가지치기 차종이 있어서 가능했던 것이다. 사실 2AR을 2000cc 터보로 만든 8AR-FTS도 항간에서 이야기되었을 정도로 개발이 난항이었던 것은 아니고 담당자 수준에서는 매우 원활하게 작업이 진행되었다고 한다. 그런 의미에서 일련의 AR계열은 축적된 기술력과 동시에 전통이라는 토대 위에서 개발이 진행된, 실로 도요타다운 엔진이라고 할 수 있지 않을까.

인터뷰 엔지니어

이시구로 후미히사
도요타자동차 유닛센터 엔진설계부 제2기반기술 설계실장

야마시게 겐지
도요타자동차 유닛총괄부 주간

실린더 헤드의 변경 사항

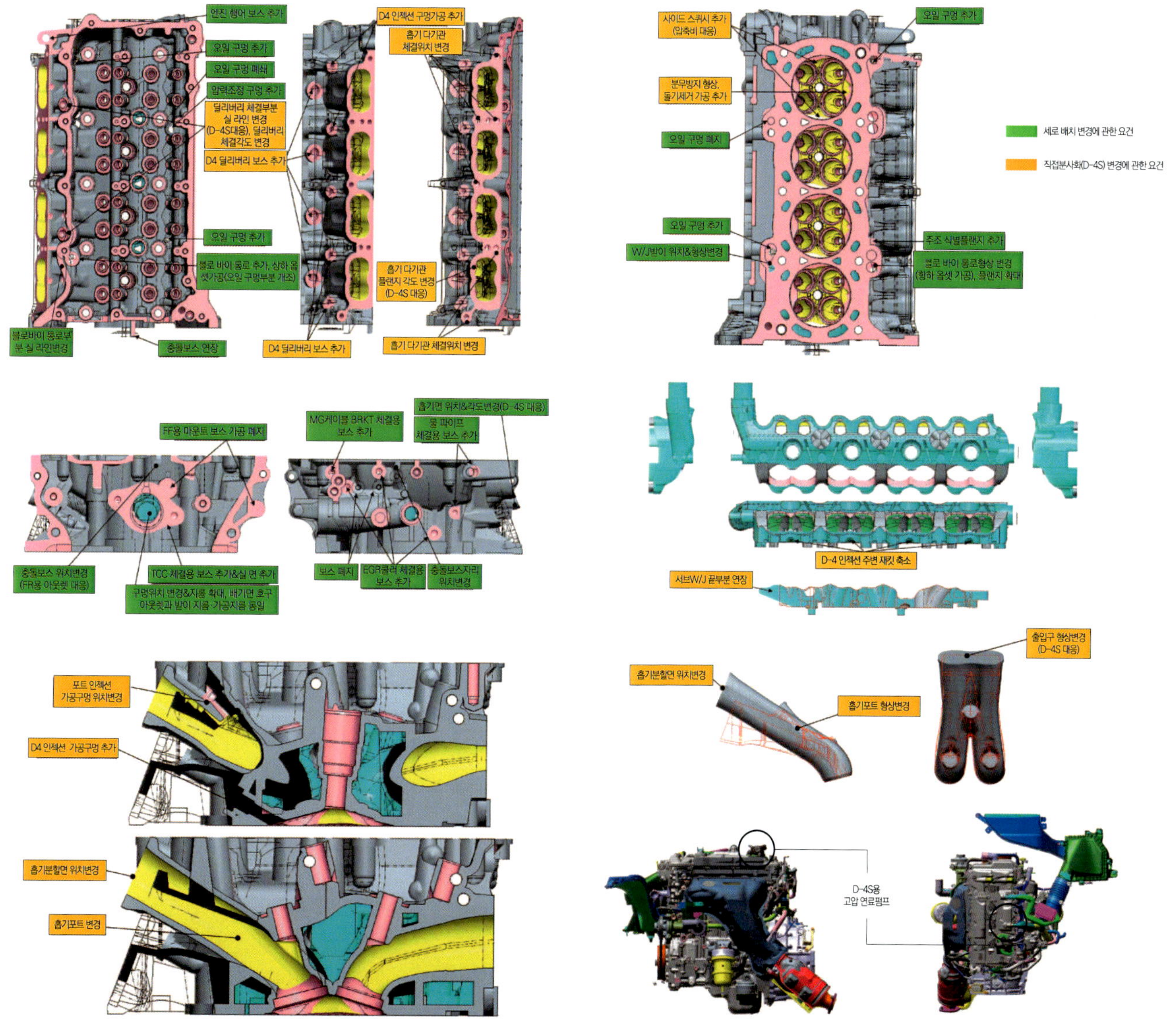

FSE는 FXE와 똑같은 생산라인을 흐르기 때문에 실린더 블록이 거의 같고, 실린더 헤드도 중간 아래쪽은 큰 차이가 없다. 다만 냉각수와 오일, 블로 바이의 통로변경, 마운트용 보스가 주요 변경 사항이다. 공기흐름에 있어서도 앞서 언급한대로 하이브리드이기 때문에 똑같다고 생각하면 된다. 배기 포트에는 바뀐 것이 없고 배기의 맥동 조종으로 촉매와 머플러 위치가 바뀐 정도이다. 하지만 FSE는 연료 공급이 포트분사와 직접분사 겸용인 D-4S를 채택하게 되면서 그를 위해 여러 곳이 바뀌었다. 직접분사 인젝터의 장착뿐만 아니라 포트 분사용 인젝터 위치가 바뀌었기 때문에 흡기 다기관의 형상도 바뀌었다. 또한 직접분사화에 따른 압축비 변경부터 연소실 형상에도 변경이 가해졌다(당연히 피스톤 헤드면 형상도 변경). 가장 큰 난점은 고압 연료 펌프의 배치로서 생산라인 변경 없이 배치할 수 있는 위치는 헤드 윗부분이지만 충돌안전 대책 차원에서 보닛과 헤드 사이의 공간은 거의 없는 것과 같다. 어떻게든 배치된 것을 보면 설계 측면뿐만 아니라 공급업체까지 협력했다는 것을 추측케 한다.

너무 딱딱해도 안 되고 너무 부드러워도 안 되는

차체와 동력의 연결지점 – 엔진 마운트

자동차가 주행 때는 「작용」「반작용」이라고 하는 현상이 항상 따라다니기 때문에 어떤 힘을 가하면 같은 힘이 되돌아온다. 이것은 엔진 회전~변속기의 출력~타이어에서 노면으로의 구동력 전달 과정에서도 발생한다. 동력전달 장치이 제멋대로 날뛰는 것을 통제하지 않으면 상품으로서의 자동차는 성립되지 않는 것이다.

본문 : 마키노 시게오 그림설명 : MFi 수치 : 닛산

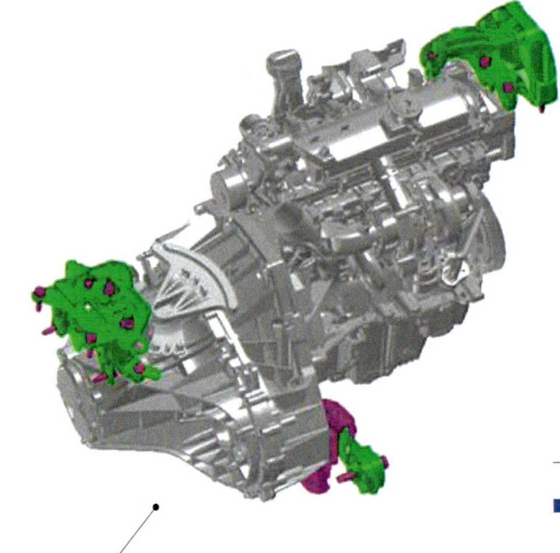

■ Pendulam [펜듈럼 마운트]

펜듈럼(진자)이라는 이름처럼 엔진 윗부분을 앞뒤 방향에서 매달 듯이 탄력적으로(彈性) 지지하는 가로 배치 특유의 방식. 구동 반력에 대항하기 위해 아랫부분을 토크로드로 떠받친다. 공회전 진동과 구동 반력을 균형 있게 억제한다. 실질적으로 2점 지지이기 때문에 질량이 큰 엔진에는 적합하지 않다고 한다.

■ 3 point + torque rod [3점 + 토크로드 지지 마운트]

펜듈럼이 보디 골격에서 엔진을 「매다는 방식」인데 반해, 이 방식은 크로스 멤버에 「놓는」방식이다. 관성 주축(主軸)에 대비해 무게 중심의 주축이라고도 할 수 있는 방식으로, 대부분의 세로 배치 FR마운트는 이 방법(엔진 좌우와 변속기 좌우의 4군데지지)을 사용한다. FF용에서는 소수기통 엔진의 경우 진동 흡수가 어렵다

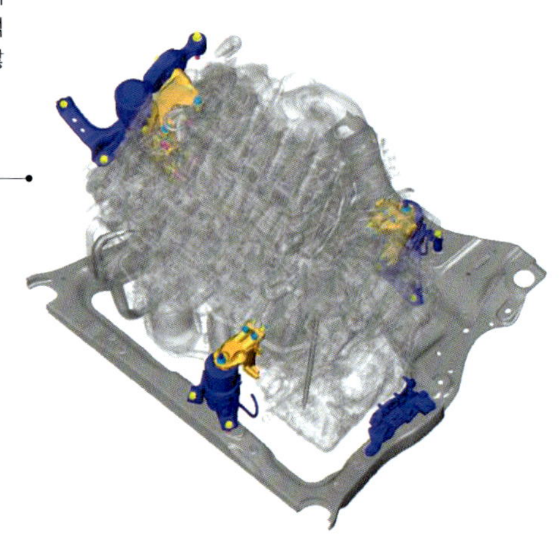

■ Principal axis of inertia [관성 주축 십자 마운트]

엔진의 관성 주축 상에서 전후 · 좌우를 지지하는 방식. 앞뒤 방향을 주로 지지하는 방식과 좌우방향을 주로 지지하는 방식이 있다. 펜듈럼도 관성 주축 방식의 일종이지만, 주축에 대해 마운트 위치가 위로 올라간다. 십자 마운트에서는 주축과 일치시킬 수 있다.

			펜듈럼	십자 마운트		3곳 마운트
				RH, LH 주요	Fr, Rr 주요	
지지	질량		큰 차이 없음			
	구동		허용 토크 △	허용 토크 △	허용 토크 ○	허용 토크 △~○
방진	L3	공회전	밸런서가 없는 엔진 설계가 어렵다.	-	-	-
	L4	공회전	올바른 기하학적 구조가 잡히면 설계가 용이.	자유로운 튜닝이 가능하지만 설계는 어렵다.	성능을 성립시키는 것이 어렵다.	성능을 성립시키는 것이 어렵다.
		가속시 소음	○	○~○+	◎ 2중 방진	◎ 2중 방진
	V6	공회전	○	○	○	○
		가속시 소음	○	○+	◎ 2중 방진	◎ 2중 방진
제진	운전성		○	○	◎	◎

엔진 마운트의 기능

지지 기능	엔진을 보디에 연결해 질량이나 구동 반력을 지탱한다.
방진 기능	엔진의 진동이 보디로 전달되는 것을 억제한다.
제진 기능	반동의 반력이나 노면입력으로 인해 발생하는 진동을 억제한다.

현재 엔진 마운트는 장치로 설계된다. 주요 역할은「방진」과「제진」이고, 각각 지향하는 목표가 다르다. 방진은 진동의 차단, 제진은 진동 자체를 억제하는 기능이다. 200~300kg이나 되는 엔진을 지구의 중력에 거슬러 떠받치면서 구동 반력을 받아들인다. 엔진에서 발생된 구동력을 지면에 전달하는 순간 그것은 반력(反力)이 되어 구동장치로 되돌아온다. 이것을 받아들이는 기능이 가장 중요한 작업이다. 사실 엔진은 엄청난 진동원으로, 그대로 바로 보디에 연결하면 탑승객은 탈 수 없을 만큼의 진동에 항상 노출되는 것과 같다. 「쾌적한 승차감」은 타이어~현가장치, 보디 같은 부분뿐만 아니라 엔진 마운트가 기여하는 영역이 예상 외로 많은 것이다.

진동기능을 끄집어내 얘기하자면, 30Hz 이하 정도의 공회전 진동, 20~30Hz의「부밍음」, 엔진의 회전이 상승하는 과정에서 발생하는 연소음을 메인으로 하는 가속할 때의 200~1kHz 소음 세 가지가 중심이다. 제진기능을 보면 노면에서의 입력에 대해 차체를 적극적으로 제진하는 영역과 동시에 그「부수물」차원의 진동을 악화시키는 영역, 부드러운 것을 매개로 하는데서 오는 부정적 측면이 있어서 차체 개발에 있어서는 이런 요인들의 균형을 잡아주어야 한다.「너무 딱딱하지도 그렇다고 너무 물렁하지도 않은」균형을 추구하는 것이 중요한 작업이다.

현재의 엔진 마운트에 투입되고 있는 기술이나 그 바탕이 되는 개념에 대해서는 이 페이지의 각론을 참조하기 바란다. 엔진 마운트는「그 마운트가 설치되는 위치」에 따라 각각의 성격이 다르다. 특히 엔진 가로 배치 FF용은 설계가 어렵다. 가감속과 코너링을 할 때는 엔진이 앞뒤로 심하게 흔들리고 이것이 차량의 운동성에 영향이 미치기 때문이다. FF의 진화 역사는「진동과의 싸움」이기도 하다.

FF차의 보닛 후드를 열고 액셀러레이터 페달을 밟았

다 놓았다 하는 동작을 해보면 엔진 전체가 얼마나 「흔들리고 있는가」를 알 수 있다. 액셀러레이터 페달을 놓으면 순간적으로 10~20mm는 움직인다. 중량 200kg짜리 물체가 순간적으로 20mm가 움직일 때의 관성질량은 매우 크다. 자동차가 선회하는 중이라면 그 횡 G에 의해 엔진 전체가 좌우방향으로 흔들린다. 앞뒤와 좌우의 흔들림이 합쳐지면 비스듬한 방향으로도 흔들림이 발생한다. 현가장치의 행정으로 30~40mm가 움직이는 현상 가운데는 당연히 엔진 마운트의 작업분량이 포함되어 있다. 더 나가자면 가로 배치 FF의 엔진의 무게는 차체 중심선에서 좌우로 나누었을 때 절대로 대칭이 안 된다. 미세한 운전영역에 끼치는 영향을 결코 무시할 수 없는 것이다. 하지만 엔진 마운트를 설계하는 기본이 「이도 저도 아닌 상태」인 경우도 많다. 엔진 쪽이 담당할지 아니면 섀시 쪽이 담당할지에 대한 구분도 자동차 제작사에 따라서도 다르다.

[엔진의 기통수에 따른 가진력(可振力)]

그림은 펜듈럼 마운트를 사용하는 차량들의 엔진 기통수에 따른 방진 특성의 차이를 나타낸 것이다. 4행정 엔진의 경우 4기통에서는 크랭크축 1회전에 연소가 2회 일어난다. 즉 엔진 회전 진동의 2차 성분이 연소 가진력=토크 변동이 된다. 이것이 3기통에서는 1.5차가 되어 가진력이 증가하는데, 특히 공회전 부근의 진동이 문제가 되기 때문에 같은 마운트를 사용한다면 엔진 회전수를 높여야 한다. 비용적인 이유로 밸런서를 사용하지 않는 경우가 많은 저가 차량은 1차 진동에도 대처해야 한다. 반대로 6기통에서는 3차성분이 되어 진동성분이 사람에게 잘 감지되지 않으므로 회전수를 낮춰도 문제가 없어진다. 관성 주축에 구애받지 않아도 되기 때문에 마운트 위치나 소재 경도를 여유롭게 사용할 수 있다.

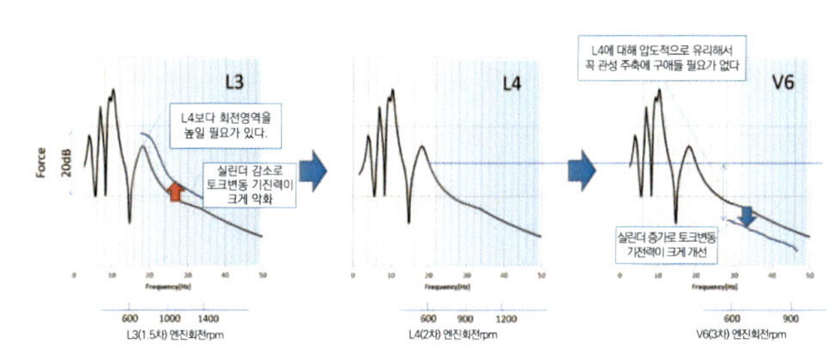

[방진고무에 요구되는 특성]

지지 기능–딱딱한 고무가 바람직하다. | 방진 기능 – 부드러운 고무가 바람직하다.

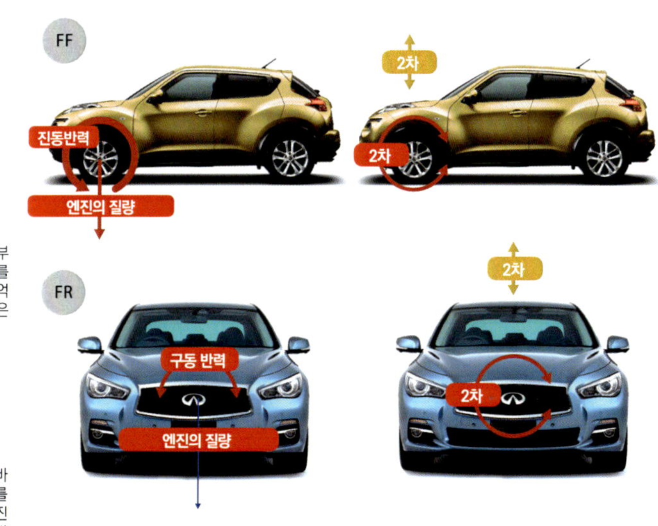

엔진 마운트 방진고무의 경도는 타이어의 구동력이 반력으로 엔진 쪽에 전달되는 크기(=앞뒤 요동)와 현가장치가 규정하는 최대 롤각도(=좌우 요동)와의 균형을 고려해 결정된다. 가로 배치 FF와 세로 배치 FR을 비교했을 경우 최대 롤각도에 차이는 없지만 종감속 기어장치를 포함해 구동력이 뒷바퀴로 전달되기 때문에 FR에서는 반력이 작아진다. 그만큼 방진고무를 부드럽게 할 수가 있어서 방진에 대한 대책은 상대적으로 FR 쪽이 유리하다고 할 수 있다.

[엔진 마운트의 종류]

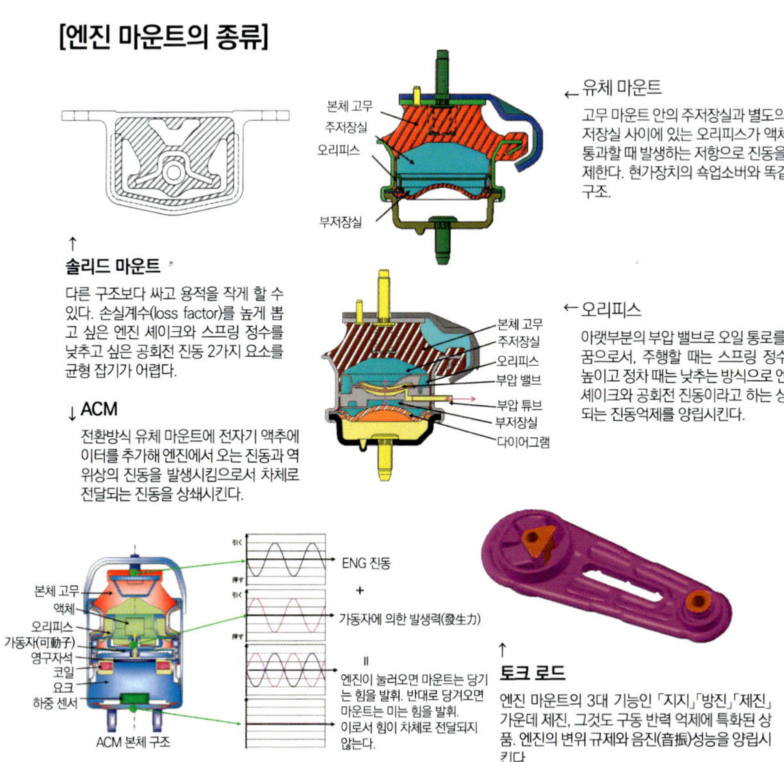

솔리드 마운트
다른 구조보다 싸고 용적을 작게 할 수 있다. 손실계수(loss factor)를 높게 뽑고 싶은 엔진 셰이크와 스프링 정수를 낮추고 싶은 공회전 진동 2가지 요소를 균형 잡기가 어렵다.

유체 마운트
고무 마운트 안의 주저장실과 별도의 부저장실 사이에 있는 오리피스가 액체를 통과할 때 발생하는 저항으로 진동을 억제한다. 현가장치의 쇽업소버와 똑같은 구조.

오리피스
아랫부분의 부압 밸브로 오일 통로를 바꿈으로서, 주행할 때는 스프링 정수를 높이고 정차 때는 낮추는 방식으로 엔진 셰이크와 공회전 진동이라고 하는 상반되는 진동억제를 양립시킨다.

ACM
전환방식 유체 마운트에 전자기 액추에이터를 추가해 엔진에서 오는 진동과 역위상의 진동을 발생시킴으로서 차체로 전달되는 진동을 상쇄시킨다.

토크 로드
엔진 마운트의 3대 기능인 「지지」「방진」「제진」 가운데 제진, 그것도 구동 반력 억제에 특화된 상품. 엔진의 변위 규제와 음진(音振)성능을 양립시킨다.

FF의 조향장치 설계

-「기본을 지키는 것」이 철칙

앞바퀴에 구동축이 있는 FF 차량의 조향장치 설계가 일반적으로 「FR보다 어렵다」고 한다. 휠의 내경 안에서 현가 암이나 구동축 위치를 동등하게 배치해야 하기 때문에 설계자들은 머리를 짜내게 된다.

본문 : 마키노 시게오 감사 : JTEKT / 구마가이 도시나오 / 세야 마사히로 아카이브

후방 조종 배치

앞 차축보다 후방(운전석 쪽)에 조향장치이 위치하는 「후방 조정」배치는 엔진을 가로로 장착하는 FF 차량에 많다. 바퀴 안쪽의 허브에서 나온 너클(암) 끝부분과 타이로드를 연결함으로서, 정면이나 측면에서 볼 때 L(「)자형의 로어 암과 위치가 평행하게 되도록 배치하는 것이 바람직하다. 옆쪽 정 가운데(바퀴 쪽)에서 보면 전부가 휠 내경 안에 들어가 있다.

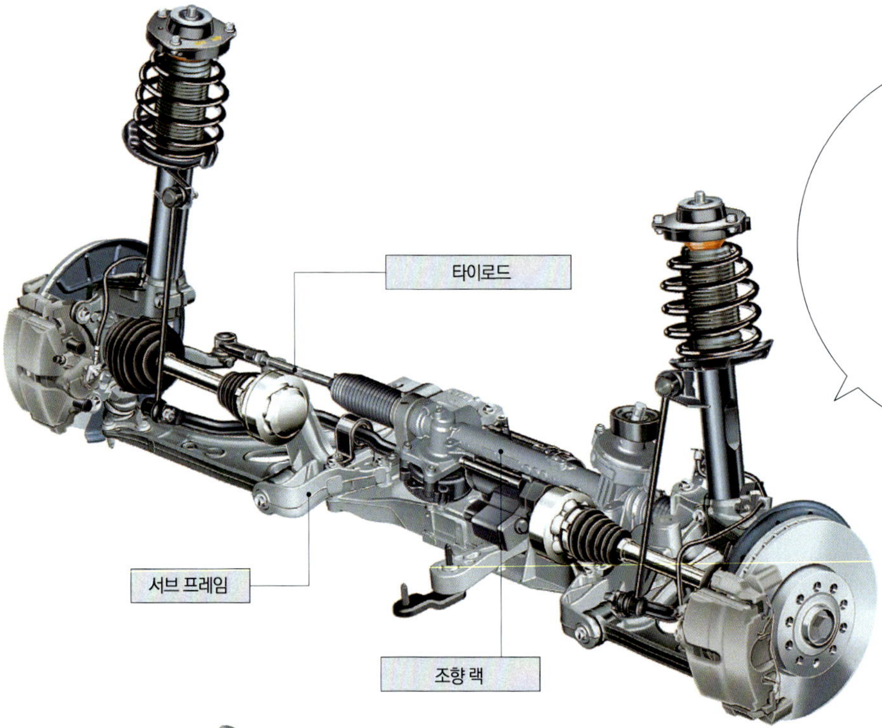

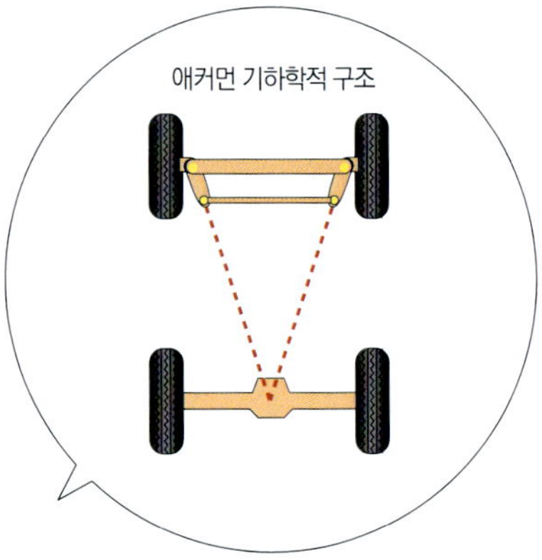

타이로드
서브 프레임
조향 랙
애커먼 기하학적 구조

전방 조종 배치

조향 랙을 앞 차축보다 더 앞쪽에 배치하는 「전방 조종」배치는 뒷바퀴 구동 차량에 많지만, 엔진 형식과 그 배치방법에 따라서는 FF 차량에도 채택하는 경우가 있다. 우측 사진은 아우디 사례로서 엔진을 세로로 배치하고 바로 뒤에 종감속 기어장치 출력~좌우 바퀴 구동축(등속 조인트=CJV)를 배치한다. 엔진은 조향 랙 위에 있고, 타이로드는 2분할 방식 로어 암인 앞쪽 암과 평행하고 높이도 가깝다.

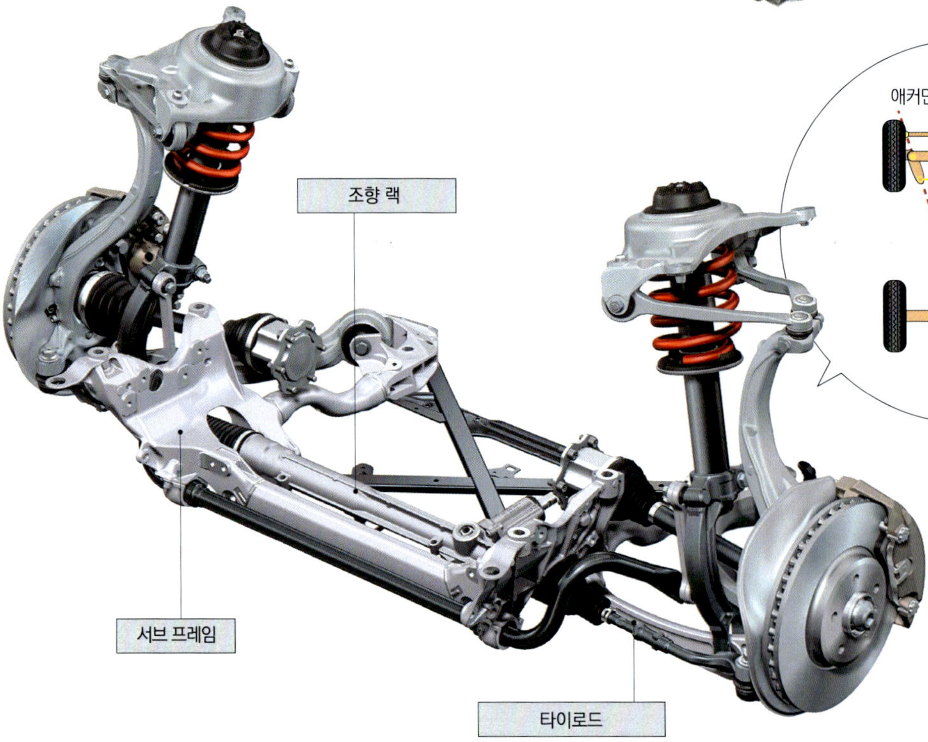

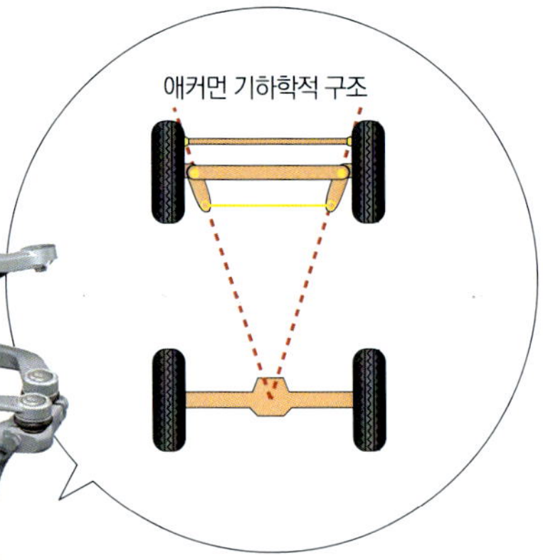

조향 랙
서브 프레임
타이로드
애커먼 기하학적 구조

우측 그림은 전방 조종과 후방 조종을 그림으로 동시에 겹쳐 놓은 것이다. 바퀴의 허브에서 나온 너클을 「밀고」「당기고」하면서 타이어 방향을 바꾸면 너클 끝은 타이어 방향(좌우로의 움직임)과 연동해 원을 그리듯이 움직이게 된다. 옆 그림의 후방 조종에서 회색으로 표시된 위치에 랙을 두면 처음부터 타이로드에 「앞이 벌어지는 각도」가 생기고, 이 상태에서 조향장치을 최대로 틀면 너클과 타이로드가 일직선으로 늘어서게 된다. 이 상태에서는 조향이 불가능하다. 이렇게 되지 않도록 설계단계에서 조향 랙의 배치장소와 너클의 움직임을 조정한다. 앞바퀴에 구동축이 있는 FF는 FR보다 배치의 설계가 까다롭고 어렵다.

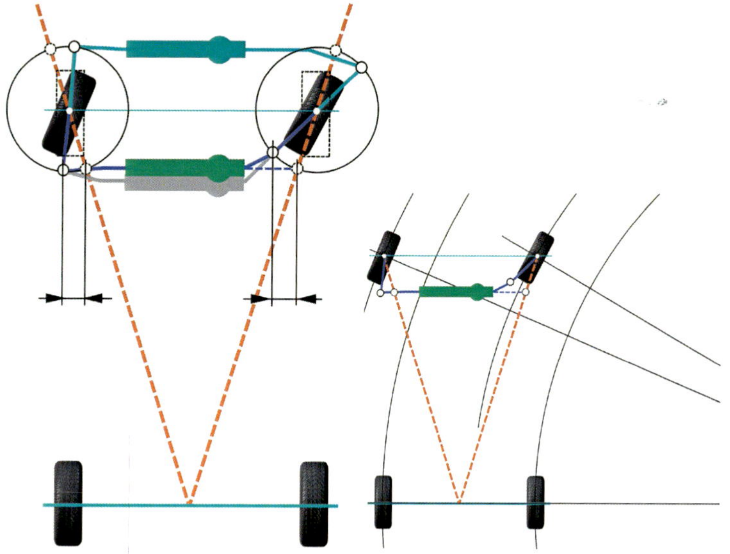

애커먼 설정

앞바퀴의 방향을 바꾸는 타이로드와 좌우 바퀴 쪽에 연결되어 있는 너클의 위치 관계에는 규칙이 있다. 차량의 운동을 설명한 교과서 등에는 직진상태에서 킹 핀 축과 너클 끝부분을 서로 잇는 선의 연장이 뒤 차축중심과 일치해야 한다고 나와 있다. 앞바퀴 조향인 2축 4바퀴 차량에서 「4바퀴이 동일한 중심을 갖는 원을 그리며 선회」하도록 하는 규칙이다. 이것을 애커먼 기하학이라고 부르며, 차량의 조향장치를 설계할 때 먼저 이 기하학 배치가 우선시된다. 원래는 좌우 바퀴를 하나의 막대로 잇는 드래그 링크 설계방법으로, 마차시대부터 존재했다.

「압축」「인장」어디 쪽에서 받을까

왼쪽으로 조향핸들을 돌렸을 때의 우측바퀴를 생각해 보자. 타이어가 방향을 바꾸면 노면과 타이어 사이에 횡력(←)이 발생한다. 이 횡력은 접지점보다 약간 뒤쪽으로 작용한다. 동시에 타이어에는 직진으로 돌아가려는 힘도 작용함으로서, 이것이 「전방 조종」을 한 배치에서는 타이로드를 선회하는 바깥쪽으로 당기는 「인장 하중」으로 작용한다(위쪽그림). 너클을 바깥쪽으로 당기는 힘인 것이다. 「후방 조종」을 한 배치에서는 반대로 「압축 하중」으로 작용하면서 너클을 선회하는 안쪽으로 미는 힘이 된다.

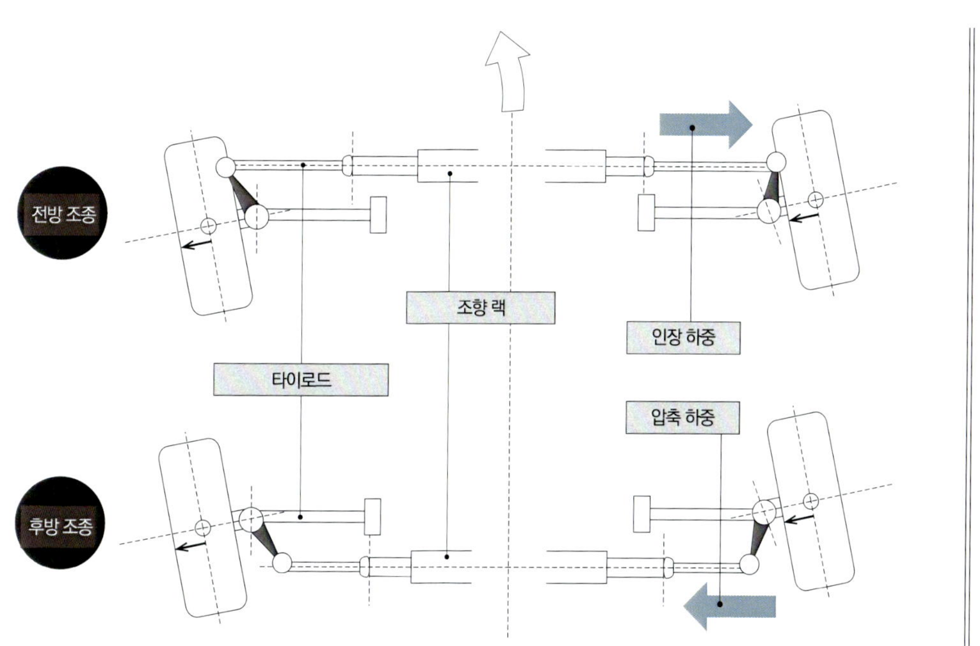

지금은 FF 차량의 엔진룸이 부품으로 가득 차 있다. 컴퓨터의 3차원 CAD가 있어서 가능한 치밀한 배치로서 FF 차량을 몇 세대에 걸쳐 계속해서 개량해온 노하우가 여기에 집약되어 있다. 그런데 이 안에서 조향장치의 우선순위가 반드시 높은 것은 아니다. 개괄적으로 말하자면 근래에는 엔진과 변속기가 최우선이고 다음이 브레이크 장치와 에어컨 장치, 마지막이 조향장치 순이라는 이야기를 차량 개발 책임자들로부터 들은 적이 있다.

그런 이유 가운데 한 가지는 EPS(전동 동력 조향장치)의 등장 때문이다. EPS의 소프트웨어는 어떤 의미에서 「조향 감각」을 자유자재로 만들어 낼 수 있다. 다른 설계의 요건이 엄격할 경우 그 여파는 제어에 대한 자유도가 높은 조향장치로 집중된다고 한다.

무엇보다 앞바퀴의 방향을 바꾸는 자동차에서는 조향장치의 설계에 있어서 지켜야할 정석이 있다. 그 한 가지가 애커먼 기하학 설계를 지켜야 하는 것이다. 애커먼을 무시하면 타이어에 사이드슬립이 잘 일어나지 않는 극저속~저속(소위 말하는 주차 속도)에서 조향 각도가 커질 때 타이어를 질질 끄는 움직임이 나온다.

시판 차량에서는 볼 조인트의 정밀도나 승차감을 위해 규정(compliance)을 주기 때문에 애커먼 기하학을 무시하면 선회하는 안쪽 바퀴로 상당한 힘이 가해진다. 선회하는 안쪽 바퀴의 궤적은 안쪽으로 당겨지고, 바깥쪽 바퀴는 직진으로 돌아가려고 궤적이 밖으로 향한다. 설계 기술자들은 이 균형 때문에 선회가 어려워진다고 말한다.

애커먼 기하학이 조향장치를 설계하는 출발점이라고 한다면 그 토대는 캐스터 각도와 트레일, 스크러브(scrub) 반경 같은 바퀴 주변의 설계를 설정하는 것이다. 여기에는 앞뒤 중량 배분이나 휠 베이스, 트레드의 비율 등과 같은 차량의 제원이 깊이 관여한다. 그리고 대개 앞바퀴에 구동축이 있는 FF에서는 너클과 현가장치의 위치 관계에 그다지 여유가 없다. 동시에 모든 부품을 휠 내경 안에 배치하지 못하면 일반적인 조향 각도를 확보할 수 없다. 여기에 FF 차량의 조향장치 설계가 갖는 어려움이 있다. 그런 가운데 설계 기술자들이 지키고 있는 지론이 몇 가지 있다.

먼저 타이로드의 길이와 높이를 최대한 로어 암의 길이와 높이에 맞추는 것이다. 앞바퀴와 로어 암이 제각각 그리는 궤적을 되도록 맞추기 위해서이다. 이른바 범프 스티어(bump steer)에 대한 대책으로, 제대로

BMW 328i
[FR 전방 조종 배치]

눈여겨 볼 곳은 로어 암을 2분할하여 높이를 바꾼 점이다.
이로 인해 타이로드와 후방 조종의 로어 암 높이가 거의 똑같아졌다.
각각의 하반각(下半角)도 똑같아졌을 뿐만 아니라 이론대로 평행하게 배치되었다.
정확한 조향과 조향 느낌을 생각하면 이상적인 배치이다. 반면에 현가장치의 기하학 설계를 어려워진다.

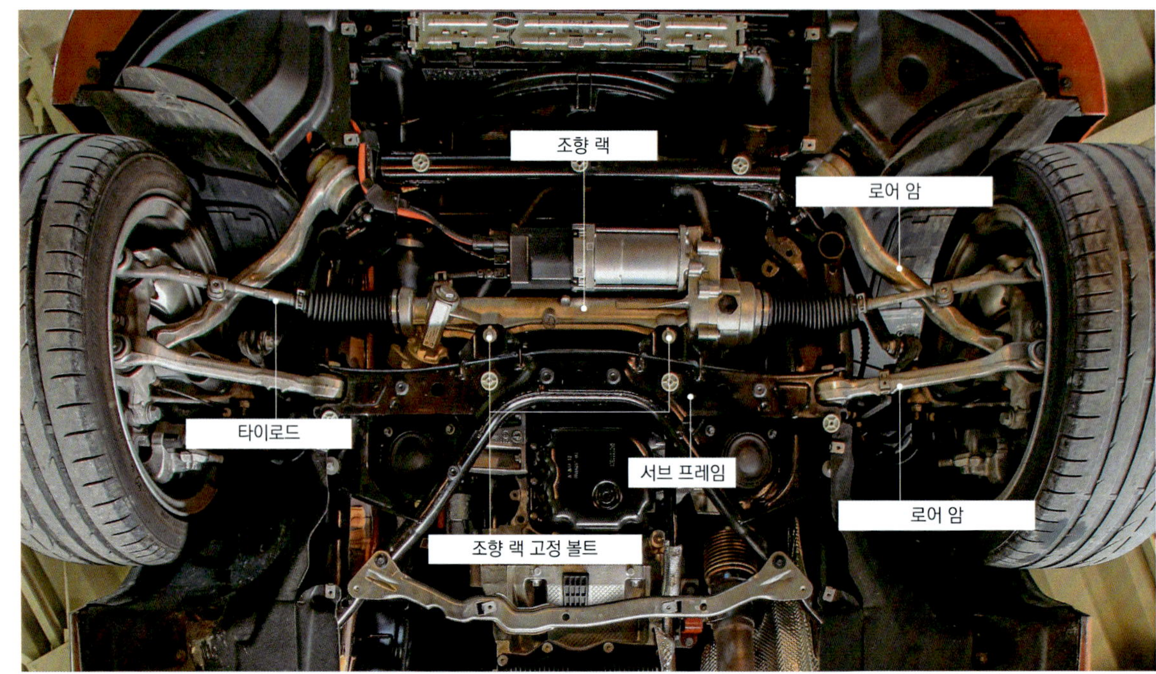

Audi A6
[FF 전방 조정 배치]

2분할된 로어 암을 사용한 세로 배치 FF 엔진의 예. 로어 암의 배치가 위쪽 FR 차량과는 반대로 되어 있다. 조향 랙은 앞쪽의 로어 암과 거의 평행하고 높이도 거의 비슷하다. 엔진은 구동축 앞쪽 오버행에 배치된다. 타이로드와 구동축도 현가장치의 구성 요소임을 잘 알 수 있다.

Mazda CX-5
[FF 후방 조종 배치]

매우 표준적인 L자형 로어 암을 사용한 예. 로어 암의 앞쪽 피봇의 강성이 중요하며, 차축 중심과 피봇이 일직선으로 연결된다. 최대 조향 각도일 때는 뒤쪽 피봇으로 횡력을 받도록 암의 스팬이 결정되고 여기에 평행하게 타이로드가 배치된다. 그러고도 전방 열림 각도는 약간 억제될 뿐이다. 충실하게 이론에 따른 훌륭한 설계이다.

타이로드
전면
브레이크 디스크 & 캘리퍼
평면도
로어 암
로어 암
스크러브 반경
후방도
측면도
전면
타이로드
킹 핀 축

GT카의 「전방 위쪽(前上) 당김」예

GT카(레이싱 카)에서는 애커먼 기하학을 무시할 때의 영향이 나타나는 속도영역은 사용하지 않기 때문에 이와 같이 시판 차량에서는 볼 수 없는 조향장치의 배치를 한다(어퍼 암은 생략). 다만 휠 내경 안으로 모든 것을 배치한다는 점은 공통으로, 그립력이 높은 타이어에 대응할 필요가 있다. 당연히 조향장치의 정밀도가 뛰어나고, 현가장치도 모두 필로우 볼을 사용해 규정의 성분은 제로이다.

설계하지 않으면 토 변화가 일어나게 된다. 그렇다 하더라도 스트럿 방식의 현가장치는 너클의 높이를 선택할 만한 여유가 별로 없어서 애커먼 기하학을 지켜야 한다는 전제에서는 킹 핀 축에도 제한이 따른다. 근래에는 엔진 마운트와 타이어 그립이 상승하면서 킹 핀 축 의 기울기를 크게 해서라도 스크러브 반경을 작게 하려는 경향이어서 여유는 점점 줄어들었다. 한 가지 해결책으로 더블 위시본 방식의 현가장치를 사용하는 것이 있지만 가격이나 공간 관계상 어려운 경우가 많다.

서브 프레임 주변에서는 조향 랙을 어떻게 고정할지도 중요한 요소이다. 전에는 조향 랙을 고정하기 위해 밴드 고정을 많이 이용했었는데 바로 유압식 동력 조향장치의 유압음(油壓音)이 직접 보디로 전해지지 않도록 하기 위한 「회피책」이었다. 현재는 조향 랙을 보디에 직접 연결하지 않고 서브 프레임에 고정하는 것이 일반적이다. 또한 유압식 동력 조향장치는 전동식 동력 조향장치(EPS)로 변경되어 이런 「회피책」을 쓸 필요성이 없어졌다. 그 때문에 양쪽 볼트로 고정하는 것이 일반화되었다. 근래의 랙 추진력의 크기를 보더라도 양쪽에 볼트를 사용하는 것이 정답일 것이다.

토크 스티어도 걱정하지 않을 정도가 되었다고는 하지만 가로 배치 FF 엔진으로서는 약점이다. 등속 조인트(C.V.J; Constant Velocity Joint)의 길이를 좌우에서 맞춘 다음 중간 축으로 연결한다 하더라도 좌우의 공진 주파수가 완전히 일치하지는 않는다. 신경 쓰이는 영역을 억제하는 정도이다. 좌우에서 관성과 강성을 일치시키려면 차량의 중심에 종감속 기어를 배치하는 수밖에 없다.

또한 앞 페이지 사진에서는 보이지 않는 부분, 조향 랙 안에 배치된 피니언 기어에 회전력을 전달하는 기구, 즉 조향핸들과 조향 랙 사이에 배치하는 조향축을 「어떻게 통과시킬까」도 설계자에게는 고민이다. 가로 배치 FF 엔진에서는 후방 조종이 일반적이기 때문에 운전석에 있는 조향핸들로 부터는 크게 구부러진 조향축이 필요하다. 일반적으로는 두 개의 십자형 자재이음를 사용해 랙 쪽과 조향핸들 쪽을 연결하지만 굴절 각도가 커지면 요크(yoke)를 변화시키는 힘이 커지면서 강성의 확보가 중요해진다. 위상 지연이라는 문제도 있다. 세로 배치 FF 엔진에서 조향 랙 위치를 개선하면 이 문제에서 많이 벗어날 수 있지만, 그런 배치의 「조향장치」만을 위해 채택하겠다는 판단은 불가능할 것이다. FR 차량의 가로 배치 엔진 & 세로 배치 엔진 같은 경우는 조향장치의 배치에서 고민은 거의 해방되겠지만…. 앞 페이지 사진에 있는 마쯔다 CX-5는 롱 스카이액티브 엔진인 4-2-1 배기관을 사용하기 때문에 페달의 위치를 실내 쪽으로 치우치게 했다. 그 결과 페달의 옵셋이 없어져 조향축이 쉽게 「굴절」되면서 앞 차축의 중량도 약간 감소하게 되었다. 사실은 폭스바겐의 MQB와 비슷하게 한 것이다. 어떤 제작사든지 개량에 여념이 없다.

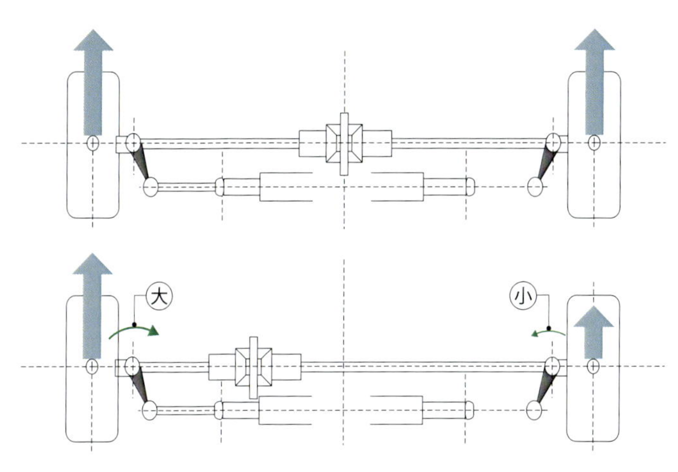

토크 스티어란?

엔진과 변속기를 일직선으로 배치하면 종감속 기어 및 차동장치가 출력위치가 차량 중심선을 벗어나 좌우 어느 한 쪽으로 치우친다. 이럴 경우 구동축은의 좌우 길이가 바뀌면서 비틀림 강성(공진 주파수)에 차이가 난다. 짧고 강성이 높은 쪽이 빠른 타이밍에서 구동력이 커지면서 토크 스티어를 발생한다. 짧은 쪽에 추나 고무 커플링을 넣거나 긴 쪽의 축 직경을 바꾸는 대책이 가능하지만 근본적인 해결책은 안 된다.

Illustration Feature
Statics & Dynamics of the
앞바퀴 구동
DYNAMICS
02
구동력 제어와 차량운동

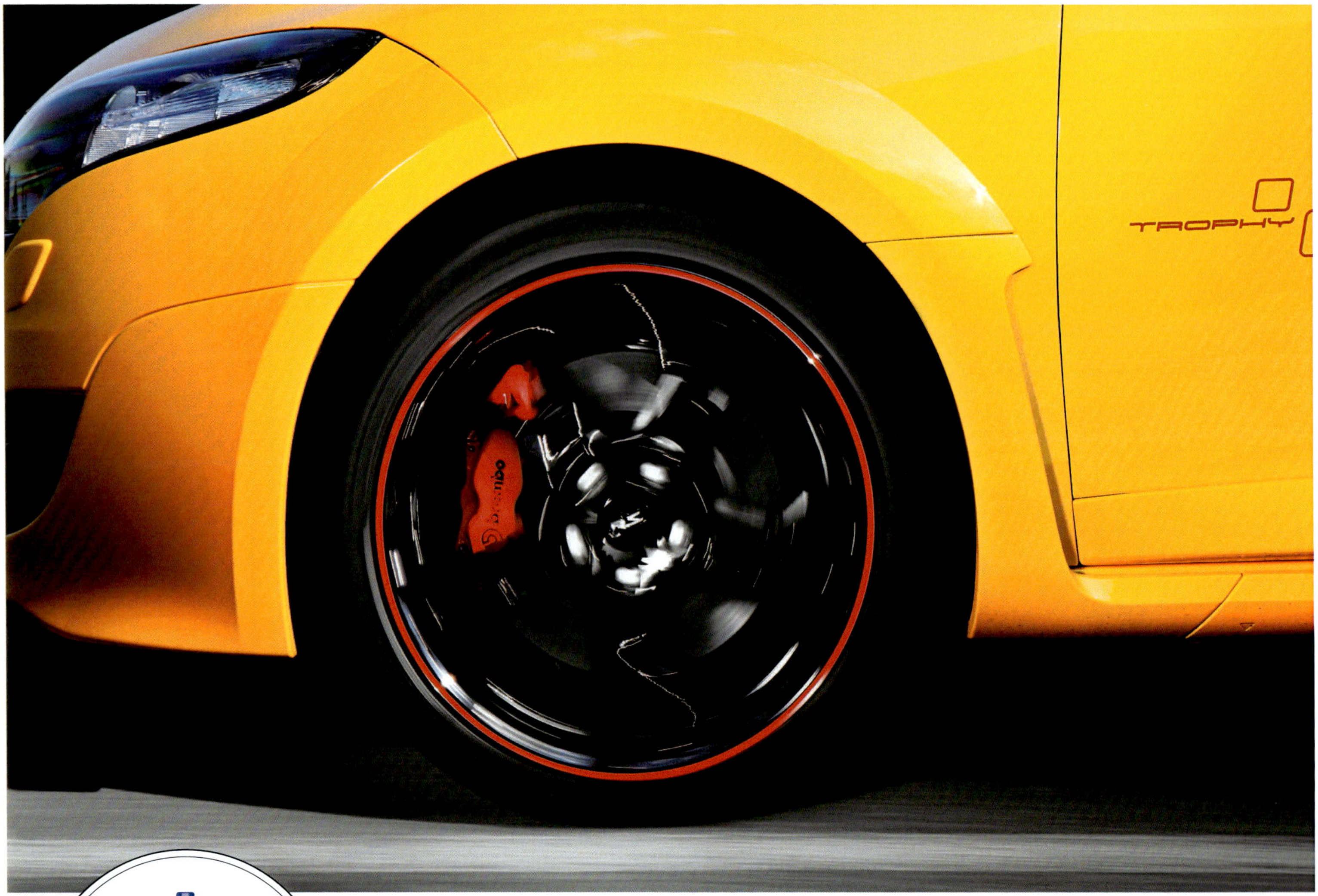

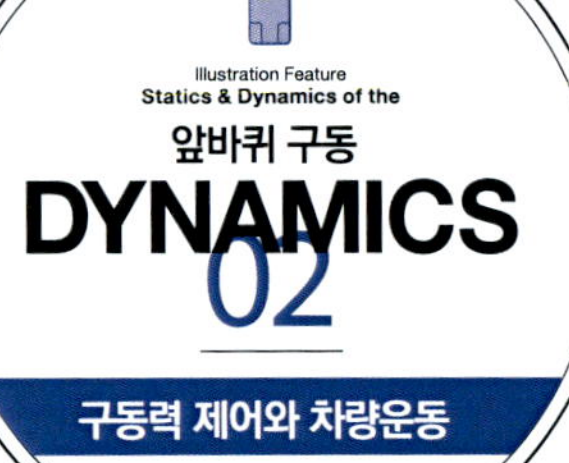

앞바퀴 구동 차량의 구동력과 운동성능의 잠재력

FWD는 구조적 특성상 안정성과 뛰어난 제동력을 갖고 있기 때문에 일반적인 운전솜씨를 가진 운전자도 쉽게 다룰 수 있다.
이 글에서는 FWD의 운동성능의 잠재력과 스포츠 주행에서는 필수라 할 수 있는 LSD의 앞바퀴에 대한 적용, TVD(Torque Vectoring Differential)의 기능에 대해 살펴보겠다.

본문 : 사와세 가오루 사진 & 수치 : 사와세 가오루 / 르노 / VW / 아우디

뒷바퀴 구동 차량(RWD)은 조향 바퀴와 구동 바퀴가 구분되어 있지만 앞바퀴 구동 차량(FWD)의 경우는 앞바퀴가 조향과 구동을 모두 한다. 이런 것이 자동차의 운동성능에 어떻게 영향을 줄까. 앞바퀴 구동 차량의 역학관계(Dynamics)에 대해서 차량의 무게 중심 위치나 앞뒤 롤 강성의 배분에 대한 영향, 차동제어장치(Limited Slip Differential)의 작용과 그 효과를 끌어내는 현가장치위 배치, 나아가서는 토크 벡터링 종감속 기어 및 차동장치가(TVD)의 효과에 관해 운동성능의 잠재력(*주1)을 이용해 알아보겠다.

(*주1) 타이어와 노면 사이의 마찰계수×타이어 수직하중으로 결정되는 타이어 최대 마찰력을 모델화한 타이어 마찰원을 바탕으로, 앞뒤 방향G(가감속력)와 선회를 위한 코너링G(CF)의 상관 관계를 표현한 차량 운동성능 지표. 상세한 것은 094p 참조.

앞바퀴 구동 차량에 있어서 이상적인 정지 시 앞뒤 분담 하중이란?

자동차의 무게 중심은 정지 상태에서의 분담 하중이 앞뒤 50 : 50이 되는 위치가 이상적이라고 여겨진다. RWD에서는 이 말이 적합하지만 FWD에서는 어떤지에 대해서 검증해 보겠다. 검증에 이용하는 자동차의 주요 제원은 RWD와 마찬가지로 질량 1500kg, 휠 베이스 2.5m, 트레드 1.5m(앞뒤 모두), 무게 중심 높이 0.5m, 롤 강성(앞뒤 모두) 50000Nm/rad, 롤 중심높이(앞뒤 모두) 0.1m, 타이어 반지름 0.3m이다.

그림1은 앞뒤 바퀴 사이의 무게 중심 위치만 앞뒤50 : 50으로 같고, 앞 60 : 뒤 40 및 앞 70 : 뒤 30으로 앞이 무거운 3종류의 자동차에 대한 운동성능의 잠재력을 구해본 결과이다. 그래프의 가로축은 앞뒤 G로서

앞바퀴 구동의 4바퀴 마찰원 모델

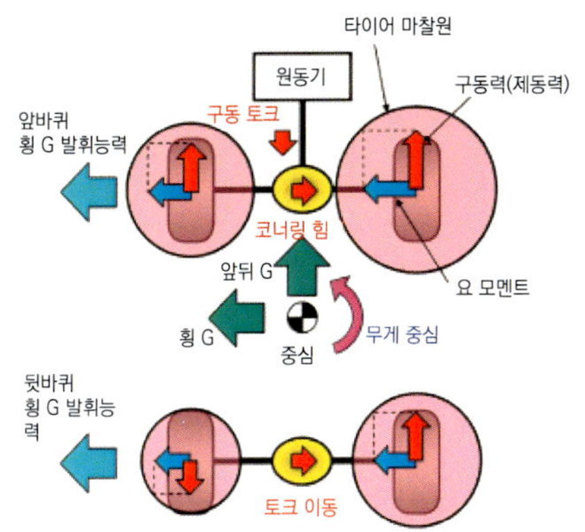

우측으로 갈수록 앞바퀴 2바퀴 구동으로 얻어지는 가속도가 큰 상태를 나타낸다. 또한 제로 점에서 좌측으로 갈수록 앞 2바퀴의 엔진 브레이크(하이브리드 자동차나 전기자동차의 경우는 회생 브레이크)로 인해 얻어지는 감속도가 큰 상태를 나타낸다. 그래프의 세로축은 각 앞뒤 G의 상태에 있어서 자동차가 발휘할 수 있는 횡 G이다. 따라서 그래프 선이 원점에서 먼 곳에 있는 자동차일수록 운동성능의 잠재력이 높다는 것을 나타낸다.

앞뒤 G가 플러스, 즉 가속일 때는 3종류 가운데 무게 중심 위치가 앞 70 : 뒤 30인 자동차의 횡 G가 가장 높아 선회 성능이 뛰어나다. 뒷바퀴 구동 차량 특집의 RWD와는 전혀 달라서 3종류 가운데 무게 중심이 가장 앞바퀴로 치우친 자동차의 운동성능 잠재력이 높다. FWD의 경우는 가속이 증가함에 따라 가속에 필요한 앞바퀴 구동력이 증대됨으로서 앞바퀴의 타이어 마찰력이 소비가 증가하는 동시에, 앞바퀴에서 뒷바퀴로 하중 이동이 증가하면서 앞바퀴의 타이어 마찰력이 작아지기 때문에 곧바로 앞바퀴의 타이어 마찰력이 부족에 빠진다. 이 과제를 근본적으로 개선하기 위해서는 원래의 앞바퀴 분담 하중을 증가시키는 즉, 무게 중심 위치를 앞바퀴 쪽으로 치우치게 하는 수밖에 없다.

그렇다면 FWD는 무게 중심 위치를 앞바퀴 쪽으로 치우치게 하면 할수록 좋을까. 앞뒤 G가 마이너스, 즉 엔진 브레이크에 의해 감속할 때를 살펴보겠다. 이 영역에서는 3종류 모든 자동차 운동성능의 잠재력 선에 변곡점이 있어서, 앞뒤 G가 0~-2.5m/s² 인 범위에서는 앞뒤 50 : 50에서 운동성능의 잠재력이 가장 높다.

이 감속할 때의 운동성능 잠재력에 나타나는 변곡점보다 우측 영역은 사실 앞바퀴 쪽 타이어 마찰력의 여력이 뒷바퀴보다 큰데 따라 주행 한계가 결정되는 오버 스티어(OS) 영역이다. 반대로 변곡점보다 좌측 영역은 앞바퀴 쪽 타이어 마찰력의 여력이 뒷바퀴보다 작은데 따라 주행 한계가 결정되는 언더 스티어(US) 영역이다.

나아가 이 앞바퀴 쪽과 뒷바퀴 쪽의 여력 차이가 클수록 운동성능의 잠재력이 낮아짐으로서 자동차가 그립의 한계를 맞았을 때 발생하는 요 모멘트 또는 OS 요 모멘트가 커진다. 이것을 염두에 두고 FWD가 감속할 때를 보면 무게 중심을 앞바퀴로 치우치게 할수록 엔진 브레이크를 이용한 최대 감속도를 크게 취할 수는 있지만 변곡점보다 우측의 OS 영역이 커질 뿐만 아니라 운동성능 잠재력이 두드러지게 떨어지는(OS 요 모멘트의 증대), 즉 액셀러레이터에서 발을 띄었을 때의 휘말림(이른바 턱 인tuck-in 경향)이 강해지는 것을 알 수 있다. 그런데 감속도가 큰 영역에서는 4바퀴 전체에 작용하는 풋 브레이크를 이용하기 때문에 앞뒤 G가 약 0~-2.5m/s² 인 영역이 감속 쪽에서는 중요하다.

이상으로부터 엔진 브레이크를 이용한 감속 상황을 생각하면 무게 중심의 위치를 앞바퀴 쪽으로 치우치게 하는 것도 한계가 있어서 가속 쪽의 실용영역인 앞뒤 G 약 0~2.5m/s² 영역과 합쳐서 생각하면 FWD의 정지 상태에서의 분담 하중은 앞 60 : 뒤 40 정도가 적당할 것이다.

고민스러운 앞뒤 롤 강성의 배분 설정

그림2는 무게 중심 위치를 앞 60 : 뒤 40으로 하고, 앞뒤 바퀴의 롤 강성 배분만 앞뒤 50 : 50, 앞 70 : 뒤 30, 앞 30 : 뒤 70으로 각각 다른 3종류의 자동차에 대해 운동성능의 잠재력을 구한 결과이다.

앞뒤 G가 플러스인 가속 때를 보면 롤 강성 배분이 뒤쪽으로 치우칠수록 운동성능의 잠재력이 향상되고 있다. 이것은 좌우 바퀴 사이의 하중 이동이 뒷바퀴 쪽보다 앞바퀴 쪽이 작아지기 때문이다. 구동 바퀴인 앞바퀴 좌우 사이의 하중 이동량이 줄어들면 앞바퀴 좌우 타이어의 마찰원 크기가 비슷해진다. 그 결과 보통의 종감속 기어 장치를 이용해 앞바퀴 좌우로 동등한 구동력을 배분했을 때, 앞바퀴 좌우 전체에서 발생해야 할 코너링 포스에 대한 타이어 마찰원의 여유가 증가하는 것이다.

앞뒤 G가 마이너스인 엔진 브레이크에 의한 감속 범위에서는 롤 강성 배분이 뒤쪽으로 치우칠수록 앞서 언급한 OS 영역과 US 영역의 경계가 되는 변곡점 위치가 좌측으로 이동함으로서, 고속영역에서 운동성능의 잠재력이 향상되고 있다. 따라서 FWD에서 운동성능의 잠재력 높이에만 주목하자면 가속 쪽과 감속 쪽 어느 쪽이라도 롤 강성 배분이 뒤쪽으로 치우치는 편이 좋다고 할 수는 있지만 사실은 문제가 있다. 그것은 감속 쪽의 OS 영역이 증가하고 있다는 것이다.

가속 쪽의 OS 영역이 증가한다는 것은 사실은 그립 한계에 도달했을 때 발생하는 OS 요 모멘트가 증가해 엔진 브레이크가 걸릴 때의 턱 인 경향이 강해지는 것을 나타난다는 의미로서, 일반적인 시판 차량의 특성으로는 바람직하지 않다. 이 때문에 일반적인 FWD의 경우라도 롤 강성의 배분이 약간 앞쪽으로 치우치게 설정하는 경우가 많다.

앞바퀴 구동 차량의 LSD 사용방법

스포츠 타입 FWD에는 LSD를 장착하는 경우가 있다. 코너를 빠져나오려고 가속할 때 일찍 액셀러레이터 페달을 밟으면 앞쪽부터 안쪽으로 당겨주는 LSD의 효과가 아주 매력적이다. 이 LSD 효과를 보통의 종감속기어 장치와의 비교로 검증해 보겠다.

그림3은 좌우 바퀴 사이의 LSD 특성을 나타낸 것이다. 선회 중인 좌우 양쪽바퀴의 타이어 마찰원에 여유가 있는 상태에서는 선회하려는 방향과 반대쪽으로 US 요 모멘트가 발생한다. 액셀러레이터

[FWD 차량운동의 잠재력 – 앞뒤 무게 중심 위치의 영향]

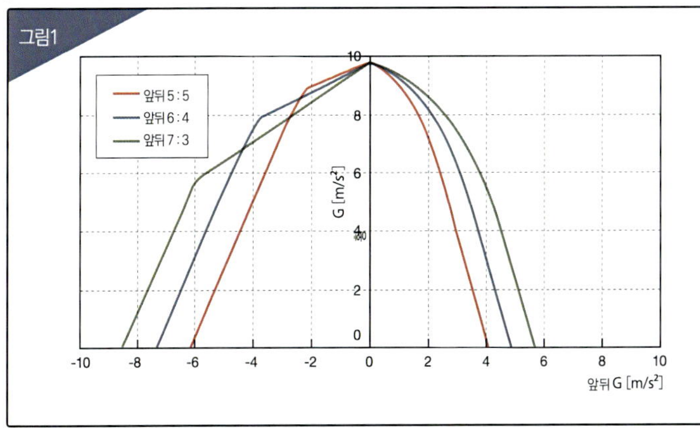

[FWD 차량운동의 잠재력 – 앞뒤 롤 강성 배분의 영향]

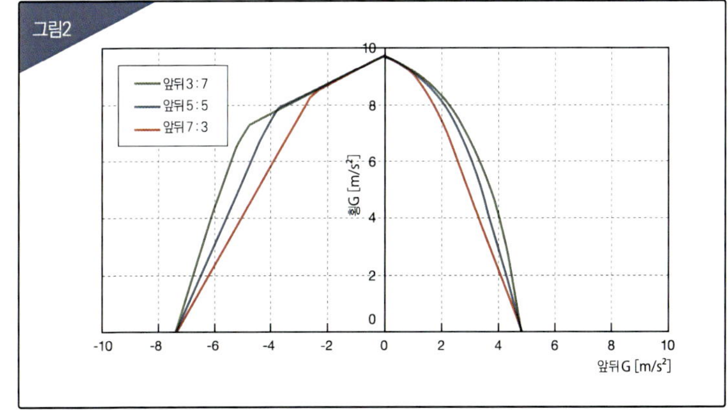

페달을 밟아 원동기에서 공급되는 구동 토크의 증가 등으로 인해 선회하는 안쪽 바퀴가 약간 미끄러지게 되면 선회하는 방향으로 OS 요 모멘트가 발생한다. 이것을 어떤 설정으로 모델화해 보통의 종감속기어장치의 경우와 비교한 것이 그림4이다. 앞뒤 바퀴 사이의 무게 중심은 앞 60 : 뒤 40, 롤 강성 배분은 50 : 50인 상태에서 구했다.

앞뒤 G가 플러스인 약 0~2.5m/s² 영역에서는 LSD 사양의 차량 운동성능의 잠재력이 보통의 종감속기어장치보다 떨어진다. 이 영역에서는 구동력이 작기 때문에 선회하는 안쪽 바퀴가 미끄러지면서 LSD가 US 요 모멘트가 발생하기 때문이다. 액셀러레이터 페달을밟아 구동력이 증가해 앞뒤 G가 커지면 LSD가 OS 요 모멘트를 발생시키는 동시에 앞바퀴 좌우 타이어의 마찰원 크기에 맞춰 구동력을 배분하기 때문에 운동성능 의 잠재력이 보통의 종감속기어장치보다 큰 폭으로 향상된다.

앞뒤 G가 마이너스인 엔진 브레이크 영역에서는 LSD의 작용으로 선회하는 바깥쪽 바퀴에서 안쪽 바퀴로 구동 토크가 전달되어 선회하는 바깥쪽 바퀴의 제동력이 안쪽 바퀴보다 커진다. 따라서 좌우의 타이어 마찰원 크기에 맞는 엔진 브레이크 힘이 배분되어 앞바퀴의 타이어 마찰원에 여유가 생기는 동시에 US 요 모멘트가 발생함으로서 뒷바퀴의 타이어 마찰원에도 여유가 증가하기 때문에 운동성능 잠재력이 향상된다.

이상과 같이 약간 강력하게 가속을 할 때와 감속할 때는 LSD로 인해 운동성능 잠재력이 향상된다는 것이 나타났다. 하지만 통상적인 가속상태인 앞뒤 G 약 0~2.5m/s² 영역에서는 운동성능 잠재력을 떨어뜨리는 과제도 나타났다. FWD에 LSD를 장착한 레이스 차량 등에서 코너링 중에 푸시 US를 경험한 사람도 많을 것이라 생각하는데, 이것이 과제이다.

그러면 이 LSD의 마이너스 작용을 최소화하고 플러

[LSD의 특성]

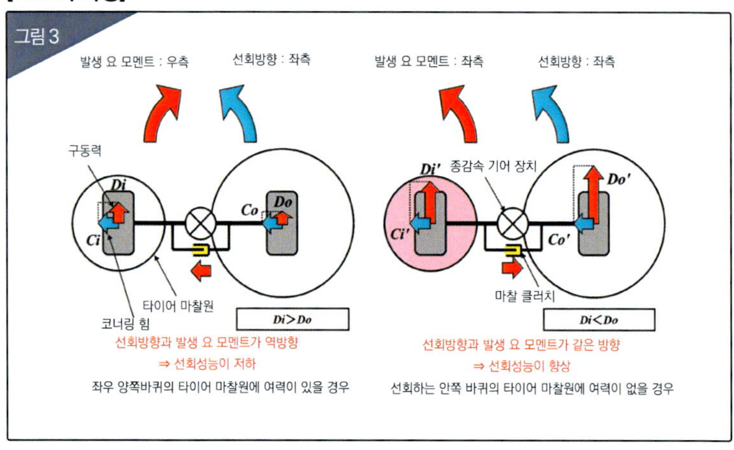

기계식 LSD와 브레이크 LSD의 차이

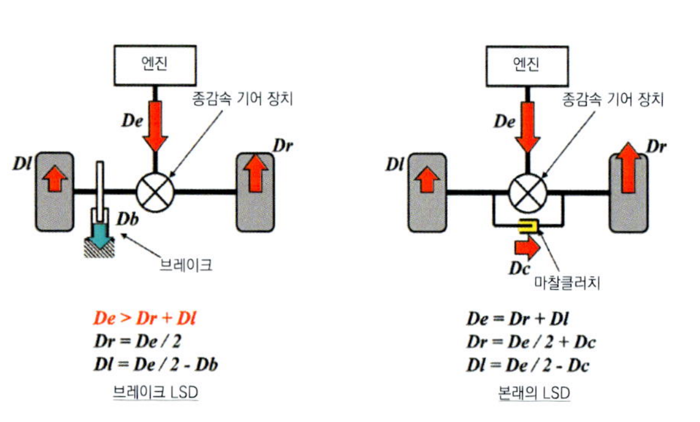

[FWD 차량운동 잠재력 - LSD의 영향/롤 강성 배분 앞 50 : 뒤 50]

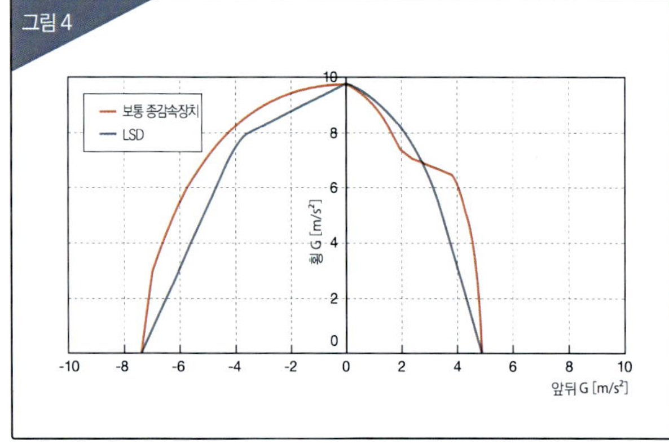

[FWD 차량운동 잠재력 - LSD의 영향/롤 강성 배분 앞 70 : 뒤 30]

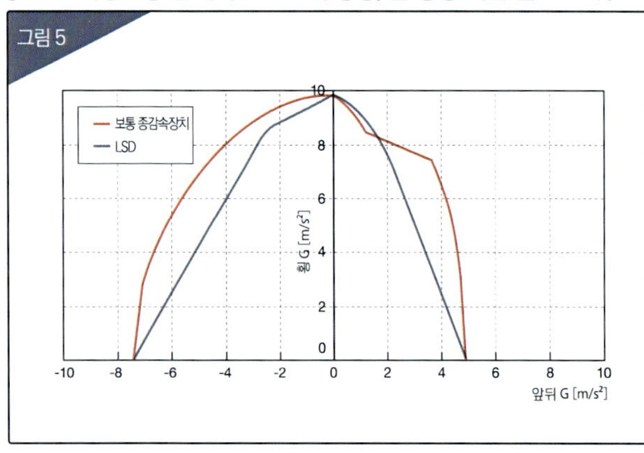

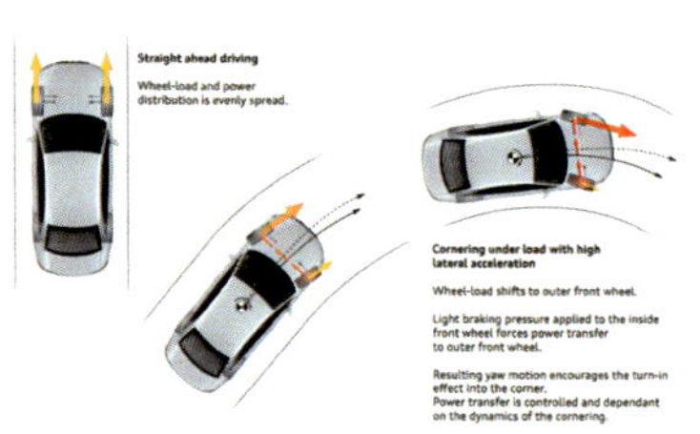

브레이크 LSD의 실제 사례

VW에서는 「XDS」라 부르는 브레이크 LSD. 똑같은 시스템이 르노 메가느 R.S 등과 같은 FWD 스포츠 차량에 많이 사용되고 있을 뿐만 아니라 포르쉐 911D에도 기계식 LSD를 보완하는 시스템으로 사용된다.

ABS 시스템을 사용해 제어하기 때문에 하드웨어 추가=비용 증가를 불러오지 않고, 제어를 통해 LSD 특유의 단점을 해소할 수 있기 때문에 향후 FWD·RWD를 불문하고 많이 사용할 것으로 예상된다. 감속 선회할 때나 완만한 가속으로 탈출할 때는 유효하지만, 출력을 많이 가하여 선회하려는 상황에서는 손실이 크고 브레이크 소모가 심하기 때문에 서킷 주행 등에는 적합하지 않다.

기계식 LSD의 실제 사례

브레이크 LSD가 표준 옵션인 골프 GTi나 메가느 R.S도 특별 옵션으로 기계식 LSD를 설정하고 있다. 왼쪽 장치는 골프 GTi Performance에 사용된 전자제어 클러치 방식 LSD. 통상적인 LSD 클러치의 체결과 개방을 전동 액추에이터로 세밀하게 제어하는 타입이다. 페라리의 「e-Diff」와 똑같은 시스템이다. 오른쪽 장치는 시빅 Type-R에 사용 중인 헬리컬 LSD. 헬리컬 기어의 조합을 통한 마찰로 차동을 제한하는 장치로서, 클러치 방식 같은 정비가 필요 없다. 콰이프, 토르센 같은 LSD와 같은 뜻이다.

[FWD 차량운동 잠재력 – TVD의 효과]

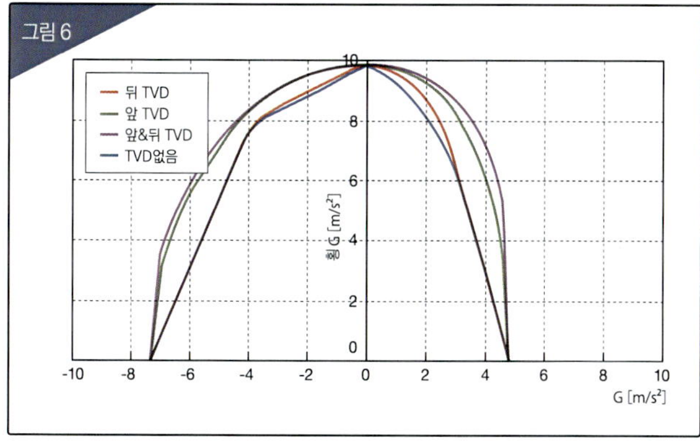

스 효과만 끌어내기 위해서는 어떻게 하면 좋을까. 그에 대한 한 가지 방법은 LSD 자체의 특성을 토크 감응형으로 바꿀 뿐만아니라 이니셜 토크를 가능한 작게 설정하는 것이다. 서킷 주행에서는 이론상 이니셜 토크가(*주2) 제로가 좋다. 이렇게 하면 액셀러레이터 페덜을 밟는 양이 적을 때는 별로 작용하지 않고, 많이 밟았을 때만 작용하게 되어 LSD의 플러스 효과만 이끌어 낼 수 있다.

LSD 장착을 전제로 현가장치의 설정을 바꿔 롤 강성 배분을 앞쪽으로 치우치게 하는 것도 효과적이다. 그림 5는 앞뒤 바퀴 사이의 무게 중심 위치는 앞 60 : 뒤 40인 상태에서 롤 강성의 배분을 앞 70 : 뒤 30으로 변경했을 경우에 LSD에 미치는 영향을 나타낸 것이다. FWD에 대한 롤 강성 배분의 영향에서 설명했듯이 보통 종감속 기어장치의 경우는 롤 강성 배분을 앞쪽에 치우치게 하면 운동성능 잠재력이 떨어지지만 LSD를 장착하면 이것이 보완되면서 운동성능의 잠재력이 크게 향상된다. 이것은 앞바퀴의 좌우 하중 이동이 증가하기 때문에 작은 구동력으로도 선회 바퀴의 미세한 그립이 쉽게 발생함으로서 LSD가 US 요 모멘트를 발생시키는 조건이 적어지기 때문이다.

FWD의 운동성능의 향상에 있어서 LSD는 매우 효과적이지만 운동성능의 잠재력에는 나타나지 않는 현실적 과제에 대해 살펴보겠다.

FWD에서는 구동 바퀴=조향 바퀴이기 때문에 LSD가 작용해 좌우 바퀴에 구동력의 차이가 생기면 그 반력 차이이기 조향장치에 영향을 끼쳐 조향력이 변하게 된다. LSD의 성능을 강하게 하면 극단적인 경우에는 선회 가속 때 조향핸들이 멋대로 움직이는 현상이 나타난다. 이것을 이해한 상태에서 LSD를 잘 활용할 필요가 있다.

한편 최근의 자동차는 ABS나 ESC 등과 같은 브레이크 제어 장치가 일반화되면서 엔진의 구동 토크를 좌우 바퀴로 불균등하게 배분하는 「본래 의미에서의」LSD가 아니라 좌우 한쪽 바퀴만 브레이크가 작동 하고 구동 토크 일부를 열에너지로 방출함으로서 보통 종감속 기어장치를 이용한 상태에서 LSD 효과를 발휘시키는 브레이크 LSD를 채택하는 사례가 증가하고 있다.

브레이크 LSD라도 완만한 가속이나 짧은 시간이라면 본래의 LSD에 뒤지지 않는 효과를 발휘한다. 하지만 급가속을 할 때는 출력의 손실, 브레이크 발열로 인해 연속 사용이 불가능한 등의 과제가 있기 때문에 본격적인 스포츠 주행에는 적합하다고 말하기 어렵다.

(*주) 다판 클러치 방식 LSD로서 미리 클러치에 프리로드를 가해 차동이 시작되기 전부터 LSD효과를 가해 두는 것. 직선에서의 제동 안정성이 증가되는 장점이 있지만 구동력이 없는 상태에서도 LSD효과가 나오기 때문에 턴 인을 할 때 US를 강하게 발생시킨다. 헬리컬 방식에서도 구조 상 프리로드를 가하는 것이 가능.

앞바퀴 구동 차량의 TVD, 조향장치에 대한 영향이 과제

필요에 따라 US 요 모멘트나 OS 요 모멘트를 발생시킬 수 있는 TVD 장착 TWD의 효과에 관해 살펴보겠다. 그림6은 FWD의 앞바퀴에 장착했을 경우, 뒷바퀴에 장착했을 경우(이 경우는 좌우차이만 발생시키는 요 모멘트 제너레이터) 및 앞뒤 바퀴 모두에 장착했을 경우의 운동성능의 잠재력과 각각의 경우에 작용시킨 TVD의 좌우 바퀴 사이의 토크 이동량을 나타낸 것이다.

앞바퀴에 TVD를 장착했을 경우 운동성능의 잠재력을 LSD사양 그림과 비교해 보면 LSD사양은 운동성능 잠재력이 떨어졌던, 즉 앞뒤 G가 플러스에다가 값이 작은 가속상태의 영역에 있어서도 TVD의 경우는 향상되고 있다.

이때 앞바퀴 TVD가 작용하는 앞바퀴 좌우 사이의 토크 이동량의 그림을 보면 앞뒤 G가 작은 영역에서 큰 영역까지 항상 OS 요 모멘트를 발생시키는 방향으로 작용한다. 이것이 TVD가 갖고 있는 큰 장점이다. 다만 LSD 부분에서도 언급했듯이 조향력에 대한 영향이 과제이다. 이것을 앞바퀴 현가장치□조향장치의 기구 설정 등을 통해 작게 하는 방법도 있지만 조향감각과 양립시키기가 어렵다.

뒷바퀴에 TVD를 장착했을 경우는 앞뒤 G가 작은 영역에서만 운동성능의 잠재력 향상을 볼 수 있다. 뒷바퀴 TVD라면 조향력에 대한 영향은 없지만 효과 자체가 작다. 나아가 앞뒤 바퀴 모두에 TVD를 장착하면 FWD로서는 상당히 뛰어난 운동성능의 잠재력을 발휘한다. 하지만 이 경우에도 앞바퀴 TVD가 좌우 바퀴 사이에서 큰 구동력의 차이를 작용시킬 필요가 있기 때문에 역시 조향력에 대한 영향이 과제이다.

앞바퀴 구동 차량의 구동력 제어에 대한 미래

FWD에 있어서도 구동 바퀴인 앞바퀴에 TVD를 장착하면 자동차의 운동성능이 크게 향상된다는 것을 살펴보았다. 다만 조향력에 대한 영향 때문에 당분간은 LSD를 충분히 활용하는 것이 현실적이라고 생각된다. 향후 자동차가 더 전동화되어 전기 구동 TVD를 채택할 수 있는 시대가 오면 조향 제어와의 치밀한 제어를 통해 뛰어난 조향감각을 실현시킬 수 있을 것으로 여겨진다. 그때가 오면 FWD에서도 TVD가 활약하게 될지도 모른다.

앞 TVD를 장착한 차량의 좌우 바퀴 사이 토크 이동량

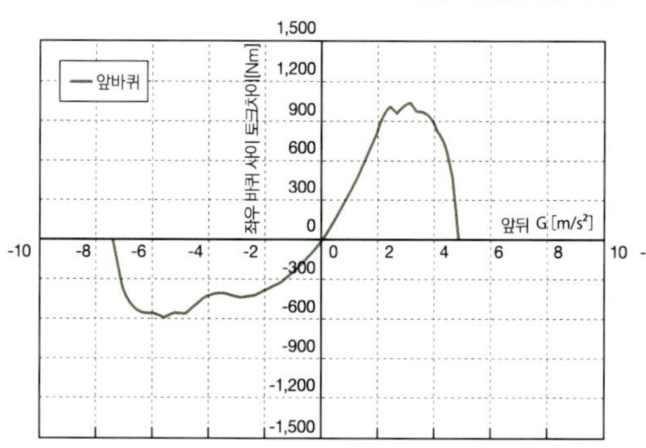

뒤 TVD를 장착한 차량의 좌우 바퀴 사이 토크 이동량

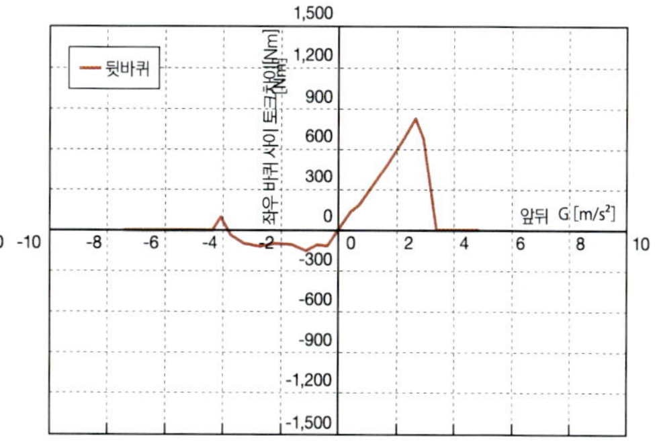

앞뒤 TVD를 장착한 차량의 좌우 바퀴 사이 토크 이동량

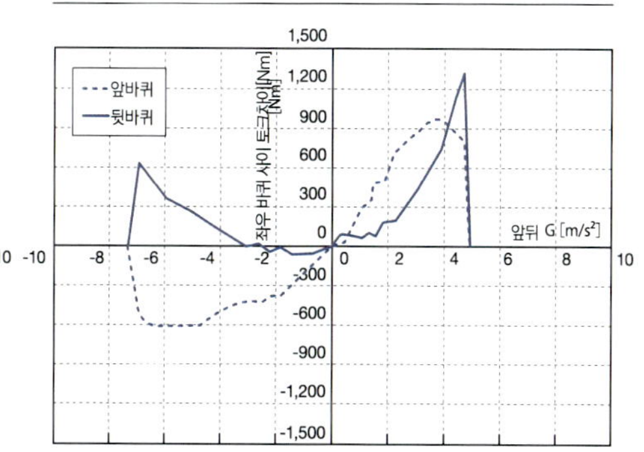

Illustration Feature
Statics & Dynamics of the
앞바퀴 구동
DYNAMICS 03
FF 현가장치의 검증

HOW TO MAKE SUSPENSION

FF 현가장치를 만드는 방법

정통적이고 설계의 자유도가 높은 FR에 비해 한정된 공간 안에서 구동축이나 타이로드 등과의 공존을 강요당하는 FF의 앞 현가장치. 반면에 뒤 현가장치는 간단하고 저가여야 하는 측면이 더 우선시 된다. FF 현가장치의 설계는 엄격한 제한과의 치열한 싸움인 것이다.

본문 : 고이즈미 겐지 (MFi)
사진 : 다카하시 마나부

MAZDA
AXELA

PEUGEOT
308

구동 방식이 바뀌면 현가장치를 만드는 방법도 달라진다. 그렇다면 이번에도 당연히 앞바퀴 구동이기 때문에 갖게 되는 사정을 살펴봐야 할 것이다. 그래서 현가장치의 전문가인 구니마사 히사오씨와 함께 살펴보았다.

더불어 C세그먼트 해치백인 마쯔다 악셀라와 올해의 MFi 현가장치 상에서 2위를 차지한 푸조 308을 준비하여, 실제로 각 제작사가 어떤 방법과 철학으로 현가장치를 만들고 있는지 고찰해 보았다. 덧붙이자면 두 차량 모두 앞쪽은 맥퍼슨 스트럿이지만 뒤쪽은 악셀라가 멀티 링크, 308이 토션 빔 액슬(이하 TBA)을 채택하고 있다.

먼저 구니마사씨가 308부터 시승해 보았다.

「예전의 푸조는 현가장치가 부드러웠다가 어떤 시기에 독일의 자동차처럼 딱딱해졌던 적이 있었지만 지금은 아주 느낌이 좋아지고 있다. 이 308은 불쾌한 피칭이 느껴지지 않고 보디 강성도 높다고 느껴진다. 그래서 감쇠력의 값도 약간 낮춰서 설정한 듯, 승차감에 좋은 결과를 주고 있다는 인상이다. 그리고 조향장치는 반동(kickback)을 완전히 배제하지 않았다는 점에 호감이 느껴진다. 실제로 차체가 흔들리는데 조향장치에서 아무런 반응도 느끼지 못한다면 부자연스러울 뿐만 아니라 반대로 안심감도 없어진다. 여러 가지 소리나 진동이 꽤 느껴지는데, 그렇다고 싼 맛이 나느냐 하면 그건 아니다. 전체적으로 아주 균형이 잘 잡혀있다. 이 정도라면 장거리 운전에도 좋을 것 같다」

구니마사씨는 심지가 느껴질 만큼 강한 돌출이 아니라 각도가 완만하고 부드러운 감각을 「고무 감각」이라고 표현하는데 308에서 바로 그런 고무 감각이 있다고 한다.

이어서 악셀라로 바꿔서 탄다.

「신장 쪽 감쇠력이 약간 강한 느낌이라 차체가 올라오는 방향으로는 단단한 느낌이지만, 내려가는 쪽을 받쳐주는 수축 쪽은 감쇠력이 약해서 차고가 내려가는 기분으로, 지면에 가까워지는 방향으로 움직이는 느낌이다. 신장 쪽에서 강한 감쇠력으로 멈추도록 하는 것이 사람에게 있어서 그다지 쾌적한 느낌은 아니다」

사람이 걸을 때 구두의 뒤축이 지면에 닿으면 발의 움직임은 더 진행되지 않고 거기서 멈춘다. 하지만 위쪽 방향의 움직임이 딱하고 제한되지는 않는다. 수축 쪽에서 멈추고 신장 쪽은 부드럽게…, 이것이 사람(땅 위를 보행하는 동물)의 생리에 가까운 것이다.

「그리고 어떤 느낌이냐면 뒤쪽은 멈춤이 빨라서 앞쪽의 상하 움직임이 약간 크다. 아마도 앞쪽이 많이 가라앉은 상태에서 뒤쪽까지 많이 내려가면 피칭이 심해지기 때문에, 뒤쪽만이라도 수축 감쇠력을 높이는 것이다. 극단적으로 말하면 앞으로 기운 상태에서 주행하는 이미지 같은 것이다. 그래도 피칭 경향이 적을 걸 보면 마무리는 잘 된 것 같아서 상당히 뛰어난 현가장치이다」

308의 현가장치에 대한 평가가 높은 배경에는 PSA

의 최신 플랫폼인 「EMP2」의 공헌도 크다고 할 수 있다. 308과 동력전달 장치이 똑같으면서도 구 플랫폼을 사용하는 시트로엥 C4와 비교해도 재미있을 것 같다.

308과 악셀라의 테스트 주행을 끝내고 드디어 메인 주제라 할 수 있는 「FF 현가장치를 만드는 방법」에 대해 들어 보았다.

「FF 차량은 앞바퀴를 회전시키는 구동축이 타이어 중심의 높이를 횡단하고 있을 뿐만 아니라 이 구동축이 위아래로 요동칠 수 있는 공간이 반드시 필요하기 때문에 사이드 프레임이 크게 파여 있다. 거기에 현가장치를 어떻게 배치하느냐, 즉 강성의 확보가 제일 중요하다고 할 수 있다.

여러 가지 제한 속에서 얼마나 이상에 가깝게 하느냐가 어려운 부분인 것이다. 반면에 뒤쪽은 가볍기 때문에 TBA가 적합하다. 특히 TBA는 캠버의 강성이나 토의 강성 확보가 유리하고 좌우 타이어 서로의 위치관계가 바뀌지 않는다. 그리고 신뢰성이 높고 정비의 측면에서도 유리하다. 가성비가 높다는 것도 매력적이며, 가령 비용적인 제한이 없다 하더라도 내가 설계자라면 적극적으로 TBA를 고르겠다. 물론 소형 양산 차량에 요구되는 공간성도 뛰어나다」

이번에 시승한 2대 가운데는 308이 TBA를 적용하고있다.

「특징은 TBA를 차체에 장착하는 부분의 볼트 각도가 위에서 봤을 때 바깥쪽이 앞으로 기울어 있다

전 다트 트라이얼의 왕좌로서, MFi의 치프 테스터인 구디마사 히사오씨. 자신이 주재하는 「오리지널 박스」는 11월부터 가나가와현 아쯔기시에서 사가미하라시 미도리구 마기노(중앙자동차도로 사가미하라IC 근처)로 이전했다.

MAZDA **AXELA** 마쯔다 악셀라 스포츠20S

■ 차체 크기 : 전장 4460×전폭 1795×전고 1470mm, 휠 베이스 : 2700mm ■ 차량 중량 : 1310kg ■ 엔진 형식 : 직렬 4기통 DOHC, 총배기량 : 1997cc, 내경×행정 : 83.5×91.2mm, 압축비 : 13.0, 최고 출력 : 114kW(155ps)/6000rpm, 최대 토크 : 196Nm/4000rpm ■ 변속기 : 6단 AT ■ 현가장치 형식 : Ⓕ맥퍼슨 스트럿, Ⓡ멀티 링크 ■ 브레이크 : Ⓕ벤틸레이티드 디스크, Ⓡ디스크 ■ 타이어 크기 : 215/45R18

Front suspension
[앞 현가장치]

앞

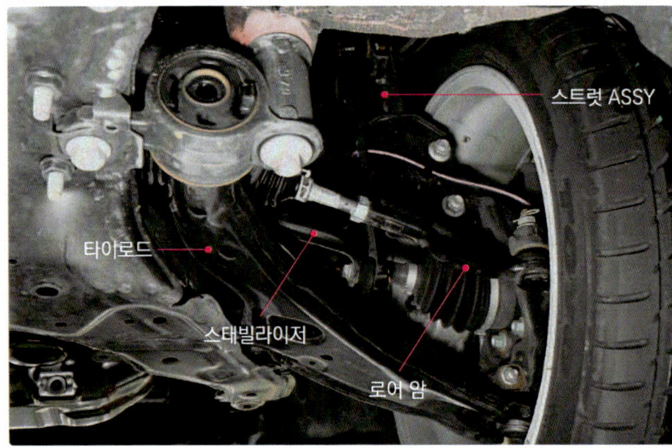

이론에 충실한 스트럿. FF의 경우는 구동축의 길이에 대한 제약으로 인해 트레드가 결정되면 로어 암 길이가 거의 자동적으로 결정되기 때문에 암 종류의 배치나 지오메트리에 여유가 적다. L자형 로어 암의 보디 쪽 앞뒤 거리(span)가 길어 캐스터 트레일 방향의 위치를 결정하기에 양호하다. 다만 앞쪽은 서브 프레임, 뒤쪽은 모노코크에서 위치를 정하기 때문에 분할 진동에 대한 영향을 피할 수 없다. 여기서도 역시 구동축의 존재로 인해 보디 쪽에서 프레임을 연장시킬 수 없는 FF만의 제약이 존재한다.

Rear suspension
[뒤 현가장치]

뒤

형식은 멀티 링크이지만 뒷바퀴 구동과 다른 것은 기본적인 위치 결정이 트레일링의 암에서 받는다는 점이다. 그런 의미에서는 더블 위시본이라기보다 TBA에 가까운 성격. 암의 길이가 길고 트레드의 변화는 적으며, 강성은 높다. 스프링은 로어 암에 장착된 쇽업소버와 별도이다. 다이렉트라서 효율은 좋지만 장착부위가 증가되기 때문에 진동에는 불리하다. 전체적으로 입력점을 직접 받으며, 트레일링 암이 보디 쪽으로 들어가면서 타이어의 상하궤적의 변화를 억제한다.

는 점이다」

그리고 FF라고 했을 때 뭐니뭐니해도 조향 바퀴와 구동 바퀴가 동일하다는 점이 최대의 특징이다. 거기에 고질병이 있을 것이란 점은 쉽게 상상할 수 있지만….

「엔진이나 변속기 같은 중량물이 앞쪽에 집중되어 있기 때문에 앞바퀴로 그 하중이 집중됨으로서 구동력 측면에서는 유리하게 작용한다. 반면에 뒷바퀴 하중이 적은 만큼 감속을 강하게 하는 상황에서는 안정성을 확보하는 의미에서도 뒷바퀴의 브레이크 성능을 약하게 할 수 밖에 없다. 즉 감속 방향에서는 약간 불리하다고 할 수 있는 것이다. 그리고 엔진이 앞차축보다 앞에 있기 때문에 가령 정지해 있을 때는 앞뒤 중량의 배분이 FR과 똑같다하더라도 움직일 때는 하중이 앞으로 쏠리게 된다. 다시 말하면 언더 스티어가 강해진다는 것이다」

물론 언더 스티어라는 것을 바꿔 말하면 「안정 지향」이라고도 할 수 있으므로 일반적으로는 긍정적인 특성이 될 수 있다.

「액셀러레이터 페달을 계속 밟으면 점점 바깥으로 치우치다가 발을 떼면 원래대로 돌아온다. 쉽게 알 수 있는 것이다. FF에는 조향와 액셀러레이터라고 하는 두 가지 핸들이 있는 것과 같다. 다만 그런 반면에 조향핸들을 더 돌리는 것과 액셀러레이터 페달에서 발을 떼는 것, 두 가지 동작을 동시에 하면 두 가지 핸들이 다 작용하게 되어 단숨에 오버 스티어로 전환될 위험성이 있다」

10여년 쯤 전에, 특히 핫 해치백으로 불리던 FF 차량에서 자주 볼 수 있었던 턱 인(tuck in)이라는 것이다.

「FR이나 MR과 똑같이 생각한다면 FF도 구동 바퀴인 앞바퀴의 폭을 넓게 하거나 편평률을 낮춰도 될 것이다. 하지만 전 세계의 모든 FF 차량이 앞뒤에 같은 크기의 타이어를 사용하고 있는 것은 FF의 오버 스티

PEUGEOT 308 푸조 308 알뤼르

■ 차체 크기 : 전장4260×전폭1805×전고1470mm, 휠 베이스 : 2620mm ■ 차량 중량 : 1290kg ■ 엔진 형식 : 직렬 3기통 터보차저, 총배기량 : 1199cc, 내경×행정 : 75.0×90.5mm, 압축비 : 10.5, 최고 출력 : 96kW(129ps)/5500rpm, 최대 토크 : 230Nm/1750rpm ■ 변속기 : 6단AT ■ 현가장치 형식 : Ⓕ맥퍼슨 스트럿, Ⓡ토션 빔 ■ 브레이크 : Ⓕ벤틸레이티드 디스크, Ⓡ디스크 ■ 타이어 크기 : 205/55R16

Front suspension [앞 현가장치]

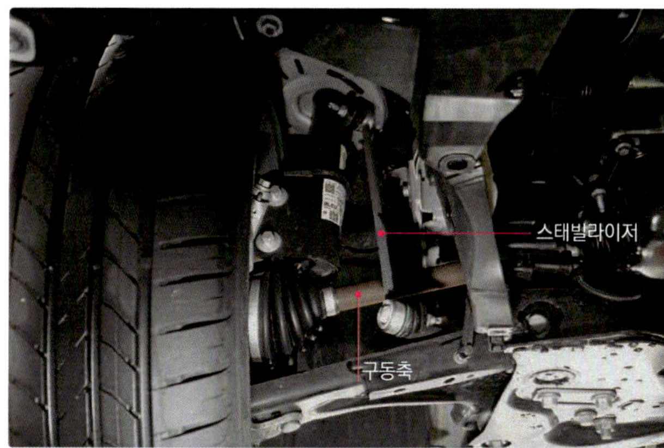

악셀라 앞과의 가장 큰 차이점은 로어 암의 보디 쪽 피벗. 튼튼한 서브 프레임의 앞뒤 양쪽에 장착부위가 집중되어 있다. 골프를 비롯해 유럽 차량에 많이 사용하는 방법이다. 그런 만큼 뒷부분의 피벗이 앞으로 치우쳐 있기 때문에 암에 전진 각도가 생긴다. 너클 쪽을 봐도 알 수 있듯이 장착하는 부분에 대한 강성에 신경을 쓴 때문인지 실제로 타 봐도 부자연스러운 인상은 없다. 사진 상으로는 알기가 어렵지만 조향장치는 더블 피니언 어시스트로서, 조향 감각이 악셀라보다 몇 단계 위라는 인상이다. 당연히 랙이나 칼럼을 강성도 단단하다는 느낌이다.

Rear suspension [뒤 현가장치]

앞

뒤

하이드로 폼 성형으로 만들어진 것으로 여겨지는 토션 빔은 복잡한 폐단면의 형상이다. 여기가 미묘한 비틀림을 사용하는 TBA의 핵심이다. 빔을 장착하는 지점이 거의 차축과 동일 축 상에서 횡강성을 배려한 위치이다. 트레일링 암의 보디 쪽 부시는 약간 비스듬한 방향으로 연결되어 토의 변화가 적고 안정된 방향으로 설정되어 있다. 스프링 지름이 가늘고 권수도 적은 푸조의 독특한 스프링은 낮은 위치에 장착되어 행정을 확보하는 동시에 레버의 비율이 거의 1:1이다. 부드러운 스프링과 범프 고무도 절묘하게 사용하였다. 쇽업소버는 이전처럼 수평이 아니라 수직으로 배치되었다.

어가 상당히 위험하기 때문이다」

물론 현재의 FF 차량은 일관되게 언더 스티어의 경향을 보이는데다가 ESC 등의 도움까지 받아 그런 위험한 상태에 빠질 가능성은 최소한으로 억제되어 있다.

이렇게 보면 FF 차량이 마치 이빨이 빠지고 재미없는 자동차처럼 느껴질지 모르겠지만 실제로 운전을 해 보면 재미있는 FF 차량도 있고 FF 경기용 차량도 있다.

「이건 주로 경기용 차량에 대한 이야기이지만 FF를 잘 선회할 수 있도록 하려면 뒤쪽의 그립을 낮추어 뒷바퀴에 선회 각도가 잘 변화될 수 있도록 하는 것이 일반적인 수단이다. 뒤쪽 스프링이나 스태빌라이저를 튜닝하거나 타이어 공기압을 조절하는 등이 그런 수단이다」

FF는 당연히 앞 타이어가 먼저 한계에 도달한다. 이때 뒤쪽이 너무 버티지 않고 앞쪽과 보조를 맞춰주면 좋지만, 그렇지 않고 오버 스티어가 될듯이 해서는 타기도 어렵고 시간이 단축되지 않는다. 그래서 구니마사씨가 뒤쪽의 움직임을 부드럽게 하는 비책을 알려주었다.

「롤 센터를 앞은 내리고 뒤는 올리는 것이다. 코너링 중에는 오버 스티어 경향을 나타내지만 액셀러레이터 페달을 밟으면 언더 스티어로 바뀐다」

액셀러레이터 페달을 열어 언더 스티어 자세를 유지하는 주행 방법과 완만한 오버 스티어를 연출하는 쇽업소버의 배치가 필요하다고 말한 적이 있기는 있지만, FF 차량에도 다양한 배치 방법이 있다는 것이다.

여유가 많고 이상을 추구할 수 있는 FR에 비해, FF 현가장치의 설계는 제약이 너무 많아서 이것들을 하나하나 해결해 나가는 성실한 작업이 될 수밖에 없다. 많은 건축가들이 「호화로운 주택보다 조그만 주택 쪽이 더 머리를 쓰게 만든다」고 하는데 과연 FF 현가장치도 많은 제한 속에서 속이 깊은 세계라 할 수 있겠다.

THE 뒷바퀴 구동

뒷바퀴 구동으로 주행한다는 의미

「자동차는 역시 뒷바퀴 구동이지」「FF는 아니지」이렇게 말하는 사람들이 있다.
그런 반면 지금 타고 있는 자동차의 구동 바퀴가 앞쪽인지 뒤쪽인지 조차 모르는 사람들도 있다.
정말로 구동 방식이 자동차의 가치를 결정하는 요소일까.
승용차 가운데 대부분이 앞바퀴 구동을 했던 것은 무슨 이유 때문일까.
뒷바퀴 구동의 이점과 본질이 어디에 있는지 논리정연하게 답해 줄 수 있는 사람이 얼마나 있을까.
지금까지 형상의 이상학적인 감정론으로 이야기해 왔던 뒷바퀴 구동 지상주의나 앞바퀴 구동 부정론에 대하여 이론과 현실에 입각해
다시 한 번 고찰해 보는 것도 의미가 있을 것이라 생각한다.
「뒷바퀴 구동」과 「앞바퀴 구동」에 관해 기존에 잘 알려진,
또한 막연한 것 같은 주제를 다뤄보겠다.
다 읽고 났을 때 독자들의 뇌리에는 단순한 기술의 이론을 넘어선 자동차가 가져야할 근본적인 모습이 그려질 것이다.

XE

뒷바퀴가 자동차를 「밀어줄」 때 그 힘은 어떻게 작용할까

RWD(Rear Wheel Drive=뒷바퀴 구동)는 뒷바퀴가 지면을 박차면서 앞으로 나아가고 앞바퀴는 구동과는 관계없는 추종바퀴(從動輪)이다.
이 「지면을 박차는=자동차를 미는」힘은 예를 들면 커브를 돌 때는 어떻게 작용할까.

본문 : 마키노 시게오 수치 : 혼다 / 만자와 고토미

조향핸들을 오른쪽으로 돌리기 시작했음을 알려주는 램프

혼다 S660은 엔진을 차체의 중앙부분인 뒷바퀴 바로 앞에 배치한 미드십 으로서 뒷바퀴를 구동한다. 소위 말하는 MR(Midship Rear-drive)이다. 여기서는 MR 차량의 재미는 잠시 접어두고 단순화시켜서 자동차가 커브를 도는 것만 생각해 보겠다. 브레이킹으로 속도를 늦추어 속도가 떨어진 시점에서 조향핸들을 돌린다. 올바른 회전방식이다. 그렇게 잠깐 뒤에는 자동차가 방향을 바꾼다.

브레이킹으로 감속

자동차가 진로를 바꿀 때의 과정을 간략하게 정리해 보면, 「조향핸들을 돌리고」「조향 바퀴의 타이어 접지면으로 횡력이 발생하고」「자동차가 자전운동을 하고」「자동차 전체의 방향이 바꾸는」식이 된다. 자전운동이란 자동차의 무게 중심 주변에 작용하는 「선회력」, 소위 말하는 요 모멘트(Yaw Moment)로 인해 자동차가 팽이처럼 휙~하고 회전하는 것이다.

회전이라고는 하지만 그래봐야 아주 약간의 각도로서 조향핸들을 돌리는 양에 비례한다. 자전으로 인해 자동차 방향이 바뀌면 그 다음은 선회이다. 이것을 자전에 대해 「공전」이라고 부른다. 생각했던 주행라인 위로 자동차가 커브를 그리면서 선회하는 상태가 공전이다. 자전과 공전을 구분해서 생각하면 자동차가 커브를 돌아나갈 때의 코너링 운동을 파악하기가 쉽다.

다음 페이지의 일러스트는 조향핸들을 왼쪽으로 돌렸을 때의 코너링 진행과정을 나타낸 것이다. 사실 이 일러스트의 설명도 커브를 돌 때에 발생하는 현상을 아주 단순하게 간략화한 것이다. 조향핸들을 돌렸을 때 타이어와 노면 사이에서 발생하는 마찰이 어떻게 변화하는지, 조향 바퀴인 앞바퀴에서 먼저 발생한 횡력이 어떻게 뒷바퀴로 전달되는지 여부 등은 생략되었다. 먼저 자전이 일어나 자동차 방향이 바뀐 다음, 공전이 시작되면서 자동차가 포물선을 그리듯이 움직인다. 이 정도로만 이해해 두어도 된다.

그러면 뒷바퀴 구동 차량의 코너링은 어떨까. 여기서 잠깐 「구동」에 대해 생각해 보자. 뒷바퀴 구동은 뒷바퀴가 지면을 박차면서 달리기 때문에 앞바퀴는 조향에 전념하게 된다. 앞바퀴가 조향과 구동을 같이 하는 FF(Front Engine·Front Drive)에 비해 앞바퀴에 걸리는 부담이 적다. 또한 뒷바퀴 구동 차량은 가속할 때 유리하다. 자동차가 가속할 때는 무게 중심이 뒤로 이동한다. 이것은 앞바퀴 구동도 마찬가지이다. 물체가 앞으로 나아가려고 할 때 물체의 중량은 항상 뒤에 남겨지기 때문이다. 남겨진 중량이 구동바퀴 위로 가해지면 접지 하중이 증가해 타이어의 접지 압력이 높아진다. 그 때문에 동력을 노면에 쉽게 전달할 수 있게 된다. 그래서 뒷바퀴 구동 차량이 가속할 때 유리한 것이다.

이 가속에 유리한 특성을 살릴 수 있도록 커브를 돌아나갈 때 액셀러레이터 페달을 밟는다. 순간적으로 강하게 밟는다. 그러면 앞바퀴에서 하중이 감소되어 앞바퀴의 접지 압력이 떨어진다. 반대로 뒷바퀴의 접지 하중이 증가하면서 더 큰 구동력이 지면으로 전달된다.

「커브를 돌 때」의 과정

아래 일러스트는 자동차가 커브를 돌 때 「어떤 일이 일어나는지」를 설명한 것이다. 구동 방식이나 엔진 마력에 상관없이 동력이 없는 자동차로 약간 내리막길로 된 완만한 도로를 천천히 이동하는(내려가는) 장면을 상상해 주기 바란다. 액셀러레이터 페달을 밟는다든가 브레이크 페달을 밟는 동작도 필요 없이 타이어 회전에만 맡겨서 움직이는 상황이다. 속도는 일정. 도로의 경사가 그나마 자동차를 감속시키지 않는 정도. 그런 상황이다.

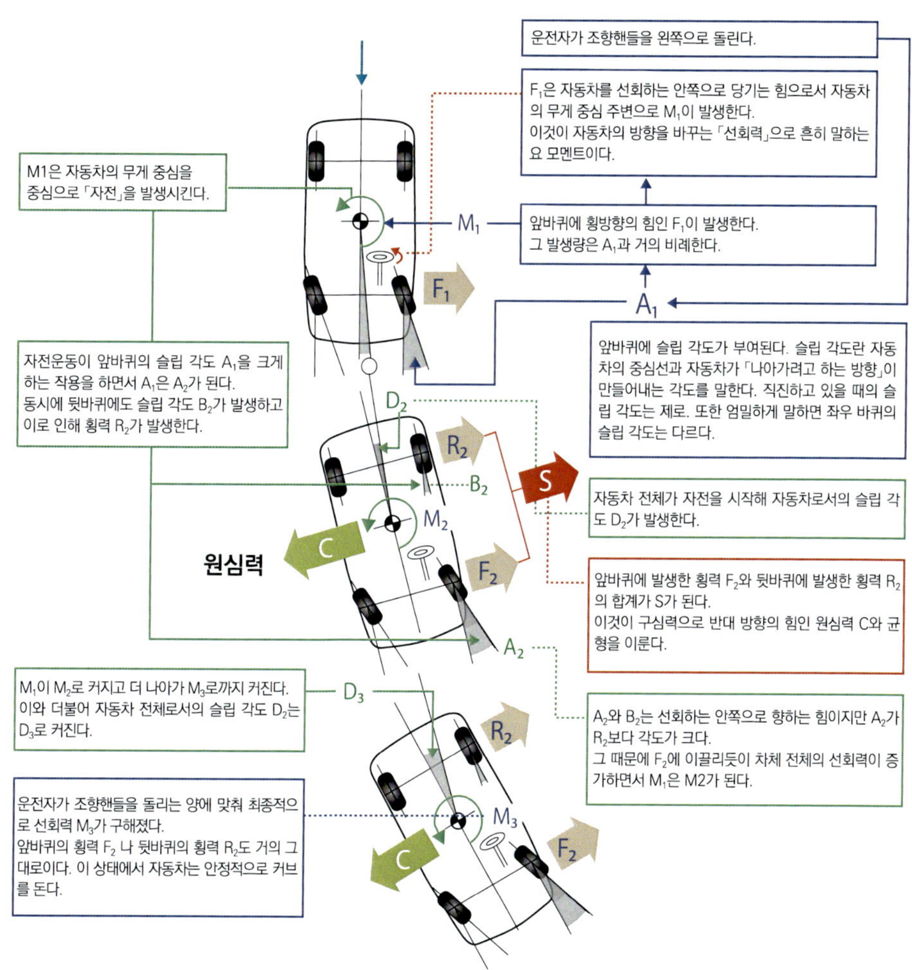

여기서 액셀러레이터 페달을

뒷바퀴 구동 차량으로 서킷을 주행하는 장면을 생각해 보자. 우측 일러스트처럼 조향핸들을 돌려 커브를 돌다가 커브 중간쯤에서 갑자기 액셀러레이터 페달을 밟으면 어떻게 될까. 앞바퀴에는 각도가 부여되어 있다. 그 상태에서 뒷바퀴가 앞바퀴를 밀어주는 것이 뒷바퀴 구동 차량이다.

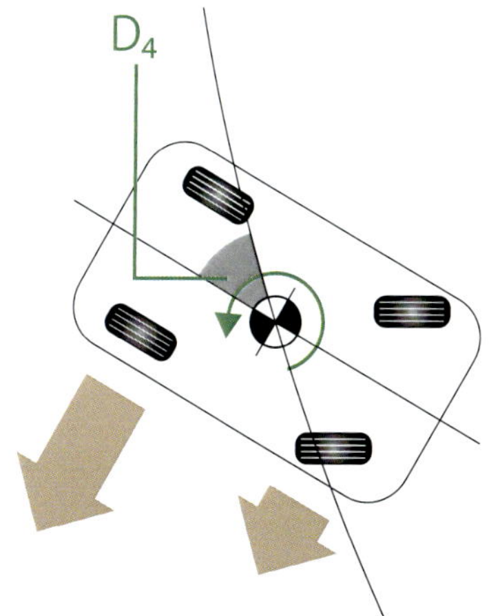

서킷의 코너링에서는 중간에 액셀러레이터 페달을 밟으면 뒷바퀴 구동은 뒷바퀴가 선회하는 바깥쪽으로 흐른다. 소위 말하는 드리프트 아웃이다. 우측 일러스트에서 보면 자동차의 슬립 각도가 D_2에서 D_3로 커져 있다. 거기서 액셀러레이터 페달을 밟으면 슬립 각도는 더 커져 D_4가 된다.

이 상태에서 접지 압력이 떨어진 앞바퀴는 자동차의 진행방향을 유지할 수 없게 된다. 그런데 뒷바퀴가 앞바퀴를 밀어주는 상태가 된다. 그러면 어떤 일이 발생하느냐면 앞바퀴가 횡슬립을 시작하는 드리프트(오버 스티어)가 시작된다.

위 일러스트처럼 아무 일 없이 자동차가 커브를 돌기 시작할 때라도 자동차의 무게 중심 위치에 자전운동이 일어난다. 뒷바퀴 구동 차량의 경우 자전이 시작되는 시점에서 액셀러레이터 페달을 밟으면 자전운동이 빨라진다. 이것을 운전자가 제어할 수 있으면 비스듬한 자세를 유지(차량의 슬립 각도를 유지)한 상태로 커브를 돌아나갈 수 있다. 이것이 드리프트 주행이다. 뒷바퀴가 자동차를 밀어주기 때문에 가능한 운전 테크닉이다.

현재 전 세계 자동차의 구동 방식은 FF가 압도적으로 많다. FR 차량은 고급차나 고성능차가 중심이고 MR 정도되면 더 고가의 초고성능 자동차가 대세를 이루고 있다. 그러나 마쯔다 로드스터나 혼다 S660, 스바루 BRZ/도요타 86처럼 비교적 싼 가격으로 핸들링 성능을 즐길 수 있는 뒷바퀴 구동들이 있다. 한 때는 없어진 것으로 여겨졌던 적당한 가격의 뒷바퀴 구동 차량들이 부활할 조짐을 보였다. 물론 대세는 FF이고 뒷바퀴 구동은 소수파에 지나지 않지만 도요타 수프라나 마쯔다 RX-7이 생산을 중지한 시절과 비교하면 뒷바퀴 구동 자동차의 세계가 조금 더 화려해졌다.

그런 이유는 무엇 때문일까. 뒷바퀴 구동을 경험한 적이 있는 사람은 「주행하는 재미」를 이야기하겠지만 우리가 느끼는 뒷바퀴 구동의 매력을 한 번 정도는 정리해 보고 싶다는 생각에 이번 특집을 기획했다. 지금부터 그 여정을 떠나보겠다.

뒷바퀴 구동 차량의 장점은 자세제어 방법을 한 가지 더 갖고 있다는 것

차량의 중심점(重心点)을 중심으로 자동차가 방향을 바꾸는 「자전」은 최악의 경우 스핀을 일으킨다. 하지만 이것을 운전자의 테크닉으로 소화해 적극적으로 자세를 제어할 수 있다는 점이야말로 뒷바퀴 구동의 장점이 아닐 수 없다.

본문 : 마키노 시게오 수치 : 닛산 / 테슬라 모터스

뒷바퀴 구동 차량으로 커브를 돌 때 액셀러레이터 페달을 조금 더 밟아주면 자동차는 어떻게 될까. 앞 페이지에서는 자동차가 커브를 도는 과정을 확인하면서 뒷바퀴 구동 차량이 「선회하는 도중의 급가속」을 상정했다. 뒷바퀴가 자동차를 밀어준다는 기본적인 특성 때문에 선회할 때 급가속을 하게 되면 스핀을 일으킬 위험성이 있다고 설명했다. 이 페이지에서는 뒷바퀴의 「횡슬립」을 이용하는 것에 대해 살펴보겠다.

다음 페이지의 일러스트는 마찰계수(=뮤)가 낮은 빙판길을 주행할 때의 모양이다. 장소는 결빙된 호수로서 단단하게 얼은 얼음 위로 눈이 적당히 내린 상태에서 군데군데 눈이 눌려서 굳어진 노면이다. 40km/h 정도에서 코너에 진입하기 위해 조향핸들을 조작하면 바로 뒷바퀴가 옆으로 미끄러진다(횡슬립). 이것을 방지하려면 속도를 낮추고 천천히 커브에 진입하는 수밖에 없다.

뒷바퀴 구동 차량이 「가속」에서는 유리하다. 하지만 감속에서는 약간 고전한다. 움직이는 물체에는 관성의 법칙이 작용하기 때문이다. 자동차의 브레이크 페달을 밟으면 가속중일 때는 「후방으로 옮겨가 있던」 하중이 전방으로 이동한다. 그냥 옮겨가 있을 것 같은 중량이 자동차의 감속으로 인해 이번에는 앞쪽으로 이동한다.

사람으로 치면 「어어…」하면서 앞으로 푹 꼬꾸라지는 상태라 할 수 있다. 이것이 브레이킹에 의한 하중 이동이다. 감속할 때는 앞바퀴로 하중이 가해지기 때문에 어떤 자동차든지 간에 앞바퀴 브레이크 쪽이 높은 제동력을 발휘하도록 설계되어 있다.

FR 차량에서는 뒷바퀴보다 엔진이 위치하는 앞바퀴 쪽에 약간 무거운 중량(55 : 45 등)을 분담시키던지 앞뒤 차축에 동등(50 : 50)한 중량을 분담시키는 방식을 채택한다(058~059p 참조). 다만 이 분담 비율은 자동차가 정지해 있는 상태에서 계측한 것으로 주행 중에는 앞뒤 차축의 중량 배분이 아주 빨리 바뀐다. FF 차량은 앞 차축 쪽이 상당한 하중을 분담해 70 : 30 정도의 사례가 있을 정도이다. 원래부터 앞쪽이 무겁기 때문에 브레이크 패달을 밟으면 앞바퀴의 하중이 더 증가하면서 직진상태 같은 경우는 타이어가 지면에 강하게 접속되어 감속할 수 있다. FF가 제동(브레이킹)에 유리하다고 하는 것은 이런 부분 때문이다.

하지만 빙판 길을 주행해 보면 FR 차량에는 FF 차량으로는 할 수 없는 「자세 수정」을 위한 방법이 있다는 것을 확인할 수 있다. 다음 페이지의 일러스트에서 가장 안 쪽 라인의 커브를 따라 주행하는 자동차를 봐주기 바란다.

커브에 진입하면서 액셀러레이터 페달을 밟으면 뒷바퀴 구동 차량은 자전운동이 증가해 뒷바퀴는 횡슬립이 쉬워진다. 하지만 자전운동을 운전자가 관리할 수 있어서 자기가 원하는 만큼만 자전운동을 하도록 운전을 조

마찰계수(μ)가 낮은 도로에서의 코너링

마찰계수(μ)가 낮은 노면에서는 마찰계수가 높은(건조한 포장도로) 도로에서 속도를 상당히 높인 상태를 재현하는 것이 가능하다. 뒷바퀴 구동 차량의 특성을 체험해 보려면 마찰계수가 낮은 도로에서 저속으로 운전해 보는 것이 적합하다. 액셀러레이터 응답성이 아주 빠른 뒷바퀴 구동 전기자동차 「테슬라 모델S」를 이용하여 실제로 마찰계수가 낮은 도로를 달려보았더니….

미끄러지지 않을 때 앞바퀴 구동 차량은 언더 스티어가 강해 주행라인이 선회하는 바깥쪽으로 벗어난다. 뒷바퀴 구동 차량은 자전운동이 강해 코너 안쪽으로 파고드는 자세가 된다.

액셀러레이터 페달을 너무 많이 밟으면 뒷바퀴 구동 차량은 「꼬리를 흔드는」자세가 되면서 최악의 경우 스핀을 하게 된다. 자동차가 공전하지 않고 자전운동만 하는 상태가 바로 스핀이다.

뒷바퀴 구동 차량은 액셀러레이터 페달을 잘 제어하면서 조향핸들 조작으로 카운터 스티어(역 핸들)까지 사용하면 가속하면서도(정도에 따라 다르지만) 차량의 자세를 유지할 수 있다. 이전 페이지의 사진이 바로 이 상태에 가깝다.

커브를 돌면서 액셀러레이터 페달을 계속 밟으면 앞바퀴 구동 차량은 자동차가 「선회하는」힘이 상쇄되어 라인 바깥쪽으로 벗어난다. 노면의 마찰계수가 아주 낮을 때는 차체에 약간의 각도가 생기면서 드리프트 아웃을 하게 된다. 그러나 차량의 자세는 뒷바퀴 구동 차량만큼 흔들리지 않는다.

감속한 다음 조향핸들을 돌려 선회로 들어간 자동차(사진 우측). 가령 이 위치에서 액셀러레이터 페달을 밟아 가속을 하면 어떻게 될까. 노면은 아래 사진처럼 빙판길(아이스반)이고, 그 위로 눈이 살짝 내려 쌓여 있다.

적절한 시점에서 차체를 자전운동시킨 다음 그 각도를 유지한 상태에서 액셀러레이터 페달을 강하게 밟으면 AWD는 마찰계수가 높은 도로를 주행하는 뒷바퀴 구동 차량처럼 드리프트 주행을 할 수가 있다. 사진은 일류 드라이버의 테크닉.

AWD(All Wheel Drive=4WD와 동의어)의 경우는 액셀러레이터 페달을 밟아 주행라인이 약간 선회 바깥쪽으로 치우쳐도 안정적인 차량의 자세를 유지하기가 쉽다. 사진은 FR 기본의 AWD인 닛산 GT-R.

작하면 뒷바퀴를 약간 횡슬립(테일 슬라이드)을 시킨 상태를 유지하면서 스핀하지 않고 커브를 주행할 수 있다. 제어된 드리프트 주행이 되는 것이다. 이때 앞바퀴의 조향 각도는 주행 라인을 보면서 세세하게 수정할 필요가 있는데 커브 방향과는 반대쪽으로 조작하는 역 핸들(카운터 스티어)이 기본이다. 빙판 길 위에서 펼쳐지는 모터 스포츠에서는 이런 장면을 자주 볼 수 있다.

이 조작을 운전자에게만 다 맡기지 말고 어느 정도 자동차 쪽이 제어하는 구조가 풀타임 4WD이다(094~097p 참조). 앞바퀴에도 구동력 일부를 분담시켜 자전운동이 과도하지 않게 제어한다. 물론 FF 차량이라 하더라도 숙련된 운전자가 운전한다면 마찰계수가 낮은 도로에서도 매끄럽게 주행할 수 있다. 선회 자세를 만들어가면서 턱 인(Tuck-in, 선회중 급히 액셀러레이터 페달을 놓았을 때 자동차가 선회 방향 안쪽을 향하는 현상)을 이용하는 방법은 남아 있지만, FF 차량으로 커브를 도는 도중에 구동력을 가하면 원칙적으로 자전운동을 없애게 된다. 바꿔 말하면 「안전」에 대한 폭이 크다. FR 차량은 자전운동을 적극적으로 방향을 전환하는 수단으로 이용할 수 있지만 운전자가 충분히 제어하기 위해서는 그에 상응하는 테크닉이 필요하다.

앞뒤 차축이 바로 연결(直結)된 AWD 차도 FF 차량과 비슷한 움직임을 보인다. 커브를 돌 때 가속을 시도하면 차체의 슬립각(횡슬립 각도)이 감소해 코너 바깥쪽으로 벗어나기 쉬운 특성을 갖는다. 이것은 FR을 기본으로 한 AWD나 FF를 기본으로 한 AWD를 불문하고 직결이라는 조건 하에서는 비슷한 경향을 보인다. 차이를 나타내는 요소는 사전의 앞뒤 중량 배분과 구동력 배분 비율이다.

FF 차량이든 FR 차량이든 앞뒤 중량을 배분하는 설정은 운동성을 좌우하는 요소이다. 이것은 기본적인 차량의 패키징으로 결정되기 때문에 기본적인 특성으로 따라 다닌다. 여기에 대해서는 다음 장에서 살펴보겠다.

자동차 설계 엔지니어의 증언

우리 기술자들은 구동 방식의 속성을 개선하기 위해 절치부심했다.

FF, FR, AWD를 불문하고 다양한 방식의 자동차를 개발해 온 기술자는 구동 방식의 차이를 어떻게 생각하고 있을까. 우리가 생각하고 있는 만큼의 구동 방식에 따른 「주행」의 차이는 없는지에 대해 들어 보았다.

본문 & 사진 : 마키노 시게오 수치 : 미쓰비시 모터스

← FR 시절의 랜서 1800 터보. 79년에 랜서 EX로 개명된 모델이지만 유럽 시장용으로 설정된 4G63형 2000cc 터보는 WRC에 참가했던 머신의 기본모델이 되었다.

↑ 전성시대의 갤랑 람다. 76년에 발매된 스페셜 모델로서 당시 제휴하고 있던 크라이슬러에 「프리머스 삿포로」라는 이름으로 OEM 공급되었다.

후미타무라씨는 실로 다양한 자동차의 개발에 관여해 왔다. 초대 데보네어부터 FR 랜서, FR 갤랑, 스탈리온 그리고 FF화 시대를 거쳐 풀타임 4WD 시대를 지나왔다. 그것도 시판 차량뿐만 아니라 신기술의 개발부터 WRC(세계랠리 선수권) 머신, 파리~다카르로 대표되는 오프로드 어드벤처 랠리용 머신까지 다방면으로 관여해 왔다.

그의 저서 「자동차는 왜 선회할까?」는 이런 경험에서 얻은 이론을 정리한 책으로서 기술자부터 우리 미디어에서 일하는 사람들까지 폭넓은 층에 걸쳐 독자를 확보해 왔다. 그런 미타무라씨에게 FR 차량에 대한 인상을 새롭게 듣고 싶어서 취재를 신청했다.

「FR 차량에 대한 인상 말입니까… 예전에는 선택의 여지가 FR밖에 없었다, 2000cc급 승용차를 자사에서 개발하기로 한 미쓰비시중공업(당시) 입장에서 말이다. 초대 데보네어를 개발할 무렵에는 시속 100km로 직선주행을 하는 것조차 미지의 세계다. 우리는 개통하기 전의 메이신 고속도로를 이용해 중요한 데이터를 축적했다. FR을 선택했던 것은 그런 시절이었다」

메이신 고속도로는 1963년에 부분개통이 되었으며 초대 데보네어의 발매는 다음 해인 64년. 영업시작 전의 고속도로를 자동차 제작사가 시험주행을 겸해서 사용했던 이야기는 들어 본 적이 있다.

「초대 데보네어는 뒷바퀴가 일체식 차축 방식이었지만 타사에서 세미 트레일링 암을 사용하기 시작하면서 우리도 연구를 시작했다. 비스듬한 트레일링 암으로 모멘트를 억제하고 좌우는 구동축으로 연결해 강성을 확보하는 한편으로 얼라인먼트에 자유도가 있다. 미쓰비시에서는 4링크 방식을 오랫동안 사용했었는데 캠버는 링크의 길이로 결정되기 때문에 반대로 이것을 설계에 사용했다. 캠버로 선회하는 식의 조금은 거친 방법도 시도했었다」

계속해서 미타무라씨는 말한다. 「당시의 FR 차량에 있어서 세미 트레일링 암은 『훌륭한 해결책』이었다. 좌우가 단단히 지지되었고 정밀도도 있었다. 거기에 컴플라이언스(Compliance)를 주어 얼라인먼트를 바꾼다거나 도로 소음을 줄일 수가 있었다. 그래서 한 번 『세미 트레일링 암의 매력』에 빠져들면 좀처럼 빠져나가질 못하게 되는 것이다」

70년대에 일반적이었던 세미 트레일링 암 방식의 FR 차량에는 상당히 독특한 특성이 있었다. 현가장치의 형식을 제외하고 FR 차량 전체로 보았을 때도 이런

특성이 강했던 것으로 기억한다.

「분명히 현재에 비하면 특성이 강했기 때문에 우리 기술자들은 기계의 특성을 없애는데 부심했었다. 시작차를 실험부서에 건네면 여러 가지 피드백이 있다. 특성에 대한 회신도 온다. 그것을 검증하고 기술적으로 대체한 다음에는 이론을 구체화해 나가는 식이다. 실험부서는 뛰어난 실력으로 사소한 부분까지 알아차리더군요. 우리 기술자는, 말하자면 시끄러운 집단이라 할 수 있기 때문에 납득을 하지 못하면 지론을 굽히질 않는다. 그런 식의 개발이 거듭되는 과정에서 좋은 것이 만들어져 갔다」

그럼 당시 뒷바퀴 구동 차량의 「독특한 특성」이란 무엇이었을까. 미타무라씨는 당시를 떠올려 본다.

「FR은 액셀러레이터 페달을 밟으면서 선회할 수 있으며, 가속하면서 진행방향을 바꿀 수 있다. 이 대목에서 주행하는 재미를 가미할 수 있으며, 만능은 아니지만 어느 상황에서는 상당히 능력이 뛰어나다. 반면에 FF 차량은 안정성이다. 도로상황이 바뀌어도 어느 정도의 융통성이 있는 것이다. 마침 FF에서 FR로 전환하던 시기에는 FR에서도 앞뒤 중량 배분을 바꾸거나 현가장치를 개선하거나 보통 사람의 운전수준에서 되도록 폭넓은 주행상황을 커버할 수 있도록 노력했었다」

미쓰비시는 80년대에 들어와서 단숨에 모델들을 FF화하기에 이른다. 과연 FF 차량의 핸들링을 배치하는 단계에서는 어떤 인상을 주려고 했을까.

「중요한 순간에 궤도가 밖으로 벗어나는 것이 구동에 의한 언더 스티어이다. 현재도 이런 것은 남아 있으며, 또한 선회 중에 급히 액셀러레이터 페달을 놓았을 때의 턱 인(Tuck-in)이다. 이 두 가지를 줄이기 위해 현가장치를 연구하거나 조향계통을 개량하는 등 다양한 시행착오를 거듭했다. 그런 과정에서 우리는 한 가지 방향을 발견했는데 바로 온로드 4WD이다. FR인 스탈리온을 바탕으로 시작품을 만든 다음에는 WRC용 머신까지 만들어 보았다. 당시로서는 잘 만들어졌던 것으로 기억합니다. 그 다음이 갤랑 VR-4로, FF 바탕의 풀타임 4WD가 있었다. 기본 바탕이 FR에서 FF로 바뀌긴 했지만 4바퀴의 구동력 제어를 통해 목적한 대로의 특성을 낼 수 있다는 것을 실감했다」

그 후 갤랑 VR-4의 장치는 랜서 에볼루션에서 숙성되어 간다. 풀타임 4WD가 미쓰비시 기술진의 해결책이었다는 것을 미타무라씨의 증언을 통해 새삼 이해할 수 있었다.

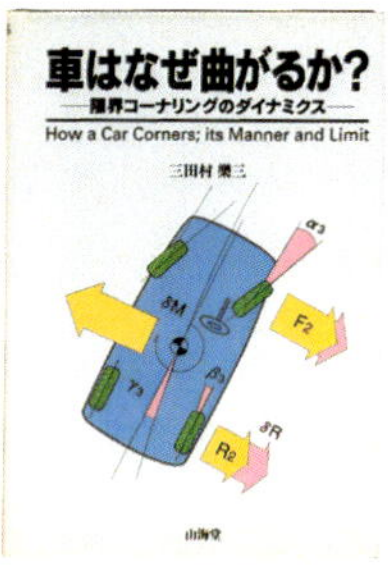

미타무라씨의 저서. 현재는 절판되었지만 전체적으로 미쓰비시가 풀타임 4WD를 지향했던 이유를 엿볼 수 있어 흥미롭다.

스탈리온은 미타무라씨에게 추억이 많은 자동차 같다. WRC 그룹B를 위해 개발된 4WD 머신은 인증취득을 단념했지만, 당시의 식견이 나중의 풀타임 4WD에 반영되면서 랜서 에볼루션은 WRC에서 많은 우승을 차지한 머신이 되었다.

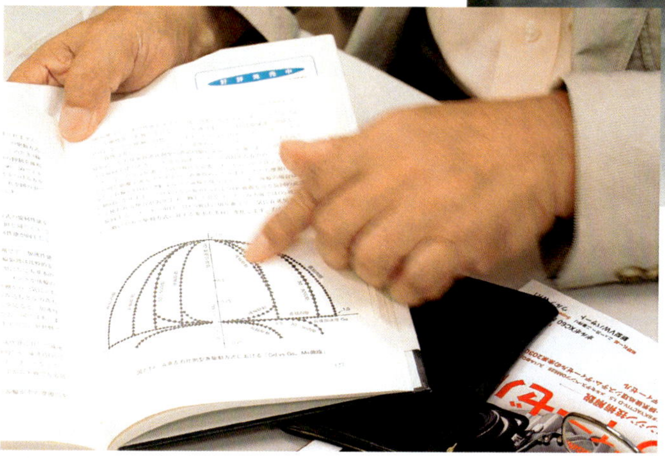

↑「센터 디퍼렌셜 방식의 풀타임 4WD는 실로 멋진 선회 데이터이다. FR이 가속 쪽은 좋지만 결점도 많다」는 미타무라씨. 개발 중인 데이터가 저서에도 소개되고 있다.

표현을 바꿔 「특성도 또한 맛이 되지는 않을까요」라는 질문을 미타무라씨에게 던져 보았다. 미타무라씨는 이렇게 대답했다.

「말씀하신 대로다. 약간의 톡톡한 특성은 『애호가』를 만들기도 한다. 반대로 특성이 없으면 차량이 거동하는데 있어서 개성부분도 줄어든다. 현재는 FF나 FR 모두 일반도로를 보통으로 운전하는 동안에는 거의 차이가 없다. 불특정 다수의 운전자들이 운전해야 하기 때문에 독특한 특성을 가능한 없앤 것이다. 우리도 그렇게 해 왔다」

미타무라 라쿠조

1934년 태생. 도쿄대학 공학부 항공학 졸업. 미쓰비시중공업에서 연구개발에 참여하다 85년에 승용차 기술센터 연구부장으로 취임. 첨단기술연구부터 랠리머신 개발, ASV(첨단안전 자동차)연구 등을 담당. 95년에 이사 승용기술센터 소장으로 취임. 갤랑 VR-4의 종합제어 장치 개발로 인해 「제23회 기계진흥협회상」을 수상. 랠리아트 사장 등을 거쳐 2004년에 자동차기술협회 회원 인증을 얻는다.

뒷바퀴 구동 차량은 왜 멋지게 보일까

자동차의 비율은 패키징으로 결정되고 스타일링(디자인)은 외관적인 화장에 지나지 않는다.
뒷바퀴 구동 자동차가 전체적으로 「멋지다」는 인상을 주는 이유는 뒷바퀴 구동이 갖고 있는 비율의 미에서 나온다.

본문 : 마키노 시게오 / 사진 : 애스턴 마틴 / BMW / 피아트 오토 / 포드 모터 / 혼다 / 닛산

Illustration Feature
Statics & Dynamics of the
뒷바퀴 구동
BASICS
02
뒷바퀴 구동의 기술적 특징

운전석보다 앞쪽에 엔진을 배치하는 앞 엔진 차량은 크게 세로배치 엔진 또는 가로배치 FF=Front Engine·Front Drive나, 세로배치 엔진인 FR=Front Engine·Rear Drive로 구분된다. 근래에는 스타일링 방법과 제조기술의 연결로 인해 언뜻 봐서는 FF인지 FR인가 잘 모르겠는 모델도 있지만, 1군데만큼은 큰 차이가 있다.

유럽쪽 디자이너들이 「프리미엄 디멘션(Premium Dimension)」이라고 부르는 앞바퀴 한 가운데부터 도어 전방의 열림 라인까지의 거리이다. 세단계통 FF 차량은 이 거리가 짧고 FR 차량은 SUV 같이 차고(車高)가 높은 모델을 빼고는 전체적으로 길다.

프리미엄 디멘션(Premium Dimension, 이하 PD)이라는 말에 명확한 정의는 없다. 앞바퀴 중심부터 도어의 열림 라인까지를 가리키는 디자이너도 있고, 앞바퀴 휠 하우스 끝 부분부터 같은 위치까지의 보디 패널 부분을 가리키는 디자이너도 있다. 이 글에서는 「휠 내경의 크기도 프리미엄」이라고 생각해 앞바퀴 중심부터 오프닝 라인까지의 거리라고 정의하겠다.

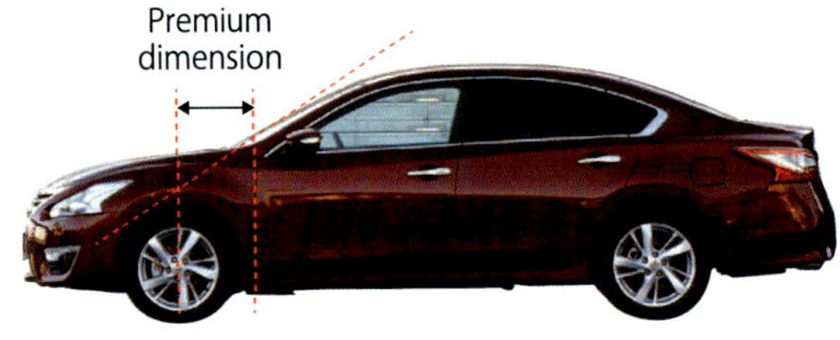

FF 세단은

닛산 티아나는 FF 세단이다. 위 사진의 애스틴 마틴 DB9와 비교했을 때 가장 큰 차이는 앞바퀴 휠 아우스 한 가운데부터 도어가 열리는 선까지의 길이이다. 유럽에서는 이 거리를 특별히 프리미엄 디멘션이라고 부르는 경우도 있다.

애스턴 마틴은 PD가 길다. V8과 V12 엔진만 사용하기 때문에 성립되는 PD길이이다. 앞 오버행과 PD가 거의 비슷할 뿐만 아니라 도어가 앞뒤로 길다. A필러 라인을 연장하면 앞바퀴 중심보다 약간 앞으로 나오기 때문에 진부한 인상은 느껴지지 않는다. 벨트라인(측면 유리 하단)부터 아래쪽만 보면 뒷바퀴 부근의 볼륨이 앞바퀴 쪽 볼륨 못지않게 두드러진다. 일본의 자동차 제작사의 디자이너들이 「부러운 비율(Proportion)」이라고 한 숨을 쉬는 것도 수긍이 된다. 하지만 이것은 단순히 바깥쪽을 부풀리기만 한 조형이 아니다. 속은 꽉 찼다.

엔진룸 안은 먼저 라디에이터가 있고 앞쪽에서 당기는 조향 랙이 있다. 여기까지의 길이로 어느 정도는 충돌에너지를 흡수할 수 있다. 그 직후에 긴 엔진이 배치

Alfa Romeo 4C : Midship Engine

BMW 1-series : Front Engine

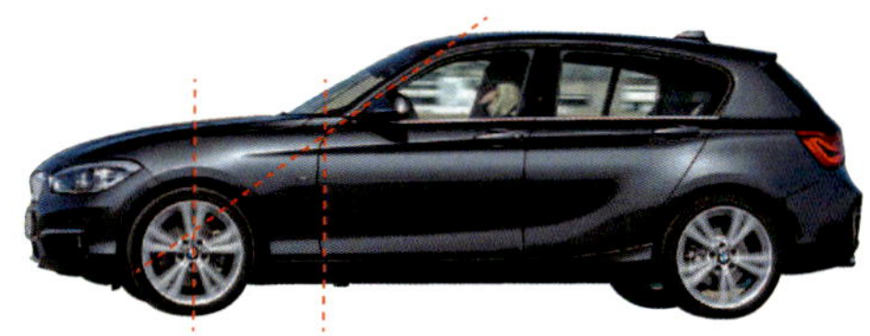

HONDA S660 : Midship Engine

각 차량의 비율

미드십 뒷바퀴 구동의 정적인 앞뒤 차축 중량 배분은 서서히 앞바퀴로 치우쳐 왔다. 뒤쪽이 무거우면 뒷바퀴가 선회하는 바깥쪽으로 밀려나가는 자전을 멈추기가 쉽지 않다. 착석위치를 최대한 앞으로 당기는 배치는 현재의 주류이다. 혼다 S660의 측면은 도어가 거의 중앙에 위치해 알파로메오 4C보다 PD가 길다. 만약 S660의 탑승객 발뒤꿈치 위치가 앞 차축보다 앞으로 나가면 다른 비율(proportion)이 된다. 국토교통성의 행정지도(명문화되지 않은 규정)가 그렇게 만들었을 것이다.

Ford F-150 Limited : Front Engine

레이싱카는…

스포츠 프로토타입 카는 일반적으로 미드십 뒷바퀴 구동으~~로, 공기저항을 피하기 위해 전고가 낮다. 앞 차축과 페달~~ 위치는 범주(범위) 별로 규정이 있어서 이런 요소를 다 반영하면 비율이 거의 옆으로 넓어지게 된다. PD는 아주 짧게 되어 있다.

되고, 브레이크 부스터가 장착된 벌크헤드가 있다. 보닛 후드가 긴 고전적인 비율이라도 지루한 패키징은 아니다.

같은 FR 차량이라도 포드의 풀사이즈 픽업트럭 F-150 시리즈는 앞바퀴 위로 엔진룸의 내용물이 들어차 벌크헤드가 앞으로 나오면서 캐빈이 앞쪽으로 나온 형태이다. 따라서 PD가 짧다. 일반적인 승용차보다 지상고를 확보할 필요가 있을 뿐만 아니라 운전석에서의 착석위치 및 시야 위치를 높게 설정하고, V8 엔진까지 얹게 되면 같은 FR이라도 비율이 완전 달라진다.

MR(Midship·Rear Drive) 차량은 전고가 낮은데 반해 캐빈은 앞쪽으로 나온다. 따라서 PD가 짧다. 하지만 도어의 열림 라인 후단(後端)부터 뒤 차축 중심까지의 거리가 길어진다. MR 차량의 PD를 이 부분이라고 볼 수도 있다. 패밀리카에서는 있을 수 없는 비율이다.

흥미로운 점은 이 패밀리카로 분되는 BMW 1시리즈이다. 사이드 한 가운데서 보면 VW 골프나 아우디 A3와는 달리 PD가 길다. 이것도 단순한 패션이 아니라 엔진룸 내용물을 밖에서부터 감싼 결과이다. A필러의 연장선이 앞 차축 중심과 일치해 그야말로 BMW답다고 하겠다. A필러를 눕히면 전면 충돌 시 충격이 분산되어 좋기는 하지만 그렇게 하지 않았다. 반대로 전고가 높은 2시리즈의 액티브 투어러는 높이를 살려 카울을 앞으로 나가게 했다. 그래서 FR이어야 할 필요도 없어졌다. 그렇게 해설할 수 있는 것이다.

앞뒤 중량 배분과 「주행」과의 관계

뒷바퀴 구동 차량의 이상적인 앞뒤의 중량 배분은 거의 50 : 50으로 알려져 있다.
하지만 이것은 하나의 기준이고, 사실은 4개의 타이어가 가진 그립력을 균형적으로 잘 사용하는 것이 그 배경에 있다.

본문 : 마키노 시게오 수치 : 아우디 / 마쯔다 / 만자와 고토미

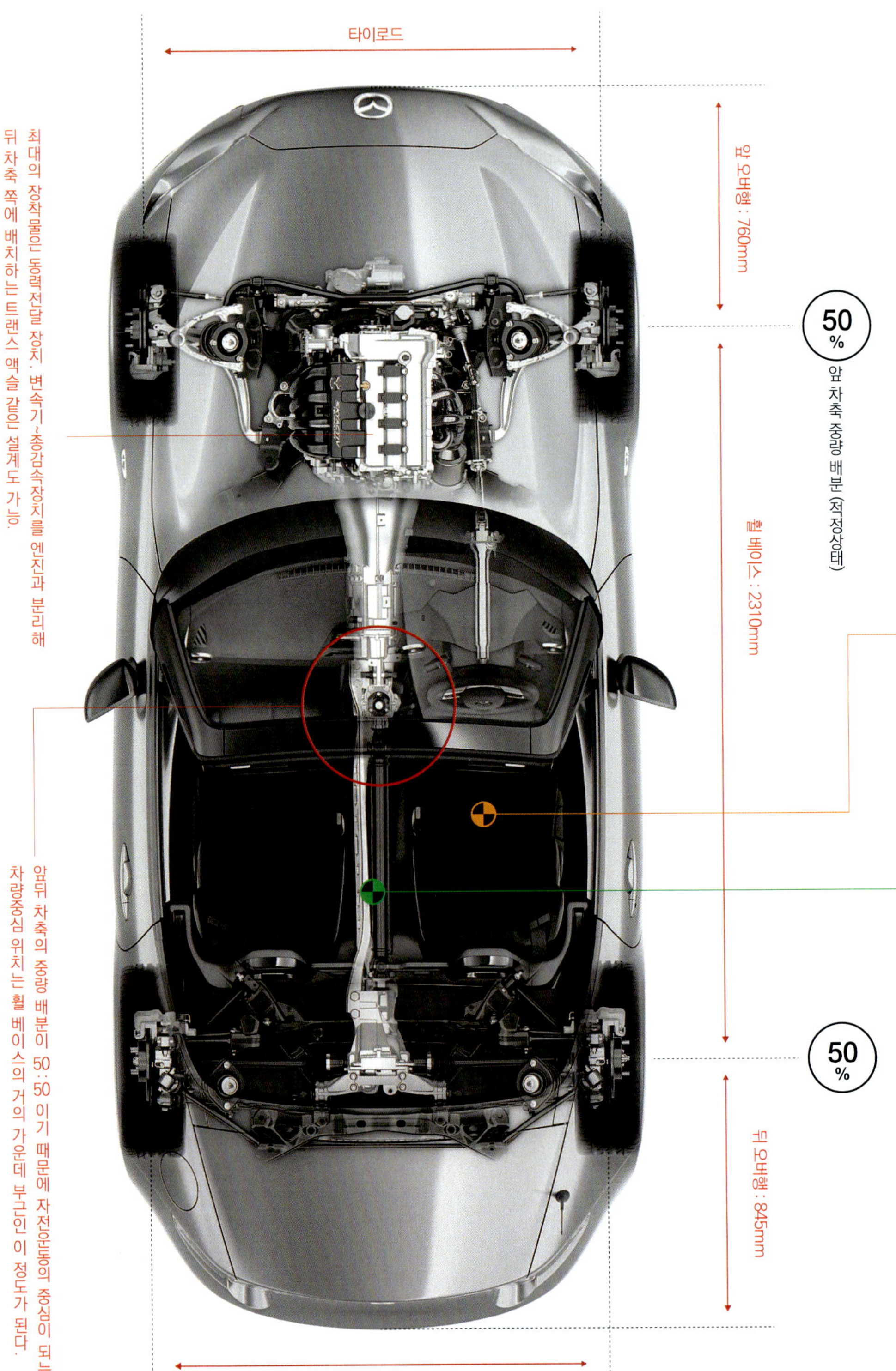

MAZDA Roadster :

Front Engine

FR 차량의 정적인 앞뒤의 하중 배분은 어떤 것이 이상적일까. 이 질문에 대답이 될 만한 일반론은 존재하지 않는다고 해야 할 것이다. 50:50이든 52:48이든 혹은 55:45라도 각각의 경우에 있어서 운동성을 만들어내느냐에 달려 있기 때문이다. 새로 개발하는 경우는 가장 무거운 엔진과 변속기(동력전달 장치)의 탑재 위치에 대한 자율성이 있을 것이다. 하지만 실제로는 포함된 휠 베이스도 포함된 차량치수와 중량을 기본으로 내용물의 배치와 중량관리를 쫓아가는 설계가 일반적이다.

운전자의 착석 위치

이 위치를 어디에 두느냐도 2인승 스포츠카에서는 어려운 점이다. 너무 뒤로 치우치면 「오른쪽 커브 길인데 몸은 왼쪽으로」가는 식의 감촉이 된다. 차량의 무게 중심과의 위치관계도 운전 감각에 큰 영향을 끼친다. 그래서 스포츠카는 어려운 것이다.

차량의 피칭 센터

마쯔다는 피칭 센터의 정확한 위치를 발표하지 않았지만, 일반적으로 이 정도가 운전자의 어깨 부근으로 생각된다. 탑승객의 머리 부분에 가깝고 제동할 때도 시선을 안정시킬 수 있는 위치라고 한다. 이 부분도 여러 설이 분분하다.

[주요 제원]

전장×전폭×전고 : 3915×1735×1235mm
최저 지상고 : 140mm
현가장치(앞) : 더블 위시본
현가장치(뒤) : 멀티 링크
차량중량(GVW) : 990~1060kg
엔진 최고 출력 : 96kW(131ps)/7000rpm
엔진 최대 토크 : 150Nm(15.3kgm)/4800rpm
파워 웨이트 레이쇼 ※ 7.56~8.09kg/ps

※ 일본식 단위마력 당 중량이지 단위마력 당 출력이 아니다.

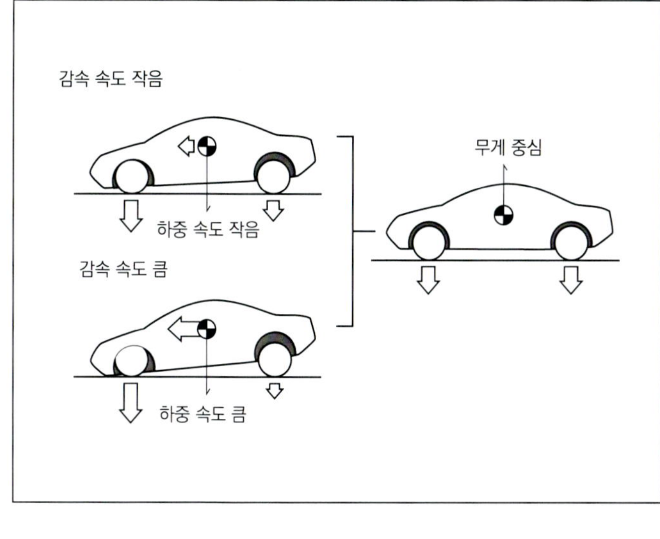

브레이킹과 하중 이동

제동(브레이킹)은 정적인 앞뒤의 하중 배분을 어떻게 변화시킬까. 이 변화를 설계자의 의도대로 구하기 위해 제동력을 앞뒤로 적절하게 배분한다. 기본적으로 뒷바퀴 구동 차량은 직진할 때의 최단 제동거리에 있어서 FF 차량보다 불리하다고 하지만 근래에는 그 차이도 그다지 인정받지 못하고 있다. 다만 애초의 뒷바퀴 하중이 확보되어 있다는 의미에서는 차량 자세를 제어하는 수단으로서의 브레이킹을 적극적으로 이용하기가 쉽다는 점이 뒷바퀴 구동 차량이 갖는 이점이기도 하다.

AUDI R8 :

Rear-Midship Engine

과거에는 미드십 차량의 운동성능이 갖는 우위성에 대해서 어느 정도 선전도 됐었지만 근래에는 상징적인 정도에 머물고 있다. 사고 후 매달려 올라가는 F1 머신을 보아도 알 수 있듯이 운동성을 추구하는 머신이라고 해도 앞바퀴의 하중은 필요하기 때문에 MR차량의 앞뒤의 하중 배분이 점점 앞쪽으로 치우치는 경향을 보이고 있다. 이 아우디 R8은 AWD이기 때문에 앞 차축에 종감속장치-구동축이 있는데, 중량의 배분이 앞쪽에 치우쳐 있다는 점에서는 장점이 있다.

FR 차량의 경우 정적(Static)인 앞뒤 차축의 중량 배분이 앞 60 : 뒤 40처럼 차이가 커지는 경우는 거의 없다. 하물며 앞 40 : 뒤 60이 되는 경우도 없다. 이 정도로 뒤쪽이 무거워지는 경우는 MR 차량뿐이지만, 그런 MR 차량도 근래에는 최대한 앞뒤의 차이를 작게 하는 설계가 주류이다.

유일하게 FF만 앞 70 : 뒤 30 같은 극단적인 배분으로 만들어지지만 그런 경우라도 운동성에 무리가 없고 일상적인 사용의 편리성에 제약이 따른다. 그런 배경에는 구동계통, 섀시계통, 제동계통 각각에 제어가 있어서 제어를 통해 배치상의 마이너스를 보완할 수 있는 시대가 되었다. 차량의 패키징과 장착물을 배치할 때 우선순위를 명확하게 해서 차량의 성격에 맞추는 식의 설계 방법이다.

그래도 FR 차량은 「원 상태」에서 배치를 치밀하게 검토하는 사례가 많다. 그만큼 시장의 기대가 크고 동시에 설계자의 실력을 발휘할 수 있는 대목이라는 것을 반증한다고 하겠다. 예를 들면 마쯔다의 신작 로드스터를 위쪽 한 가운데서 보면 앞뒤 오버행 부분에 장착물을 전혀 배치하지 않았다. 엔진은 벌크헤드(엔진룸 격벽) 쪽으로 장착되어 있어서 변속기~종감속장치와 직선으로 연결된다. 이런 특성은 각각의 운전자들이 「자신의 취향을 더 반영하는」식의 튜닝을 통해서 배가될 수도 있을 것이다.

한편 MR인 아우디 R8을 이와 같은 골격상태에서 보면 언뜻 뒤쪽이 너무 무겁지 않나 하고 착각하기 쉽지만 장착물의 배치와 무게 중심을 낮추는데 있어서 충분히 주의를 했다. 다만 전자제어를 많이 사용해 치밀하게 제어하는 AWD 차량이라 앞바퀴에도 구동력을 분담시킨다는 점을 포함해 「주행」에 있어서는 MR이라고 생각되지 않을 만큼 안정지향적이다. 숙련된 운전자가 아니라도 충분히 다룰 만한 MR차로서 이렇게 완성시킨 기술력이 놀라울 따름이다.

사진으로 소개하진 않았지만 BMW 3시리즈도 바로 FR 배치이다. 더구나 4명이 승차했을 때의 차량의 움직임도 확실하게 보여준다. 세단계통의 FR은 소수파로 바뀌었지만 한 번은 더 그 배치의 묘미를 검증해야 할 존재라고 생각한다.

현가장치의 배치

구동력을 받아내는 뒤쪽이 포인트

뒷바퀴 구동 차량이 커브를 돌 때 뒷바퀴는 횡력을 받으면서 구동력을 지면에 전달하는 역할을 한다. FR(Front Engine·Rear Drive)이든 MR(Midship·Rear Drive)이든 이 역할에는 변함이 없다.

본문 : 마키노 시게오 수치 : BMW / 다임러 / 재규어 · 랜드로버 / 닛산

현가장치가 위아래로 최대로 움직여도 또한 타이어가 좌우 어느 쪽으로 최대로 접근되어도 휠 내경과 간섭하지 않는 이 영역 안에 모든 부품이 배치된다.

허브가 그대로 연장되어 너클이 되는 구조. 1980년대부터 양산 차량에 적용되었다.

짧은 일체형 어퍼 암

스태빌라이저

로어 암은 앞뒤로 나뉘는 경우도 있다.

더블 위시본 JAGUAR XE

현재의 일반적인 DW(Double Wishbone) 가운데 하나인 너클 연장 타입. 조향 축은 어퍼 암과 로어 암의 허브 캐리어 쪽 피봇을 연결한 선이 된다. 앞 차축까지 구동하는 AWD를 만들 때는 쇽업소버의 아래쪽을 2단으로 분기시키는 방법을 사용한다.

멀티 링크 : NISSAN PRIMERA

예전에 닛산은 FF 앞쪽에 멀티 링크를 사용했다. 상하 한 쌍의 암과 그것을 연결하는 링크를 통해 한계 부근에서의 여유 있는 그립력, 조향할 때의 양호한 반응, 스프링/쇽업소버에 대한 부담 경감 등 특징이 많았다.

조향 바퀴가 지면을 박차는 FF는 어쨌든 앞바퀴의 접지성능을 확보해야 한다. 예전에는 FF 차량의 뒷바퀴를 「쫓아가는 바퀴」정도로만 생각해 설계할 때도 중점을 두지 않았다. 하지만 현재는 FF 차량의 뒷바퀴가 분담해야 할 일이 재평가되면서 그런 결과 때문일까, FF 차량의 주행이 「호쾌」하다고 부를 만한 수준에 도달해 있다. 그런 한편으로 앞바퀴 · 뒷바퀴 모두 현가장치에 주어지는 공간이 점점 줄어들고 있다. 이제는 앞쪽 코일 스프링의 궤적이 다른 것이 당연시되고 있다.

그런 가운데 FR 차량의 앞 현가장치는 더블 위시본(Double Wishbone, 이하 DW)을 중심으로 다양한 종류가 만들어지고 있다. 위아래 한 쌍의 암으로 허브 캐리어의 위치를 결정함으로서 타이어를 지면과 마주하게 하는 기본구조는 예전과 똑같다. 암의 배치는 크게 위아래에 위치한 암의 배치로 하거나, 아니면 위 사진의 재규어처럼 너클을 연장시킨 트위스티드 암의 위아래로 길이가 다른 암을 조합하는 형식으로 나뉜다.

DW의 어퍼 마운트를 무한대로 연장해 움직임이 최소화되도록 만든 것이 스트럿 타입이라고 말하지만 현가장치의 기하학(도형) 설정에서는 DW 쪽이 압도적으로 자유도가 있다고 여겨지고 있다. 하지만 BMW가 적용했던 2분할(더블 조인트) 로어 암 방식의 스트럿은

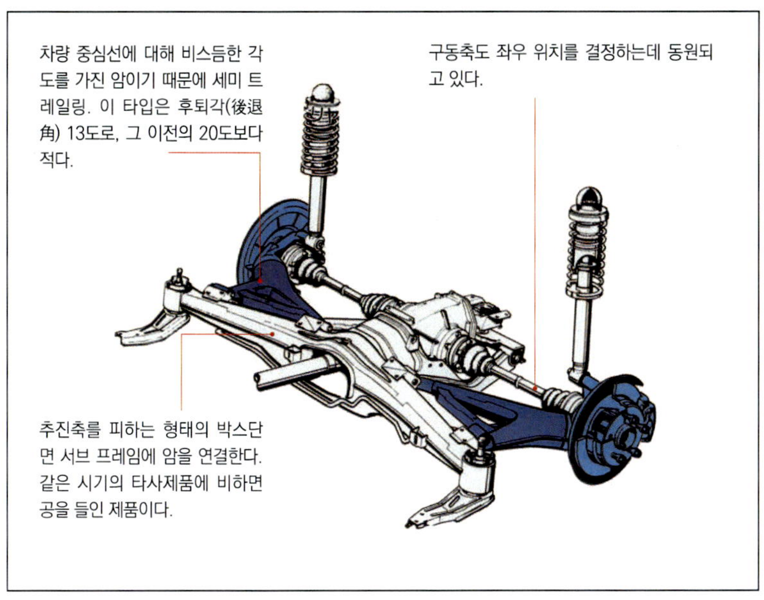

세미 트레일링 암 : BMW 735i (E23)

한 때 FR 차량의 뒤 현가장치는 세미 트레일링 암 방식이 하나의 매력이었다. 암 후퇴각 설정에 있어서 각 제작사마다 방법이 있어서 BMW는 캠버 변화와 범프 스티어(Bump Steer)를 억제할 목적으로 후퇴각을 줄이고 있다. 암의 바깥쪽 피봇과 서브 프레임을 이어주는 짧은 링크가 있다.

멀티 링크 : Mercedes-Benz C class

전체가 유닛으로 되어 있다는 것을 알 수 있다. 보디와의 결합은 부시를 매개로 하기 때문에 소리와 진동이 실내로 들어오는 것이 줄어든다. 실내로 돌출되는 것이 휠 하우스뿐이라는 점이 특징이다. 근래의 멀티 링크 가운데는 대표적인 설계이다.

인티그럴 링크
JAGUAR XE
재규어는 멀티 링크라고 부르지 않지만 기능과 설계에 대한 방향성은 타사의 FR계통의 모델과 동일하다. 쇽업소버와 코일스프링의 분리, 복잡한 형상의 스태빌라이저 사용, 최대한의 가동부분 경량화가 현재의 경향이라고 할 수 있다.

스트럿에 DW적인 설정 자유도를 갖게 하였다. 형식과 관련된 특징만으로 우열을 논하는 것은 무의미하다. 좀 더 말하자면 앞쪽은 조향장치의 타이로드도 현가장치 암이고, FF 같은 경우는 구동축도 암이다.

한편 뒷바퀴 구동 차량의 뒤 현가장치는 FF에 비해 일반적으로 튼튼하고 거칠다. 선회할 때 횡력뿐만 아니라 구동력의 변화도 받아내야 하기 때문이다. 선회할 때 액셀러레이터 페달을 밟으면 강력한 구동 반력이 현가장치에 가해지고, 게다가 뒷바퀴가 횡슬립을 하면 반력을 받는 방향이 바뀐다. 「어디든지 간에 부하를 걸어와 봐라」라고 하는 당당함이 요구된다.

하지만 항상 이상적인 현가장치의 설정으로 정리되지도 않은 것이 오히려 제약은 앞쪽보다 클지도 모른다. 한 가지 플로어 설계로 세단과 왜건처럼 여러 모델에 사용하려는 목적부터, 실내 및 트렁크 공간 쪽으로 침범해 들어가는 것이 극단적으로 꺼려지기 때문이다.

세단계통 FR 차량의 뒤 현가장치에서는 「일정한 공간에 모두 배치하는 것」이 가장 중요해졌다. 게다가 기하학적 구조의 자유도를 요구하면 자연히 멀티 링크가 된다.

멀티 링크라는 말에 정의는 없다. 일반적인 경우는 DW에서 파생된 또는 발전형으로서 3~5개의 암(링크)을 사용한다. 크게 나누면 보디 중심선(앞뒤 방향)에 평행하고 긴 트레일링 링크를 가진 타입과 그 이외의 것들이라고 하면 적절할까. 근래에는 뒤 현가장치 유닛 자체가 서브 프레임의 설계와 세트를 이루면서 생산라인 상에서는 대부분 「뒤 현가장치 유닛」으로 일괄적으로 조립하는 경우가 많다.

그래도 우리가 「FR 다운 주행」을 체감할 수 있는 것은 분석 기술의 발전과 섀시 제어 계통의 장비 덕분이기도 하다. 간략하게 장착할 수 있는 유닛 같은 뒤 현가장치를 분석과 제어를 통해 만능 선수처럼 만드는 방향이야말로 양산 기술이 도달해야 할 목적지일지도 모른다.

설계 요건은 앞바퀴 구동 차량과 차이가 없다

충돌안정성의 요건 때문에 근래의 자동차는 가능한 엔진이 실내 쪽으로 치우치게 되었다.
앞 엔진 차량의 경우 이런 경향은 FF와 FR을 불문하고 FR이라고 해서 달라지는 요건이 거의 없는 셈이다.

본문 : 마키노 시게오 수치 : 재규어 · 랜드로버 / 로터스 카즈 / 마쯔다 / 닛산

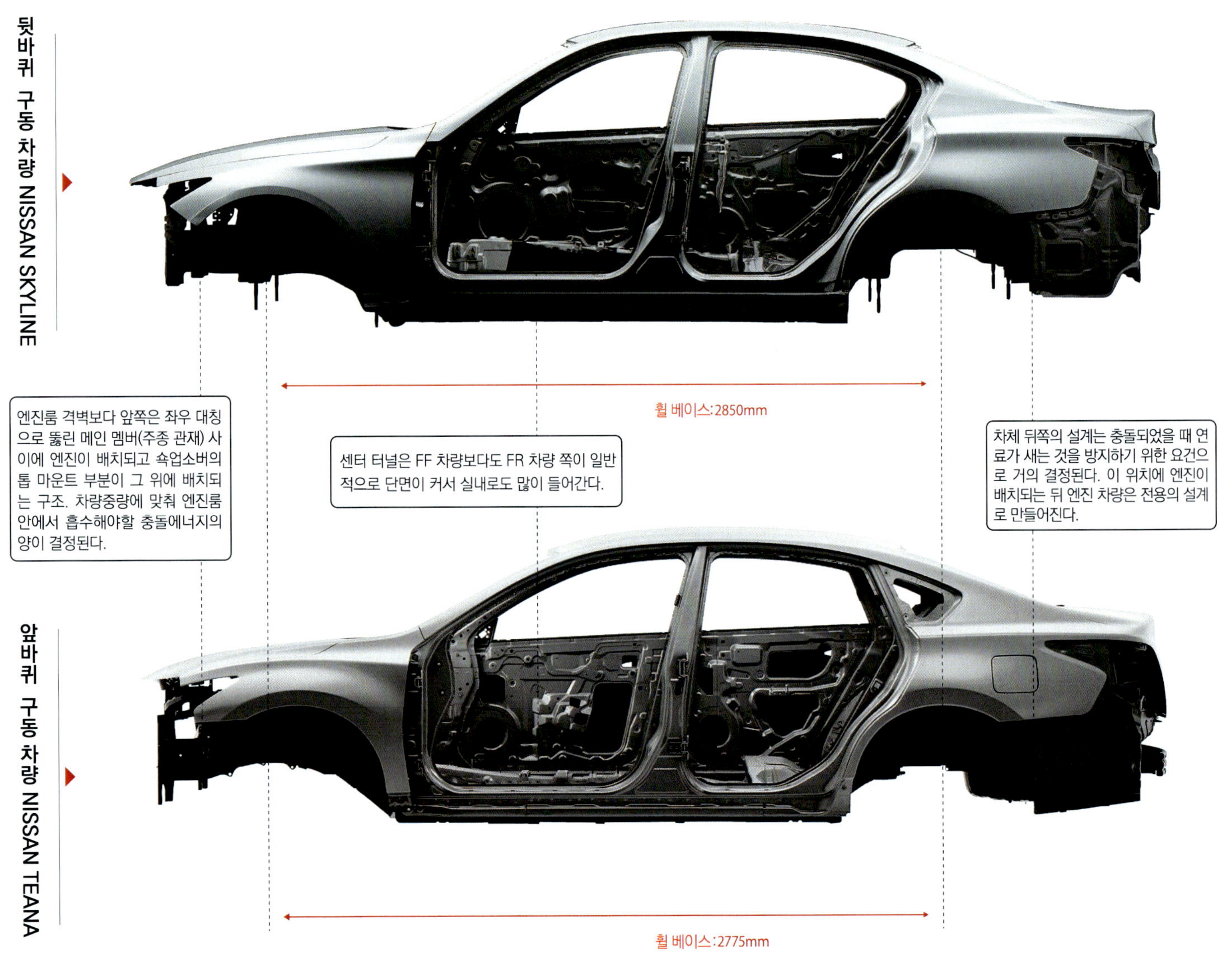

승용차 계통 모델의 보디 설계에 있어서 가장 큰 제약은 충돌안정성이다. 전면은 기존의 6대 4 옵셋(전폭 대비 운전석 쪽 40%를 부딪친다)과 더불어 9대 1이라는 스몰 옵셋(전폭 대비 운전석 쪽 10%)이 표준화된다. 보행자와 자전거의 규정에 맞춰 앞쪽 주변의 측면시(側面視, Side View)가 같아지는 상황은 이미 발생하고 있다. 측면과 뒷부분도 충돌안전 기준으로 제한되어 왔다.

그럼 FF 차량과 FR 차량 사이에 보디 구조의 차이가 있느냐 하면, 극단적으로 말하면 「추진축이 지나가는 볼록(凸)부분이 바닥 면에 있느냐 없느냐」정도이다. FF 차량의 대부분에 AWD가 설정되어 있는 요즈음은 센터 터널의 차이도 그다지 크지 않다. 즉, 세단계통에 한해 말하자면 FF와 FR이 보디 설계를 거의 공유할 수 있는 것이다.

닛산은 10년 이상 전부터 V35 스카이라인과 초대 티아나의 보디 골격의 설계를 몇 군데 부분에서 공유했다. 생산공장이 다른데서 기인하는 조립순서의 차이나 다른 차에서 유용하는 보디 패널 같은 것은 제외하고, 충돌골격의 설계나 앞 벌크헤드 주변의 강도설계를 공유한다는 과감한 시책을 채택했다.

위 사진은 현재 스카이라인과 티아나를 비교한 것이다. 사진으로 보면 거의 같은 규격이어서 보디 크기도 비슷하고 휠 베이스의 차이도 아주 근소하다. 차이라고 해봐야 센터 터널정도이다. 스카이라인 쪽이 실내로 크게 돌출되었다. 이 센터 터널의 단면 크기는 골격부분의 프리미엄 디멘션이라 할 수 있다. 외관적으로 보면

도어의 개구부 전면에서 전체 축 중심까지의 거리, 다른 글에서 언급한 프리미엄 디멘션이 FR인 스카이라인은 길고, FF인 티아나는 짧다. 그렇다고 이것이 골격의 설계에 큰 영향을 끼치지는 않는다.

다음으로 2좌석 오픈카인 마쯔다 로드스터를 예로 들어 충돌 에너지의 분산 방법을 살펴보겠다. 마쯔다의 앞 사이드의 멤버는 열십자(+)형 단면에 능선의 모서리 선이 많은 것이 특징인데 이것은 아텐자/데미오부터 로드스터까지 모두 공통이다. 단면적이나 부분별 형상이 다르긴 하지만 「FR이기 때문에 이렇게 되었다」고 할 만한 부분은 좌우 앞 사이드 멤버의 간격 정도일 것이다. 로드스터는 엔진을 세로로 배치하기 때문에 이 좌우 사이의 거리(Span)가 전폭에 비해 좁다. 그런 만큼 앞 현가장치의 주변에도 여유가 생겨 더블 위시본 방식을 채택했다. 빡빡한 FF 차량의 스트럿과는 의도가 다르다.

앞 사이드 멤버가 바닥 아래로 들어간 부분의 구조는 센터 터널의 단면을 크게 주어 높은 위치에서 실내를 종단한다. 이 터널 안으로 동력전달장치의 프레임을 통과시키기 위한 단면적이다. 그리고 지붕이 없다는 점을 보완하기 위해 사이드 실 높이가 똑같은 크기의 세단보다 높다. 무엇보다 이것은 오픈카이기 때문에 가능한 설계이지 「FR이기 때문」이 아니다. FR 다운 것이 있다면 암의 길이를 최대한 길게 만들 멀티 링크 방식의 뒤 현가장치와 지지하는 서브 프레임 형상의 크로스 멤버이다. AWD인 아우디 TT와 비교하면 뒤 주변은 FR 같다는 느낌을 준다.

그러면 로드스터를 FF로 만들 수 있을까. 3기통 엔진이라면 가로 배치로 탑재할 수 있겠지만, 엔진이 앞으로 기울고 후방으로 배기가 되기 때문에 조향 기구가 엔진 뒤쪽에 배치된다. 하지만 못할 것까지는 없다. 세로배치 FR 엔진상태로 AWD화하는 것도 무리는 아닐 것이다. 그렇게 하는 의미가 있느냐에 달려 있겠지만….

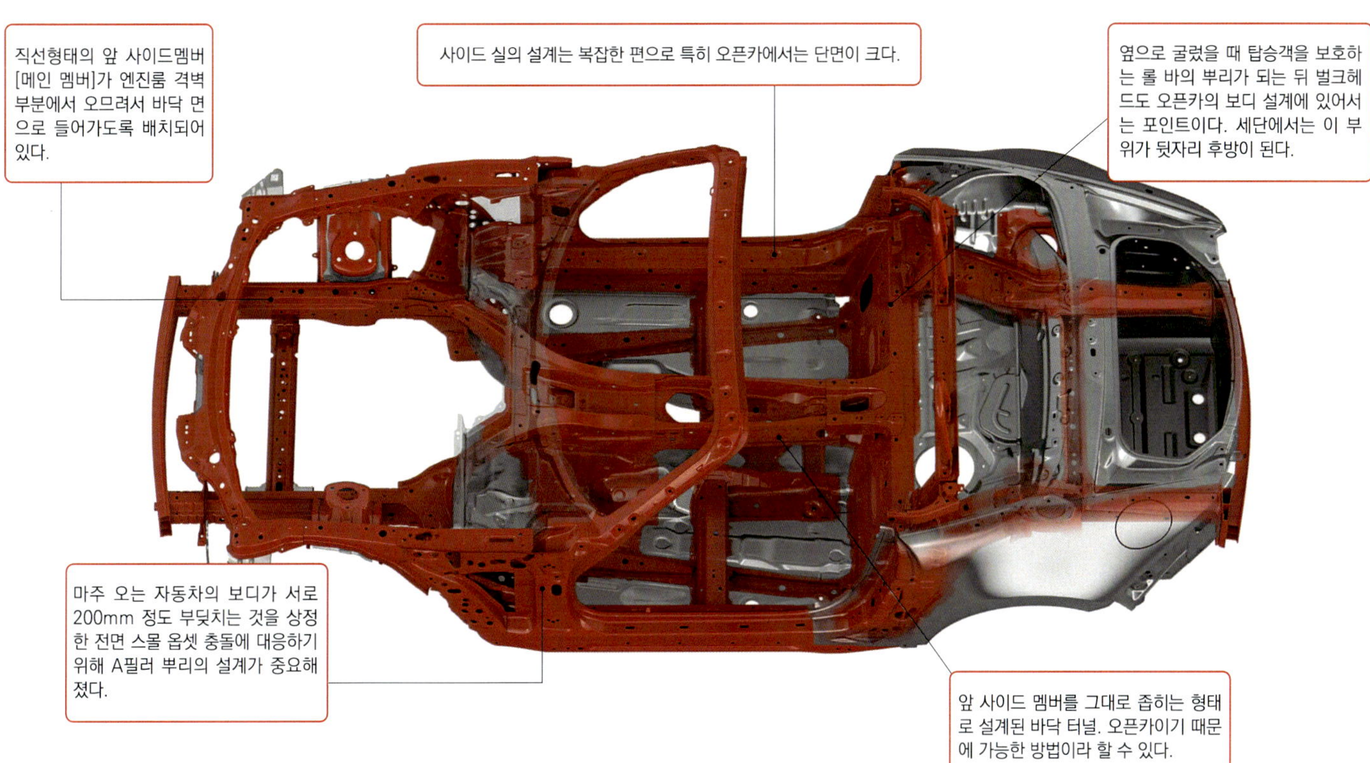

뒷바퀴 구동 스포츠카의 기교

재규어 E타입의 측면모습. V12 엔진을 장착한 엔진룸은 파이프 프레임 구조로서 벌크헤드에서 뒤쪽은 세미 모노코크이다. 변속기로부터의 출력축을 다시 전방으로 가도록 해 세로배치 엔진 아래를 지나 앞바퀴를 구동시키는 AWD 형태의 배치도 현대인의 눈으로 보면 불가능하지는 않다. 하지만 당시의 상식 차원에서 말하면 이것은 분명히 FR 스포츠카의 보디이지 패밀리카의 보디 구조와는 확연히 구분되는 배치이다.

로터스 X타입 백본 프레임

1962년에 발매된 로터스 엘란에 적용된 프레임. 앞뒤 현가장치를 지지하고, 엔진은 앞 현가장치(위) 사이에 세로로 배치된다. 뒤쪽 끝에 종감속장치가 보인다. 도요타 2000GT의 설계에 영향을 끼친 구조였다.

Illustration Feature
Statics & Dynamics of the
뒷바퀴 구동
BASICS 03
뒷바퀴 구동의 태동

왜 뒷바퀴를 구동했을까

- 자동차 태동기부터 더듬어 가는 뒷바퀴 구동의 역사 -

지금은 뒷바퀴 구동이 전통적이고 앞바퀴 구동은 근대적이라는 인상이 짙다.
하지만 자동차가 탄생했을 무렵에는 구동 방식을 둘러싸고 모든 방식이 검토되었다.
여기서는 그런 시행착오를 거치면서 비교적 일찍 정착하게 된 뒷바퀴 구동 방식에 있어서
자동차의 역사를 이끌었던 독일과 프랑스 양국의 차량을 통해 눈에 띄는 장점을 살펴보겠다.

본문 : 사와무라 신타로 그림설명 : MFi

벤츠가 제작한 최초의 자동차는 MR이었다.

칼 벤츠가 1885년에 발명한 삼륜 자동차.
1886년 1월 29일에 독일의 특허를 취득하게 되면서 「벤츠 페이턴트 모터바겐」으로 불린다.
954cc의 수랭식 단기통을 수평으로 탑재해 뒷바퀴를 구동. 0.75hp/100rpm의 출력을 바탕으로 최고속도 16km/h를 냈다.

다임러와 벤츠

자동차가 발명되었을 때의 구동 방식은 뒷바퀴 구동이었다. 그렇게 했다기보다 그렇게 할 수 밖에 없었던 것이다.

지나가는 말로 한 마디 하자면 그때의 엔진은 미드십이었다. 이것도 그렇게 하는 수밖에 달리 방도가 없었기 때문이다.

자동차의 역사에 대해 설명한 책을 보면 보편적으로 가솔린 엔진으로 움직이는 자동차의 발명가로 고트리프 다임러와 칼 벤츠 두 사람을 거론한다. 하지만 이것은 역사적 사실이 아니다. 1875년 무렵 오스트리아에서 제작된 지크프리드 샤뮤엘 마르크스의 발명품이나 1884년에 에두아르드 들라마레 드뷔트뷰가 프랑스에서 완성시킨 발명품 등, 몇몇 선례가 있기 때문이다.

그렇기는 하지만 다임러와 벤츠의 자리매김에 대한 평가는 그렇게 해도 좋다고 생각한다. 칼 벤츠와 고트리프 다임러는 세계 최초라는 단적인 사실 자체가 아니라 사업적으로 맞서 양산화에 대한 길을 개척한 선견성과 계속성에 있어서 그만큼 위대했던 것이다.

그럼 이 두 사람 가운데 어느 쪽이 먼저였을까. 4사이클 가솔린 엔진은 1876년 2월 말에 니콜라스 아우구스트 오토가 완성시킨다. 하지만 이 단기통 엔진은 내경 161mm×행정 300mm나 될 만큼 거대했지만 최고 출력은 3hp(fig.1)에 그쳤다. 동력원으로 승차제품에 사용할 정도는 아니었던 것이다. 이 4사이클 가솔린 엔진을 작고 고성능으로 만든 것이 다임러와 벤츠이다.

어느 쪽이 먼저였는지를 밝히자면 다임러 쪽이다. 그는 1883년 8월에 파이(Φ) 42mm×72mm의 수평 단기통(fig.2)을 완성. 이것은 석탄으로 만든 가연성 기체를 연소시키는 가스 엔진이었지만 이듬해인 84년에 카브레

터를 만들어낸 다임러는 다음 해에는 다시 수직 단기통 462cc(Φ70mm×120mm)에서 1.1hp/650rpm을 발휘하는 4사이클 가솔린 엔진(fig.3)을 만들었다.

하지만 이때 벤츠는 어느덧 쫓아와 있었다. 1884년 말에 정치(定置)용 4사이클 가솔린 엔진을 완성시켰던 것이다. 벤츠는 다음 85년 여름에 수직 단기통이었던 이엔진을 수평 단기통으로 개조해 954cc(Φ90mm×150mm)짜리 2호기(fig.4)를 제작한다.

굳이 수평으로 고친 이유는 이 시점에서 차량에 탑재를 계획하고 있었기 때문이다. 단기통은 토크의 변화가 크기 때문에 벤츠는 크랭크축 끝에 거대한 플라이휠을 설치하기로 했다. 그런데 수직 단기통 같은 경우는 이 거대한 플라이휠까지 수직으로 배치하여 돌게 된다. 벤츠는 그로 인해 장착 차량에 자이로 모멘트가 발생하게 되는 것을 우려했던 것이다.

거기까지 생각이 미친 것은 그 엔진이 완성되기 전인 85년 봄 무렵에 벤츠가 이미 차체 제작에 착수했기 때문이다.

차체는 아주 정감 넘치고 간소한 삼륜 마차(fig.5)로, 가느다란 강관과 목재로 만든 바닥판 위에 두 사람이 나란히 앉을 수 있는 벤치를 설치한 것이었다. 그리고 앞서의 수평 단기통 엔진은 좌석 뒤쪽에 앞으로 쓰러트린 형태로 장착했다. 왜냐면 그곳밖에 설치할 장소가 없었기 때문이다.

마차는 동력원인 말이 차 앞에 있어서 차는 말에 끌려가기만 할 뿐이다. 그것을 연상할 수 있도록 차체 앞으로 엔진을 배치하기에는(18세기에 고안된 퀴뇨의 증기기관에 의한 포차(fig.6)가 그랬다) 954cc 단기통이 108kg이나 되어 앞쪽이 너무 무거워지기 때문에 150kg 정도의 간소하고 가벼운 차체는 앞으로 뒤집힐 수밖에 없다.

그것도 그렇지만 사실은 엔진 쪽의 동력전달 장치가 문제였다.

벤츠의 삼륜차는 책을 봐도 엔진 이야기만 있고 구동장치는 언급되지 않은 것이 태반으로 그 구조는 이렇게 되어 있다. 좌석 뒤의 미드십에 탑재된 단기통은 크랭크축이 뒤쪽으로 쑥 나온다. 크랭크축은 하늘과 땅을 향한다(즉 수평 세로배치 미드십이다). 이 크랭크축의 위쪽 끝에는 크라운 기어가 장착되며, 크라운 기어는 90° 각도로 맞물리는 베벨기어를 돌리게 되어 있다. 베벨기어

fig.1 오토의 단기통 정치 엔진

1876년에 만들어진 오토의 4행정 사이클 시작품 엔진. 크랭크축 부분에서 베벨기어를 매개로 실린더 헤드 방향으로 뻗은 것은 점화를 위한 제어 로드. 당시에는 전기방식 점화장치가 아직 발명되지 않았기 때문에 가스를 이용해 압축된 혼합기에 불을 붙였다. 생산 모델은 스러스트 힘을 빼고 윤활성을 확보할 목적으로 당시 주류였던 크로스 헤드 방식으로 바뀌었다.

fig.2 다임러의 수평 단기통 엔진

fig.2 1883년에 만들어진 다임러의 4행정 사이클 시작품 엔진. 진품은 1903년에 소실되었고 현재는 3개의 복제품만 남아 있다. 점화장치에는 실린더 헤드에 있는 열관(熱管)을 이용했다. 토치로 중공(中空)의 금속관을 가열한 다음 내부에 충전되는 혼합기를 착화시키는 구조.

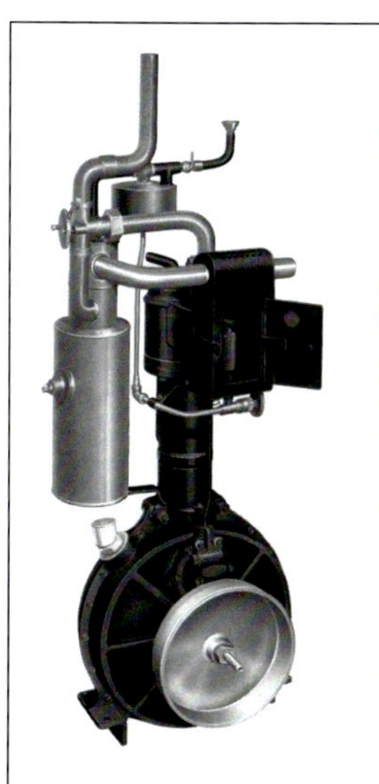

fig.3 다임러의 그랜드 파더 클록

계속적으로 소형화를 추진했던 다임러가 만든 엔진은 92kg까지 가벼워지는데 성공했다. 모양 때문에 「그랜드 파더 클록」이라 불린다. 현재 메르세데스 벤츠 박물관에 전시되어 있는 엔진은 1886년의 강화 사양.

fig.4 벤츠의 수평 단기통 엔진

칼 벤츠도 엔진을 작게 만드는데 착수. 크랭크 기구는 무게 108kg에 노출되어 있고, 0.9hp/400rpm의 출력을 발휘한다. 증발방식 기화기로부터 슬리브 밸브를 이용해 혼합기를 실린더 안으로 흡입했다. 코일 방식 점화장치를 사용해 착화시켰던 것도 특징이다.

축 끝에는 드럼이 장착되며, 드럼에는 가죽벨트가 감겨 있는데, 이것은 휠 베이스 중앙의 바닥 아래에 가로방향으로 배치되어 자유롭게 회전하는 축의 중앙에 설치된 드럼을 돌린다. 축의 좌우 끝에는 스프로킷이 설치되어 있어서 거기에 걸린 한 쌍의 체인이 좌우 각각의 뒷바퀴를 돌린다(fig.7). 사실은 축 쪽의 드럼은 종감속장치였던 것이다. 눈치 챘는지 모르겠지만 변속기는 없다. 전진 1단뿐 후진은 불가능하다.

이렇게 잘 돌지도 않고 원시적인 동력전달 장치였기 때문에 구동바퀴의 바로 위에 설치할 수밖에 없었던 것이다.

그러면 구동바퀴가 앞바퀴였다면 어땠을까…. 즉 앞 엔진 앞바퀴 구동이다.

하지만 그것도 있을 수 없는 것이 어쨌든 삼륜차이기 때문이다. 앞의 단독 바퀴는 자전거와 마찬가지로 포크로 축을 지지하고 그 포크는 조향막대를 돌리면 방향이 바뀐다. 이 시점에서 마차는 벌써 애커먼의 기하학적 구조를 채택해 별 문제 없이 네 바퀴로 달리고 돌고 있었다. 그런데 칼 벤츠는 애석하게 애커먼의 기하학적 구조를 몰랐다. 그래서 자전거 방식으로 하는 것밖에 생각이 미치지 못했던 것이다. 그런 상태이기 때문에 앞의 단독 바퀴를 구동하는 장치 등에 생각이 미칠 리가 없었다.

정리해 보면 이렇다. 칼 벤츠는 엔진 관계 외에는 비전문가나 다름없었다. 그래서 엔진을 동력원으로 해서 달리는 기계를 빨리 만들려고 했다. 그 결과 미드십 뒷바퀴 구동이라는 배열방식에 별다른 문제없이 도달했던 것이다.

다임러 쪽도 사정은 별반 다르지 않다. 그는 앞서 언급한 462cc 수직 단기통을 전문업자에게 의뢰해 만든 이륜차(fig.8)에 얹었다. 이륜차는 설피할 만한 장소가 더 한정적이어서 현재의 바이크와 마찬가지로 차체 한 가운데에 얹을 수밖에 없었다. 그리고 나서 삼베 벨트로 구동력을 뒤쪽으로 끌고 와서는 크고 작은 두 개의 기어로 감속시키는 형태로 뒷바퀴를 돌렸다.

이것이 벤츠 삼륜차의 제작과 거의 동일한 시기인 1885년 6월 무렵이다. 그리고 다음 86년 가을에는 이것을 두 개로 구성해 사륜 자동차(fig.9)를 완성시킨다. 덧붙이자면 작업을 했던 것은 빌헬름 마이바흐였다. 다임러는 조직 경영자로서 제자인 그에게 지시만 내렸을 뿐이고 기계의 설계 하나하나에는 어두웠다.

이렇게 최초의 삼륜 자동차에 이어 최초의 사륜 자동차가 만들어지다가 차체를 마차 제작소에 의뢰하는 덕분

fig.5 벤츠 페이턴트 모터바겐

fig.6 퀴뇨의 포차

fig.5 벤츠 페이턴트 모터바겐. 2인승. 앞바퀴에는 트레일이 없고 캐스터 각도도 거의 없는 것처럼 판단된다. 링크를 매개로 밑으로 연결된 조종 막대에 의해 조향된다.

fig.6 퀴뇨의 포차는 차량 가장 앞쪽에 증기기관을 배치해 앞바퀴를 구동했다. 구조에서도 쉽게 상상할 수 있듯이 상당히 무겁고 조종성도 열악했으리라 생각된다. 그림은 벽에 충돌한 모습으로, 세계 최초의 자동차 사고로 기록되고 있다.

fig.7 뒷바퀴를 구동하는 구조

벤츠 페이턴트 모토바겐을 뒤쪽에서 보면 여러 층의 감속 장치로 이루어진 기계적 구조를 볼 수 있다. 크랭크축에서 얻은 출력은 기어와 드럼을 매개로 가죽 벨트에 의해 캐빈 아래로 전달되고 계속해서 체인을 이용해 바퀴를 구동한다.

fig.9 다임러 최초의 사륜 자동차

1886년에 완성된 다임러의 「모터 캐리지」. 라이딩 카와 마찬가지로 462cc 단기통 엔진을 차체 중앙에 탑재해 크랭크축에서 벨트를 통해 차량 후방으로 토크를 전달, 최종감속에 기어를 이용해 뒷바퀴를 구동한다.

fig.8 다임러가 제작한 최초의 자동차

다임러가 만든 이륜차 「라이딩 카」. 목제 프레임의 가운데에 엔진을 탑재해 뒷바퀴를 구동한다. 점화장치로 열관(熱管)방식을 이용하기 때문에 시트 아래에서 노출되어 불이 타고 있는 상태에서 운전한다. 전진 2단 변속기를 장착하고 있고, 최고속도는 12km/h.

에 조향장치는 애커먼의 기하학적 구조를 갖추게 되었다. 이런 점에서도 최초의 다임러 사륜차는 벤츠 삼륜차에 엔지니어링 측면에서 앞섰다고 할 수 있지만 동력전달 장치 쪽은 대동소이했다. 삼(麻) 벨트가 중간 축을 돌리고 거기서 체인으로 뒷바퀴를 구동한다. 체인 끝에 앞서 언급한 이륜 자동차와 마찬가지로 크고 작은 두 개의 기어를 갖춘 변속기가 있었기 때문에 전진 2단이라는 측면이 진보적이긴 했다.

파나르의 선진성

벤츠나 다임러 모두 그 후에는 엔진의 출력을 높이는 방향으로 힘을 모아간다. 거기에는 비출력(比出力)의 증강도 연구하지만 가장 손쉬운 것은 기통수를 늘리는 것이다. 이렇게 해서 마이바흐가 88년에 V형 2기통을 제작. 나아가 직렬 2기통을 완성하고는 두 개를 연결시켜 90년에 직렬 4기통을 만들어낸다. 엔진의 마력이 높이면 차체를 향상시킬 여지가 생기므로 이 작업은 마차 제작소의 노하우를 빌리면 되는 문제였기 때문에 다임러의 자동차는 점점 발전해 나가지만 구동장치는 벨트+체인 구동 그대로였다.

바꿔 말하면 스스로의 성공 패턴에 집착하게 되었는데 그 대가가 찾아온다. 새로운 자동차 시대는 다임러와 벤츠에 의해 막이 열리고 시작되어 독일이 개척자가 되었지만 그 왕위는 1890년대 무렵까지만 이어지고, 20세기에 들어오면서부터 왕좌는 프랑스 손으로 넘어가는 것이다.

애초에 프랑스는 루이14세 시대부터 문화와 군사력, 국내의 기본적 시절의 정비 등이 잘 갖추어지면서의 그것이 17세기를 거쳐 18세기에는 나폴레옹이 군비기술 촉진을 위해 명문 공학계열 학교인 에콜 폴리테크니크를 증강함으로서 기술력에서는 세계에서 가장 앞서나갔다. 산업화에 있어서는 독일에 따라잡혔지만 그런 자체적인 힘이 결국 자동차에 파급되었던 것이다.

이때 프랑스가 이루었던 최대의 기술적 추진은 시스템 파나르(fig.10), 즉 앞 엔진에 뒷바퀴 구동으로의 전환이었다.

에콜 폴리테크니크의 동급생이었던 루이 프랑스와 르네 파나르와 에밀 루바소르는 목공 제작소에서 시작해 처음 기계가공 회사를 경영하고 있다가 독일에서 불붙기 시작한 자동차에 착안해, 1887년에 다임러의 라이선스를 취득한 다음 엔진의 제작에 나선다. 또한 90년에는 이 엔진을장착한자동차를그들의배열방식(Configuration)–미드십 뒷바퀴 구동–에 모방해 시작품까지 완성했다.

하지만 별로 잘 달리지 못했다. 이것저것 검토한 결과 배치를 다시 해보기로 했다. 다임러에서 취득한 라이선스 생산인 V형 2기통을 미드십이 아니라 앞 차축에 배치

fig.10 P&L의 앞바퀴 구동 차량

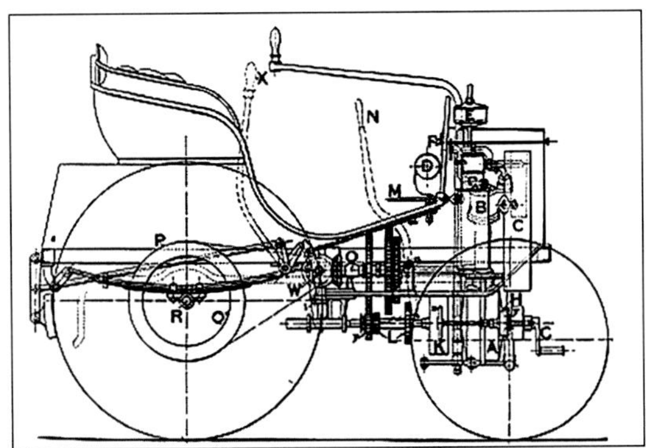

1894년 파나르 르바소 차의 구조도. 탑승객 앞에 엔진을 탑재하는 구조였다. A : 오일팬, B : 실린더, C : 버너, D : 연료 탱크, K : 클러치, L : 변속기어, M : 브레이크 페달, X : 변속 레버, N : 전후진 전환 레버.

fig.11 P&L의 변속기

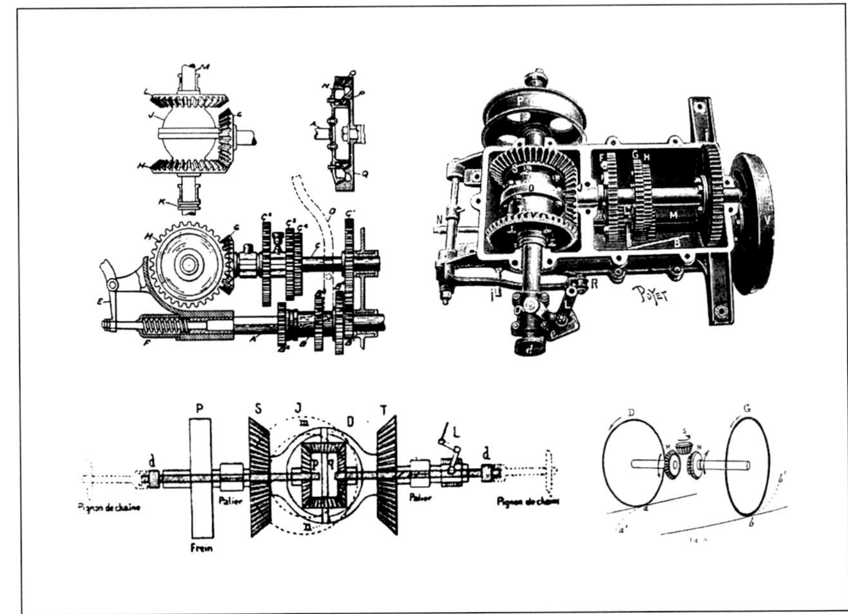

파나르 르바소 차에 탑재된 변속기. 상시 맞물림식 형태의 3단 전진방식으로, 동력단속 장치로 클러치가 있었다. 종감속장치와 연결되는 베벨기어를 좌우로 바꿔줌으로서 전진과 후진을 전환할 수 있다는 것도 특별한 장점.

fig.12 뒷바퀴 구동을 위한 두 가지 방식

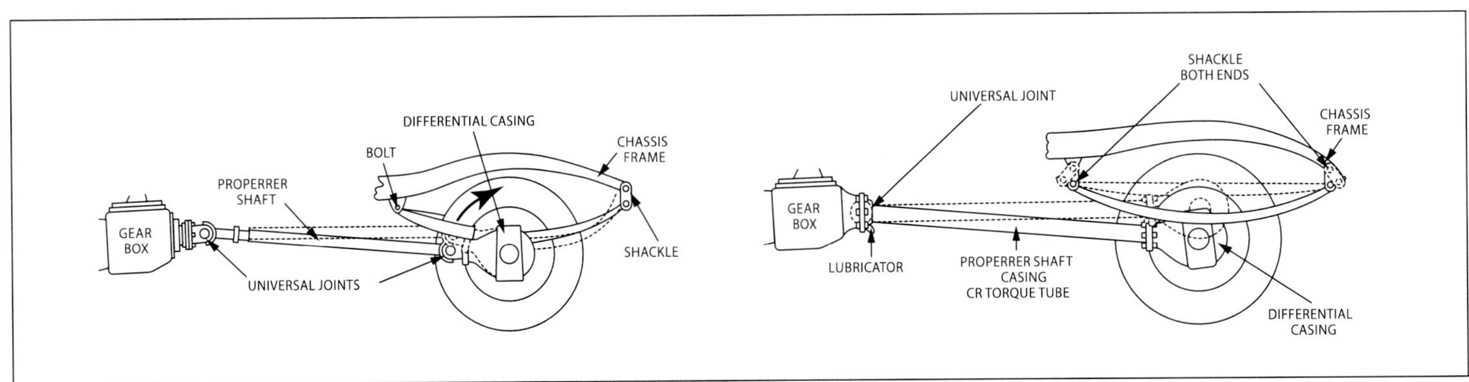

왼쪽이 호치키스 구동 방식, 우측이 토크 튜브구동 방식. 호치키스 구동은 앞쪽 끝과 뒤쪽 끝 양쪽에 조인트를 이용하고, 토크 튜브 구동은 앞쪽 끝에만 조인트를 이용해 종감속장치에 토크를 전달한다.

한 것이다. 크랭크축 뒤쪽 끝에는 당연히 플라이휠이 장착되지만, 그것과 접촉하듯이 발로 밟는 페달로 작동하는 마찰원판이 배치되었다. 즉 클러치이다. 클러치의 중심을 지나가는 축은 그대로 뒤로 나오게 한 다음 거기에 3개의 변속기어가 배치된다. 그 변속기어는 바로 위에 있는 또 하나의 축에 앞뒤로 이동이 가능한 기어가 외곽 케이스에 배치된 3개의 기어와 맞물리게 되어 있다. 2축방식 전진3단 변속기(fig.11)이다(차동장치 옆에 있는 베벨기어로 후진도 가능). 이 2차 축의 뒤끝에는 베벨기어가 장착되어 있어서 베벨기어가 가로로 배치된 중간 축의 한 가운데에 설치된 차동장치를 돌리면, 축의 양쪽 끝에서 체인을 매개로 좌우 각각의 뒷바퀴를 돌린다. 중간축 이후는 벤츠/다임러 방식과 똑같지만, 그 이외는 완전 새로운 배열방식이다. 여기에 앞 엔진 뒷바퀴 구동이 성립되었던 것이다.

이후 중간 축과 체인을 없애고 뒤 차축의 한 가운데에 배치한 종감속 장치를 추진축으로 돌리는 방식으로 발전해 나가지만, 당초에는 종감속장치와 변속기는 강관으로 강하게 연결되고 추진축이 그 안을 관통하는 구성이 많았다. 하지만 이 정도로는 뒷바퀴가 엔진과 변속기, 강관, 뒤 차축을 일체화시키기만 할 뿐, 뒤 현가장치라는 개념이 성립되지 않아 승차감에 어려움을 초래한다.

그에 대한 해결책을 제시한 것도 프랑스였다. 총이나 포를 만들던 호치키스 회사가 20세기에 들어와 자동차 제조에 나서면서 1898년에 강관을 사용하지 않고 추진축만으로 변속기와 종감속장치를 연결하는 소위 호치키스 구동을 제안했다. 같은 시기에 르노가 생각해 낸 뒤 차축을 판스프링에 매달아 추진축 앞뒤로 자재이음을 속에 넣은 다음 그것을 상하 움직임이 가능하게 만든 구조가 호치키스 구동과 합쳐져 20세기를 맞이하기 전에 근대적 앞 엔진 뒷바퀴 구동의 기본이 완성되었다(fig.12). 추가하자면 종감속장치와 뒤 차축을 분리한 드 디옹 액슬(De Dion Axcle)도 프랑스의 드 디옹 부톤 회사가 발명한 것이다.

이렇게 모습을 갖춘 앞 엔진 뒷바퀴 구동의 배열방식은 세련된 동력을 전달하는 구조라는 측면뿐만 아니라 확장성도 뛰어났다. 하루 만에 눈부실 만큼 향상되지 않는 비출력-1920년대 무렵은 가장 고성능이라 해도 리터당 20마력에도 미치지 못 했다-이라는 현실적인 상황에

fig.13 트랜스 액슬 방식 레이아웃

위 사진은 현재의 트랜스 액슬 사례. 쉐보레 콜벳의 동력전달 장치&섀시로서, 토크 튜브에 의해 차량 후방에 있는 변속기로 엔진회전이 그대로 전달된다. 아래 사진은 일반적인 뒷바퀴 구동 차량으로, 메르세데스 벤츠 GLE의 동력전달 장치&섀시. 중간부분 포함 3군데에서 조인트를 사용하는 추진축임을 알 수 있다.

서 마력을 높이려면 역시나 배기량 또는 기통수를 증가시킬 수밖에 없고, 그것은 엔진의 거대화를 불러온다. 거대한 엔진을 미드십에 설치하기는 곤란하지만 앞이라면 간단하다. 파나르 방식이 단숨에 퍼지면서 트렌드로 바뀌었던 것은 엔진을 앞에 배치함으로서 무게 중심이 앞쪽으로 쏠리게 되어 조종성이 안정되고 이를 바탕으로 파나르 차가 자동차 레이스에서 우승을 차지했기 때문이었다. 미드십에 대한 이런 이득은 엔진이 커질수록 효과가 있다. 변속기에 배당하는 공간도 여유가 생긴다. 이것은 어떤 엔진이나 변속기에도 대응할 수 있는 융통성을 내포하는 방식이었던 것이다.

이후 1912년에 변속기를 뒤쪽의 종감속장치와 일체화시킨 소위 트랜스 액슬 방식을 이탈리아의 란치아가 생각해 낸다(시장투입 제1호는 미국의 스타츠 회사). 이로써 앞 엔진 뒷바퀴 구동의 진화는 종료되었다고 해도 과언이 아니다. 덧붙이자면 란치아는 40년의 시차를 두고 1950년의 아우렐리아에서 이것을 채택함으로서 당시 엔진의 마력 향상에 따라 뒷바퀴의 견인 능력이 부족해지면서 고생하던 경기용 차량들이 빠짐없이 이것을 채택하는데 이바지하게 된다.

미드십 전성기에 돌입하기 직전에 FR이 막바지일 때의 트렌드 기술이 된 것이다. 트랜스 액슬 방식은 70년대에 포르쉐의 앞 엔진 차량이나 알파로메오의 알페타 계열 등 시판 차량의 세계에서 사용되다가 오늘날에도 콜벳이나 페리라 등 앞 엔진의 고성능 자동차에 필수적인 배치로 중요하게 사용되고 있다(fig.13).

그러면 앞 엔진이면서 뒷바퀴 구동이 아니라 앞바퀴 구동인 자동차는 언제 나타났을까. 장치의 고안과 특허 신청으로만 놓고 말하면 1878년 미국의 셀던이지만 실제 운행이 가능한 차로 말하자면 독일에서 프랑스로 패권이 넘어가려던 무렵인 1895년 오스트리아의 크레이프 형제에 의해서이다.

이들은 드 디옹 부톤 회사에서 조달한 단기통을 앞에 배치하고, 역시 드 디옹 방식의 차축으로 만든 앞바퀴를 이 엔진으로 구동하는 차를 제작해 1900년에 특허를 취득했다. 또한 앞의 가로배치 앞바퀴 구동의 효시는 1904년 미국 워터 크리스티가 만든 경기용 차량이다.

무게 중심, 요, 그리고 구동력

신구 로드스터를 통해 살펴보는 뒷바퀴 구동이 갖추어야 할 움직임

제4세대 신형ND 로드스터는 앞 모델 NC형의 「크고 무거워졌다」는 비판을 불식시키기 위해 경량소형의 보디 & 섀시로 무장하고 등장했다.
초대 NA형의 개념으로 되돌아간 것 같은 방향 전환이지만, 내용을 자세히 들여다보면 결코 NA의 재탕이 아님을 알 수 있다.
비교 대상으로 앞 모델 NC형을 동참시켜 차량의 치수를 통해 로드스터의 본분인 기동성이 어떻게 바뀌었는지 살펴보겠다.

본문 : 사와무라 신타로 사진 : 다카하시 마나부

4세대를 맞고 있는 ND계열의 마쯔다 로드스터는 2좌석 오픈형식의 뒷바퀴 구동의 스포츠카이다. 로드스터의 구성은 차량의 운동성 그 중에서도 선회 기동성을 강화함으로서 ND계열의 로드스터에 있어서 이것이야말로 존재의 의미라는 것을 분명히 했다. 뒷바퀴 구동을 주제로 본 특집을 꾸미는 가운데 첫 번째로 마쯔다의 로드스터에 초점을 맞춰 시승하고 분석해 보자는 것이 편집부의 의견이었다.

흔히 말하는 시승감에 있어서 ND계열의 로드스터를 특징짓는 것은 차량의 뒤쪽 움직임이다. 전에는 로드스터의 뒤쪽이 하중의 이동이나 구동력의 증감에 대해 상당히 정밀하게 반응하면서 민첩한 선회의 기동성을 보여주는 견본과 같았지만 그런 선명함의 뒤에는 출력을 가해도 뒤쪽이 옆으로만 흔들릴 뿐 자동차가 앞으로 밀고나가지 못하는 아쉬움이 남았다. 이렇게 가벼운 뒤쪽이 ND계열에서는 확 바뀌었다.

조향에 의해 자전이 발생하기 시작한 시점에서 뒷바퀴에 버티는 저항력이 생기면서 뒤쪽이 차분해진 감이 나오는 것이다. 또한 VDC를 차단하고 드리프트 자세로 들어갈 때도 뒤쪽이 상당히 잘 달라붙는 느낌으로 움직여, 예전의 카운터 스티어 연습 차량과 같던 것과는 상태가 달라졌다. LSD를 장착한 차량에서 약간의 자유도가 높아지기는 하지만 그래도 기본적인 특성을 벗어나는데 까지는 미치지 못한다.

그런 것을 밑바탕에서부터 액셀러레이터 페달이나 조향장치의 조작에 맞춰 슬립 각(slip angle)을 순순히 증감시켜 선회하는 것이 ND계열의 조종성이 주는 느낌이다. 솔직하고 경쾌하다는 의미에서는 똑같지만 마치 적진을 유린하는 적토마 같이 뚜렷하고 강렬한, 때로는 너무 강렬한 기동성을 감추지 못했던 앞 모델까지의 특성이 ND계열에서는 확실히 약해졌다. 대신 고속으로 선회할 때의 안정감은 더 높아졌다.

그것은 핵심 구간의 속도 영역이 향상되었을 뿐만 아니라 차량의 성격이 독특한 영역에서 보편적인 영역으로 이동했다고 표현해도 좋을 것이다. 바꿔 말하면 ND계열의 섀시에는 몇 가지 자극적인 그리고 소음 같은 것이 감지되었다. EPS(Electronic Power Steering system)는 조향감에 부자연스럽다는 느낌은 적은 편이지만 앞바퀴의 움직임, 즉 얼라인먼트의 변화나 그에 따른 코너링 파워와 셀프 얼라이닝 토크(Self Aligning Torque)의 증감 같은 정보가 그러한 자연스러운 연출에 감쳐줘 뚜렷하게 전달되지 않는 것이다.

또한 상위 모델인 S스페셜 패키지에 이러한 점이 두드러져서 조향의 초기에 앞쪽이 과민한 반응으로 인해 옆으로 쏠리는 증상이 있었는데 그 원인은 앞쪽이 아니라 뒤쪽에 있는 것 같다. 이례적으로 높게

현재(ND형)의 로드스터

차량중량=990kg 타이어=195/50R18(외경 652mm) PCD=100mm

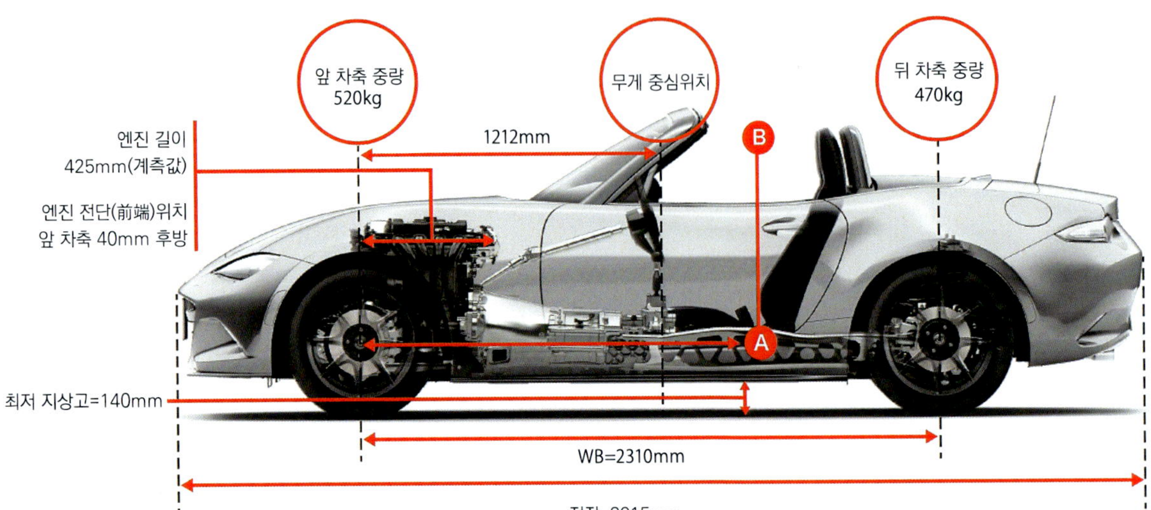

신형 ND계열은 전체적으로 소형·경량화가 이루어져 최저가 모델의 차량 무게가 1톤이 안 된다. 차량 검사증 수치에서 구한 앞뒤 무게 중심위치는 앞쪽으로 이동. 반대로 모든 차축 대비 착석위치는 후퇴했다. 앞뒤 중량 배분은 약 53 : 47로 차이가 없다.

실제 차량에 운전자가 앉은 상태. 앞 차축부터 히프 포인트(시트의 힌지위치 기준)까지의 길이 A와, 지면에서 귀 위치까지의 높이 B를 계측한 것. 운전자의 신장은 177cm.

섀시를 밑에서 본 사진. 운전적 바로 밑의 사이드 실을 잇는 브레이스와 뒤쪽 끝이 종감속장치 케이스에 장착된 동력전달장치 프레임을 확인할 수 있다.

앞의 더블 위시본 현가장치. A형 로어 암의 보디 쪽 피봇은 앞뒤 모두 가로축을 지지. 동적 얼라인먼트 변화는 적은 구조이다. 쇽업소버와 스태빌라이저의 레버 비율은 NC보다 약간 많다.

멀티 링크 아래쪽의 암 3개는 모두 강관제품. 사진에서는 스태빌라이저를 확인할 수 있지만 최저가 모델인 「S」는 토르센 방식 슈퍼 LSD와 함께 이 장치가 빠져 있다.

변속기 아래쪽으로 양 사이드 실과 연결된 보강 브레이스. 이것도 「S」에는 빠져 있다. 시승해본 인상으로는 차량의 움직임을 다소 제어되는 느낌인 것은 확실하다.

채택된 피칭 센터나 아마도 그로 인해 발생하는 각 링크 궤적의 초기 행정에 있어서의 불규칙적인 간섭, 확실하게 용량이 낮아진 허브의 강성 등이 상승작용을 해서 발생하는 복합적 현상이라고 여겨진다. 섀시 담당기술자는 주행 7000km를 넘어서 부시가 길들임이 되면 해결될 것이라고 확신했지만 말이다.

이러한 요소는 더 파고들어 쓰려고 하면 쓸 수도 있지만 이런 것들은 뒷바퀴 구동의 특집이 아니라 현가장치의 특집에서 다루는 것이 좋을 것이다. 사실 NC계열에는 더 근본적인 점에서 NC계열의 이전과 달라진 점이 있다. 소위 말하는 패키지이다.

마쯔다의 발표에 따르면 ND계열은 NC계열에 비해 앞바퀴 중심에서 보았을 때 엔진이 15mm 뒤로 떨어져 있다고 한다. 역대 로드스터는 닛산 GT-R이나 86/BRZ와는 달리 정면 한 가운데의 앞 미드십이지만 ND계열에서는 엔진을 좀 더 뒤로 밀어서 그 정도를 강화했다는 것이다.

동시에 엔진 자체도 작아졌다. NA계열에 설치된 B6형 1600cc나 NA계열의 중간에 추가된 BP-ZE형 1800cc 모두 실린더 내경의 중심간 거리가 86mm 직렬 4기통이었다. 또한 NC계열에 설치된 LF-VE형 2000cc 직렬 4기통은 포드 각 차량과 같이 사용하기 때문에 배기량을 2300cc까지 바라본 MZR계열로 이것은 실린더 내경의 중심간 거리가 96mm나 되는 큰 엔진이었다. 그에 반해 ND계열의 P5-VP[RS]형 1500cc는 데미오나 악셀라에 장착하는 P3-VPS형 1300cc나 P5-VPS형 1500cc와 동일계열의 엔진을 세로로 배치한 것으로 철저히 작은 내경/장행정에 맞춰 설계되었기 때문에 실린더 내경의 중심간 거리가 81.5mm로 짧게 되어 있다. 실린더 내경의 중심간 거리에서 14.5mm나 차이가 나는 것은 4개의 실린더가 들어가는 부분에서만도 엔진이 NC계열에 비해 43.5mm나 짧은 것이다.

그런데 여기서 문제인 것은 앞바퀴에 대해 엔진이 뒤로 떨어져 있다는 이야기는 엔진의 어디를 기준으로 하고 있느냐는 것이다. 만약 엔진의 앞쪽 끝과 앞바퀴와

앞 모델(NC형) 로드스터

차량중량=1120kg 타이어=205/45R17(외경 616mm) PCD=114mm

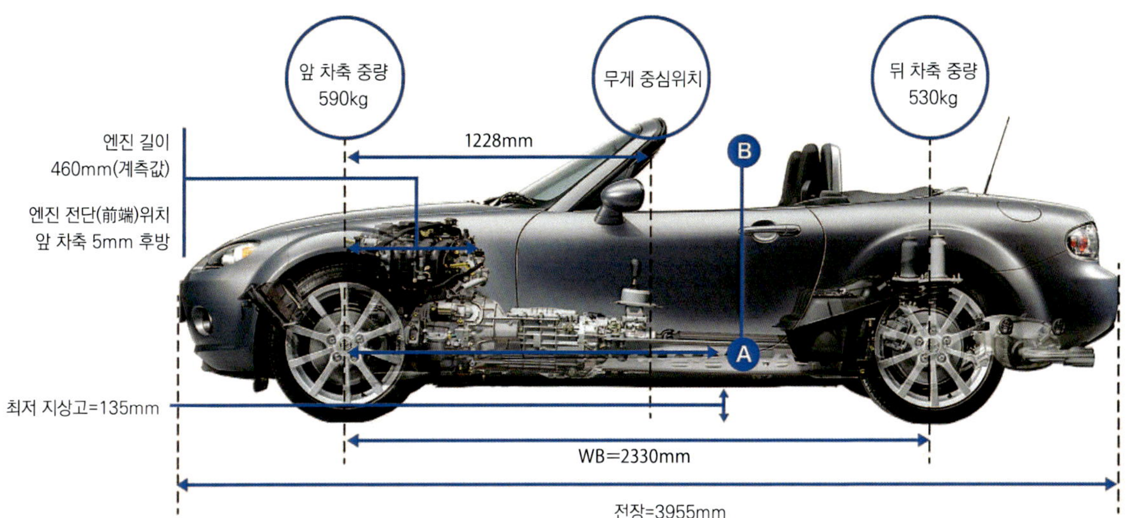

4세대에 거친 역대 로드스터 가운데 가장 엔진과 보디 사이즈가 크고 무게가 무거웠던 것이 NC계열. 다만 균형은 뒷바퀴 구동 스포츠카답게 적정한 편이어서 경쾌감이 적긴 하지만 타는 동안에 불안정한 느낌이 없다.

ND보다 착석위치는 높지만 무게 중심위치에 가까운 곳에 앉기 때문에 요 변화가 과도하게 느껴지지 않아 자연스럽게 운전할 수 있었다. 치수에서 알 수 있듯이 앞바퀴가 멀어서 방향을 전환하는 감각도 ND보다 적다.

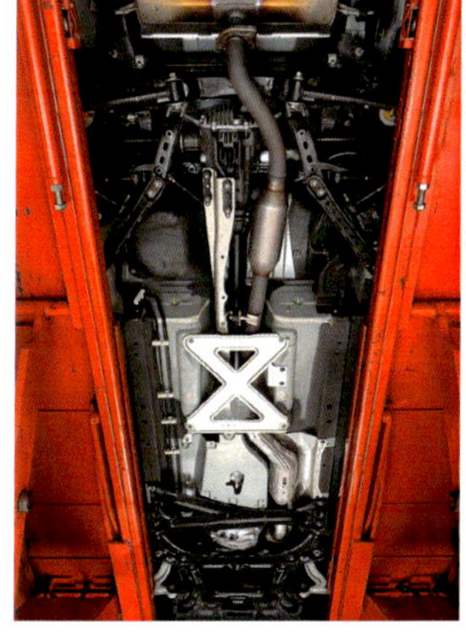

사진으로는 알기 어려울지도 모르지만 서브 프레임이나 각 암 등 NC계열은 섀시를 RX-8과 같이 사용하기 때문에 ND와 비교하면 확실하게 탄탄한 모양새이다. 그래서 무겁다.

A형 로어 암의 보디 쪽 피봇은 뒤쪽이 세로축을 지지하는 방식으로 용량을 확보하는 타입. 암 자체는 상당히 튼튼하고 쇽업소버와 스태빌라이저 배치도 이상적으로 하고 있다.

뒤쪽의 업라이트는 ND와 완전 다른 형상. NC에서는 로어 암의 바퀴 쪽 피봇이 낮아 하반각(下半角)이 생기고, 쇽업소바는 거의 차축과 같은 축에 장착되어 있다. 동적 얼라인먼트는 별도.

종감속장치는 ND와는 크기도 다르고 냉각핀도 있는 대용량 타입. 이것도 RX-8과 사양이 똑같다. 종감속 장치만 봐도 ND는 이 상태로는 출력을 향상시킬 여유가 없는 것처럼 보인다.

의 거리가 15mm 늘어났다는 이야기라면 앞서 언급했듯이 NC계열의 LF-VE형 2000cc에 대한 ND계열의 P5-VP[RS]형의 전장 차이가 적어도 43.5mm 이상이라는 것을 감안하면 배치하는 위치를 거의 내리지 않고 단순히 엔진이 작아져 그렇게 된 것이기 때문이라는 것은 일종의 궤변에 가깝다. 하지만 마쯔다가 발표한 홍보용 일러스트를 보면 15mm 후퇴는 앞바퀴의 중심과 엔진 뒤쪽 끝의 이야기라고 도시(圖示)되어 있다.

게다가 발표에 따르면 엔진의 중심과 앞바퀴와의 거리를 측정했을 때 NC계열보다도 그것이 43mm나 길게 확장되었다고도 말하고 있다. 그렇다는 이야기는 궤변이 아니라 정말로 엔진이 뒤로 후퇴하여 배치되었다는 것이다.

엔진이 15mm 뒤로 후퇴하여 배치되면 필연적으로 앞 격벽도 15mm 이상 후퇴하지 않을 수 없다. 앞 격벽이 후퇴하면 운전자의 착석위치도 연쇄적으로 뒤로 밀리게 된다.

그런데 마쯔다는 운전자의 히프 포인트가 35mm 후퇴했다고 한다. 즉 엔진과 앞 격벽이 후퇴한 이상 사람은 더 뒤로 갔다는 것이다. 마쯔다에 따르면 그것은 앞 좌석의 발밑 공간(Footwell)에 페달의 배치를 적정하게 하는데서 기인한 것이라고 한다.

포드 산하에 있던 시절의 마쯔다 자동차는 포드와 플랫폼을 같이 사용해야 하는 관계 때문에 페달의 위치에 약간의 엇박자가 있었다. 패키지를 좌측 핸들로 설계한 자동차에 미러 대조를 통해 우측 핸들 차를 조립했을 경우 낮익은 ABC 페달이 좌측으로 편향되었던 것이다. ND계열에 있어서 발밑 공간 주변의 개선은 그런 포드 시절의 엇박자를 깨끗하게 해소하는 방법일 것이다.

하지만 페달의 좌측 편향은 애초 우측 앞바퀴의 휠 하우스에 눌려있는데서 기인한 물리적인 이유가 바탕으로 단지 좌우방향의 위치만 바꾸기만 해서는 완전한 해결책은 무리이다. 그렇다면 방법은 한 가지. 운전자를 뒤로 밀고서 토 보드를 뒤로 옮겨 우측 앞바퀴의 휠 하우스와 간섭을 작게 하는 수밖에 없다. ND계열에 있어서 운전자의 히프 포인트가 후퇴한 것은 그런 결과인 것이다.

그렇기는 하지만 지금까지 각 제작사의 기술자들로부터 들은 설계의 이론은 우측 핸들로 만들면서 페달의 위치 때문에 어려움을 초래하지 않으려면 토 보드를 50mm는 후퇴시켜야 한다는 것이었다. ND계열의 35mm로는 약간 부족할 것이다.

그 부족분에 대한 대답은 앞뒤방향이 아니라 좌우방향의 배치를 변경하는 말에서 발견되었다. ND계열 로드스터는 운전석과 동승석의 승객위치를 15mm씩 한 가운데로 이동시켰다고 한다. 커플 간격(내려다보았을 때 좌우 승객 중심끼리의 거리)에서는 30mm가 줄어들었다. 이렇게 운전자 쪽에서 좌측으로 치우쳐 앉는다면 페달의 좌편향 만큼 상쇄된다. 마쯔다의 노력으로 앞뒤뿐만 아니라 좌우에서도 페달의 옵셋을 없앴던 것이다.

엔진이 앞 격벽처럼 앞바퀴 중심에서 15mm가 뒤로 후퇴하였다. 운전자는 35mm 더 후퇴했다. 기껏해야 35mm라고 말해서는 안 된다. 시트가 움직이는 바닥 틀 눈금(Notch)은 일반적인 자동차가 하나에 10mm 정도이다. 즉 3눈금 이상이나 뒤에 앉게 된다는 뜻이다.

운전환경에 있어서 1mm는 상상 이상으로 감각의 차이를 불러온다. 평소에 앉던 본인 차량의 착석위치에서 운전석을 3눈금 뒤로 이동시켜 보면 된다. 상당히 뒤로 멀어진 인상이 들 것이다.

그와 더불어 ND계열은 휠 베이스가 20mm 줄어들었다. 이 감소분의 대부분은 운전석부터 뒷바퀴까지의 부분에서 배당되었을 것이다. 원래부터 타이트한 로드스터를 축소하려면 여기 밖에 없는 것이다. 바꿔 말하면 뒷바퀴가 운전석으로 20mm 접근했다는 의미이다.

이런 변경이 겹쳐지면서 ND계열의 로드스터는 운전자가 상대적으로 확실하게 뒷바퀴에 가깝게 앉는 배치가 되었다. 지금까지의 모든 3세대 로드스터는 휠 베이스 중앙에 가까운 곳으로 운전자를 앉도록 하는 패키지를 준수해 왔다.

그러고 보면 초대 NA계열 로드스터의 대항마로 탄생한 BMW의 E36/7계열의 Z3는 3시리즈의 축간 거리를 좁혔기 때문에 필연적으로 뒤 차축 바로 앞에 운전석이 오는 형태의 고전적 2시트 RWD 스포츠카 배치로 바뀌면서, Z3를 시승했을 때 로드스터와의 낙차에 놀랐던 기억이 있다. 그런데 ND계열에 이르러 마쯔다 로드스터가 그런 배치에 가까워졌다. 이 점에 관해서는 ND계열의 전환은 명확하기 때문에 시승에 동행했던 스탭들 전원이 착석해서 그런 명확한 사실을 지적하게 되었다.

이렇게 운전자의 위치가 뒤로 가면 그 상태로는 비율이 망가져버린다. 앞 유리와 운전자가 떨어지게 되면서 옆에서 보았을 때 이상하게 보일 수 있는 것이다. 그래서 균형을 잡기 위해 A필러를 후퇴시켰다. 그러면 캐빈 허리 위 전체가 뒤로 이동하게 되고, 한편으로 노즈(Nose)는 길어진다. 길어진 노즈를 앞 모델 NC계열처럼 깨끗한 조형 그대로 놔두면 너무 밋밋하다. 그래서 앞쪽으로 강한 굴곡을 주어 이것을 피했다. 길게 뻗은 노즈에 포인트를 주었기 때문에 시각적인 인상은 한층 강해졌다. 지금까지 평평한 보트 한 가운데 앉은 것 같은 로드스터의 인상이 완전 바뀐 것이다.

NA계열 로드스터의 외관 사진을 처음 보았을 때의 위화감은 바로 이것 때문이었다. 세간에서는 디자인의 방향성 자체만을 갖고 「마차 소형 마세라티 같이 중후해졌다」는 등의 표현을 했지만 그것은 표피적인 이야기이고 본질은 명백하게 패키지의 전환에 있었던 것이다.

그래서 ND계열의 로드스터는 이전과는 달리 착석위치가 뒤로 옮겨갔다. 사실 변화는 그것뿐만이 아니다. 등받이가 약간 눕이면서 인상이 바뀐다. ND계열의 조향핸들 및 축은 틸트 조정이 있지만 팔 길이 차이를 커버하기 위한 조정이 가능한 접이기능은 없다. 팔 길이 차이는 일단 시트를 움직여 조정하면 되지만 이것이 마음에 안 드는 운전자는 한 소리 한 다음, 자기가 좋아하는 몸통각도(Torso Angle)가 되도록 비스듬하게 조정한다. 이때 텔레스코픽(Telescopic)이 필요한 경우가 있다. ND계열의 경우도, 요즈음의 다양한 자동차를 시

뒤쪽이 올라가는 것을 억제한 제동 시의 피칭 자세

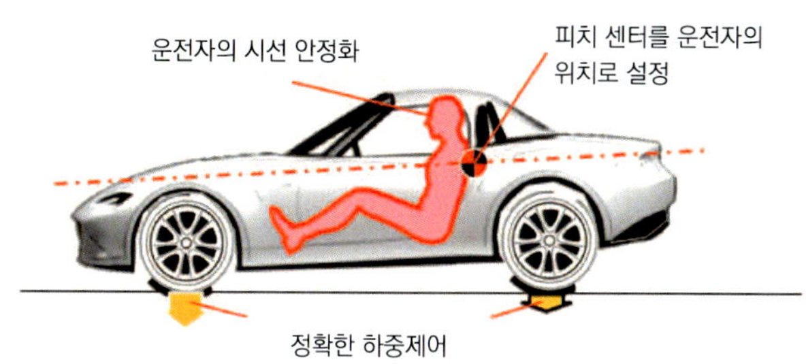

NC계열은 NC보다 피칭 축의 높이를 높게 해 운전자의 상반신이 위아래로 흔들리지 않도록 하고 있다. 앞 페이지의 뒤 현가장치 사진을 봐도 로어 암을 거의 수평으로 뻗게 해 쇽업소버 유닛의 장착지점을 낮추는 등 뒤쪽이 위아래로 움직이지 않도록 기하학적 구조로 구성하고 있다.

뒤 현가장치의 물질 상수로 스티어 조정

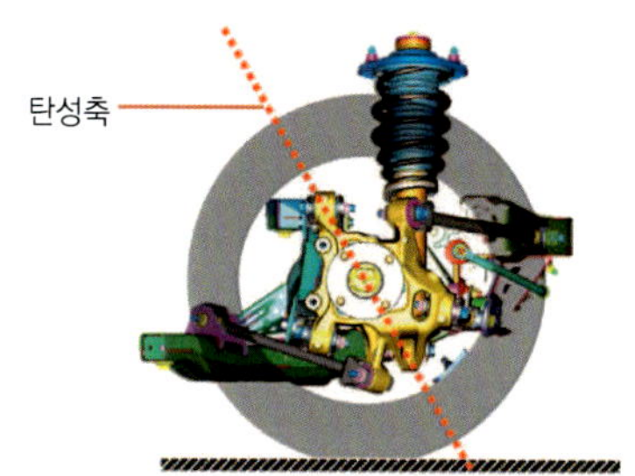

ND의 뒤 현가장치는 로어 암과 어퍼 암의 바퀴 쪽 피봇을 측면에서 보았을 때 앞으로 기울어지도록 배치하여 설정함으로서, 바퀴에 횡력이 가해졌을 때의 규정의를 안정시켜 토인(Toe-in)이 되도록 하고 있다. 필자가 ND를 시승할 때 「뒤쪽에 확실한 안정이 생겼다」고 평가한 것은 이렇게 설정한 영향도 있다고 생각된다.

승할 때 몸에 익숙한 표준 몸통각도가 되도록 등받이를 맞추면 조향핸들이 너무 가까운 위치에 오기 때문에 거리 조정을 하고 싶어진다. 하지만 그런 장치가 없기 때문에 하는 수 없이 등받이를 조금 더 조정해 조향핸들의 위치를 손에 맞추게 된다.

시트백 일체형인 등받이와 머리 뒷부분의 거리로 추정해 봐도 표준으로 설정한 등받이 각도는 이렇게 눕히는 것을 염두에 두고 설계했을 것으로 판단된다.

이렇게 등을 눕히기 때문에 더 뒤쪽에 앉는 것 같은 감각이다. 히프 포인트에서의 후퇴 이상으로 그것을 의식하게 되는 것이다.

실제로 달리다보면 더 그런 기분이 드는데 생각해 보면 당연하다.

자동차 차체의 선회라고 하는 현상을 역학적으로 보면 Z축 주변의 요 각도 가속운동과 횡방향 가속운동과의 조합으로 이루어진다. 천체로 비유하면 자전과 공전에 해당한다. 요 운동은 자동차의 방향을 지배하기 때문에 선회에 대해 이야기할 때 바로 요라고 말하기 쉽지만, 방향만 바꾸어 앞쪽 끝이 안쪽을 향한다 하더라도 횡방향으로 버텨주지 못하면 원심력을 이기지 못하고 선회궤적은 점점 바깥을 향해 밀리게 된다.

이 상태를 단적으로 표현한 것이 이니셜D라고 하는 만화에서 유명해진 「드리프트 중인 자동차는 언더 스티어」라는 대사이다. 원심력에 대항하기 위해서는 선회 안쪽을 향하는 횡방향 가속을 발생시켜 원심력과 균형을 맞출 필요가 있다. 즉 자동차는 자전하면서 공전하기 때문에 문제없이 선회할 수가 있는 것이다.

앞뒤 타이어의 그립(grip)을 가감하여 자전과 공전이 연속적으로 연출된다. 앞서의 대사는 뒤쪽이 미끄러져 자전이 오버 스티어가 된다 하더라도, 그 상태에서는 타이어의 그립이 원심력을 이기지 못해 횡방향 가속도가 부족하기 때문에 공전은 언더 스티어라는 상태를 말로 표현한 것이다.

그런데 여기서 문제가 되는 것이 이 요 각도 가속운동(자전)과 횡방향 가속운동(공전)을 어떻게 운전자가 감지하느냐이다. 곧잘 「허리 센서」등과 같은 표현이 사용된다. 전에 누군가가 표현했던 것이 나름 괜찮다고 생각되었는지 반복적으로 쓰이면서 지금은 일상적으로 쓰이고 있다. 하지만 그것은 반은 맞고 반은 틀리다. X축, Y축, Z축 각각의 3차원적 회전운동을 감지하는 인간의 센서는 삼반규관(반고리관)이다.

요 레이트 센서는 허리가 아니라 귀 안쪽에 들어 있는 것이다. 한편 횡방향 가속도는 시트의 측면 지지대가 요추에 잘 맞을 때는 허리가, 어깨에 잘 맞을 때는 어깨가 감지한다. 자동차의 맨 앞쪽 방향이나 선회궤적은 시각적으로도 파악할 수 있어서 이것은 앞서의 두 가지 센서를 보정하는데 작용한다. 인간의 시각 센서는 눈이고 눈은 머리 쪽에 있다. 때문에 차체의 선회운동 센싱이라는 작업은 머리의 위치가 중요한 것이다.

그렇다면 NC계열까지의 3세대 로드스터처럼 차량의 무게 중심이 휠 베이스의 한 가운데에 가깝기 때문에 착석위치의 머리 위치도 무게 중심과 가까운 위치에 있는 경우가 가장 유리하다. 요 각도 가속운동(자전)은 최종적으로 무게 중심의 주변에서 일어난다. 무게 중심의 근처에 반고리관이 있는 셈이기 때문에 감지가 용이하다. 한편으로 횡방향 가속운동(공전)은 허리든 어깨이든지간에 시트에 대한 신체의 압박감으로 감지할 수 있다. 이런 식으로 자전과 공전을 별도로 감지할 수 있는 것이다.

그런데 착석위치와 머리 위치가 뒤쪽으로 치우치면 그렇게 되지 않는다. 운전자가 무게 중심에서 떨어져 있기 때문에 요 각도 가속운동(자전)에 의해 신체가 진자처럼 밖으로 흔들리기 시작한다. 신체를 회전시키는 모멘트가 아니라 신체를 옆으로 누르는 모멘트가 된다. 이것은 반고리관이 아니라 허리나 어깨 부분의 촉각이 담당하게 된다. 한편으로 횡방향 가속운동(공전)은 변함없이 신체를 옆으로 누르기 때문에 이것도 허리나 어깨가 담당한다. 즉 둘 다 같은 센서가 담당하게 되고 그 결과로 자전과 공전을 개별적으로 감지하기가 어려워지는 것이다.

ND계열의 로드스터는 히프 포인트를 뒤쪽으로 35mm나 이동시켜 몸통을 눕히는 형태로 설정함으로서 반고리관과 눈이 있는 머리가 더 분명하게 뒤쪽으로 치우치게 되고, 이로 인해 요 각도 가속운동과 횡방향 가속운동을 각각 별도로 감지하기 어려워지는 것이다.

뒤 차축에 가깝게 앉는 배치에 대해 「고전적인 FR 스포츠카 같아서 재미있다」는 등의 초등학생 감상문 같은 기사가 많은데, 문제는 그런 향수의 시비에 있지 않다. ND계열의 로드스터는 역학과 생물학 같은 엄연한 과학적 논리 상 지금까지 3세대가 유지해 온 어려운 소양을 잃어버린 것이다.

개발진이 오래전부터 경량화를 주창해온 ND계열. 그렇게 등장한 P5-VPR[RS]형 1500cc 직렬 4기통 엔진을 장착하는 ND계열의 로드스터는 LSD나 차체의 보강 브레이스 등을 장착하지 않은 기준사양(등급명 S)으로, 6단MT 사양의 중량이 990kg을 달성했고 이것들을 포함하는 위급 모델(등급명 S 스페셜 패키지)도 1,010kg에 그쳤다. 거의 비슷한 정도로 칭찬받을 만하다.

그런 한편으로 ND계열의 로드스터는 또 하나의 장점을 약화시켰다. 볼륨감으로 넘쳐나는 다른 스포츠카들과 비교해 ND계열의 로드스터의 존재감과 가치는 여전히 훌륭하고 유일무이하다. 하지만 눈을 돌려 과거의 3세대와 비교했을 때 거기에 차량의 운동성을 핵심으로 내세우는 이상적인 뒷바퀴 구동 차량으로서는 약간 멀어진 것 또한 사실이다. 그것은 이론에 기초하는 추론과 감각령(Sensory Area)의 감지 결과가 일치하는 약간 유감스러운 사실이다.

동일 엔진의 가로와 세로배치 - 마쯔다의 경우

P5-VPS × P5-VPR·RS

본문 : 미우라 쇼지(MFi) 사진&수치 : 마쯔다

뒷바퀴 구동, 그것도 FR 엔진의 경우는 진행방향에 대해 으레 세로배치로 정해져 있다. 그에 반해 앞바퀴 구동=FF는 가로배치이다. 엔진의 탑재방향에 따라 그 속도 달라질까, 아닐까. 기본 설계를 같이 하는 엔진을 예로 삼아 살펴보도록 하겠다.

현재처럼 FR 차량이 D세그먼트 이상의 등급으로 진입하기 전에는 도요타 A형 계열이든 닛산 L형 계열이든 1500~2000cc 직렬 4기통 엔진을 탑재하는 위치를 바꾸어 FR이나 FF에도 같이 사용하는 것이 아주 당연시되었다. 오늘날에는 이런 비교적 적은 배기량의 엔진 대부분이 가로배치 FF 전용으로 사용되고 있고, 세로배치 엔진은 극히 특수한 사례에 속한다. 하지만 소수이기는 하지만 예외는 있다.

P5-VPS는 앞세대 데미오용 1300cc·P3-VPS에서 시작된 SKYACTIV 엔진을 발전시킨 1500cc 직렬 4기통 엔진이다. 엔진룸에 대한 제약 때문에 P3-VPS에서는 사용을 단념한 4-2-1 집합 배기관의 적용을 비롯해 고압축비 & 미러 사이클, 직접분사 등 현재 NA엔진의 기술적 정수를 모았다고 할 수 있다. 이것을 기본으로 한 것이 신형 ND 로드스터용 P5-VPR[RS]이다. 형식명의 접미사는 다르지만 내경×행정과 실린더 피치는 공통이기 때문에 같은 엔진의 사양 차이로 판단할 수 있다.

P5-VPS 개발이 시작되었을 때 향후 세로배치(요는 로드스터용)까지 염두에 두고 기본 설계를 공용화할 생각이었다. 그런데 로드스터용 엔진의 개발을 시작하고 보니 단순한 사양의 변경으로는 해결할 수 없는 점이 많다는 것이 판명되었다. 스포츠카인 로드스터에서 P5-VPS의 82kW/6000rpm이라는 사양이 역부족이라는 것은 명백하기 때문에 NA엔진을 고성능으로 만드는 가장 일반적인 방법인 회전마력의 추구, 구체적으로는 7500rpm을 최대출력이 발생하는 회전수로 만들기 위한 대책이 필요하게 되었다. 캠축의 캠 형상의 변경, 크랭크축의 강성 향상과 회전균형의 개선, 흡배기장치의 맥동 피크의 변경 등, 고속회전·고출력으로 만드는데 있어서 상투적인 방법들로 눈이 가지만 이런 것들은 말하자면 튜닝의 영역이라 엔진의 기본골격까지 바꿀 필요는 없는 것이 많다. 하지만 세로배치와 가로배치에서는 차량에 탑재할 때의 진동특성이 다르고 냉각수 통로의 배치도 똑같이 할 수 없다. 나아가 경량화와 무게 중심까지 낮추려고 한다면 실린더 블록을 완전히 같이 사용하는 것은 극히 어렵다는 결론에 다다른다.

당시의 상황은 마쯔다가 포드의 그늘을 벗어나 독립노선을 걷기 시작했을 무렵이다. 경제적으로는 거의 최악의 상태라 그렇지 않아도 돈이 들어가는 실린더 블록을 바꾸는 일, 특히 로드스터라고 하는 대량판매를 예상할 수 없는 차종만을 위해 전용의 설계로 만드는 데는 설계진조차 저항이 있었다. 그래서 엔진의 개발에 대해 진두지휘를 하던 히토미상무를 비롯한 수뇌진과 현장관계자가 머리를 맞대고 토의한 결과 엔진의 변경 여부를 논의할 자리를 마련하기로 했다. 전용의 설계 이론을 설명하는 설계진에 대해 수뇌진이 내린 판단은 생산 설비의 대폭 변경, 구체적으로는 지그 위치를 바꾸지 않는다면 실린더 블록의 변경을 허가한다는 용단이었다.

그 결과로 변경된 포인트는 크게 3가지였다. (1) 경량 소형·고강성·저중심화(低重心化) (2) 냉각수 통로의 변경 (3) 진동 대책이다.

경량 소형·고성능·저중심화

ND 로드스터용 엔진으로 P5-VPR[RS](이하 FR용)에 주력했던 것은 고속회전·고출력화와 동시에 무게 중심을 낮추는 것(低重心化)이다. 똑같은 내경×행정인 이상 실린더의 높이(Deck Height)는 바꿀 수 없고 실린더 헤드를 낮추는 것도 무리가 많다. 그래서 채택한 방법이 오일 팬의 높이를 낮추는 것이다. P5-VPS(이하 FF용)보다 높이가 20mm 낮다. 또한 재질도 알루미늄에서 주철로 바뀌었다. 주철이 알루미늄보다 무겁다고 단순하게 오해 받고 있는 측면이 있지만 그것은 비중의 이야기이고, 알루미늄의 강성(영률)은 주철의 1/3밖에 되지 않는다. 따라서 두께와 형상을 개량하면 주철로도 똑같은 강성으로 알루미늄보다 가볍게 만들 수 있는 것이다.

여담이지만 피스톤이나 실린더 블록에서도 다시 주철을 사용하는 현상이 일어나고 있다(주로 비용적 측면인 것 같지만). 높이를 낮춘 만큼 용량을 확보하기 위해 폭 방향을 넓게 해 강성도 확보했다. 알루미늄 그대로 사용하면 회전진동으로 인해 개구부가 헐겁게 된다고 한다. 오일 팬의 강성과도 관계되지만 FR용에서는 회전을 높이기로 한만큼 진동의 요소가 다르기 때문에 크랭크 로어 케이스를 2500cc용과 똑같은 폭으로 함으로서 회전진동을 억제시키고 있다.

실린더의 형상도 뒤에서 언급할 냉각수 통로와 마운트 위치의 변경에 맞춰 최적화되었다. 리브를 최적의 위치·형상으로 배치하는 설계와 기법은 매끈매끈한 변속기 케이스와 똑같은 방법을 이용하고 있다고 한다.

고속회전·고출력에 대한 대응

스포츠카용 엔진으로 개량하는데 있어서 눈에 띄는 것은 튜닝 영역 부분이다. 캠의 현상(EX 작용각 244°→249°)과 밸브 스프링의 상수(장력)의 변경, 피스톤 링의 장력 절감을 비롯해 크랭크축은 주조에서 단조로 소재를 바꾸었고, 평형추(balance weight)를 풀 카운터로 바꿔 강성과 균형 비율을 향상시켰다. 배기 파이프는 집합부분까지의 길이를 고속회전용으로 조정했을 뿐만 아니라 가로배치로 인해 탑재 공간의 제약이 완화되었기 때문에 가로배치에 비해 밸브 처리가 직선으로 바뀌면서 배기효율도 높아졌다.

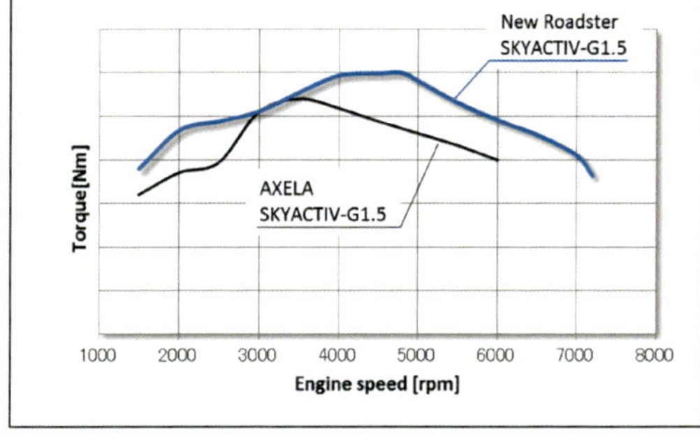

회전부품만 개량해서는 고속회전을 낼 수 없다. 밸브 타이밍에 맞춰 흡배기 맥동이나 반전부압(反轉負壓, 주파수)이 고속회전 영역으로 옮겨가도록 튜닝할 필요가 있다. 주요 방법으로는 FF용에서는 구부러져 있던 배기관을 직선형태로 바꾸고 집합부분까지의 길이를 조정해 4500/6000rpm이 맥동 소기의 동조점이 되도록 설정(FF용에서는 2000/3000/5000rpm)했다. 배기관 이후의 파이프 연결부위도 마찬가지로 길이를 조정하고 있다. 배기관의 형상을 변경함으로서 흐름 저항과 배압이 FF용 대비 25%나 줄어들었다. 이런 방법들로 허용 회전수와 토크의 최고치를 고속회전 영역 쪽으로 1500rpm이나 옮길 수 있었다.

흡배기 맥동효과의 재설정

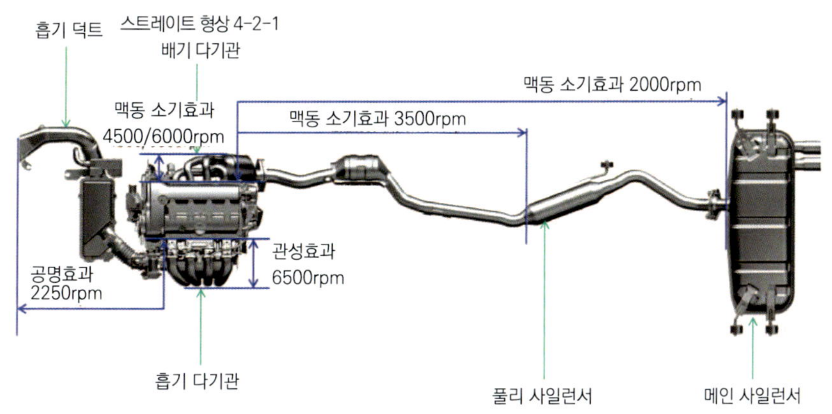

냉각수 통로의 변경

FF용에서는 물 펌프가 엔진의 앞쪽 끝(우측)에 있고 라디에이터와 연결되어 있는 냉각수 출구가 뒤쪽 끝(좌측)에 있다. 이것을 그대로 가로로 배치하면 벌크헤드 쪽에 냉각수 출구가 위치하기 때문에 차체 앞부분의 라디에이터부터 배관을 길게 늘려야 한다. 대개 앞 미드십 배치된 로드스터에서는 엔진 뒤쪽 끝과 벌크 헤드 사이에 여분의 공간이 전혀 없다. 따라서 FR용 엔진의 개발에 따라 냉각수 통로 설계가 대대적으로 변경되었다. 실린더 및 실린더 헤드 안쪽의 냉각수 흐름도 FF용 순환 타입에서 앞뒤 한 방향으로, 양쪽 측면에서 감싸듯이 흐르는 방식으로 바뀌었다.

[가로배치 FF용]

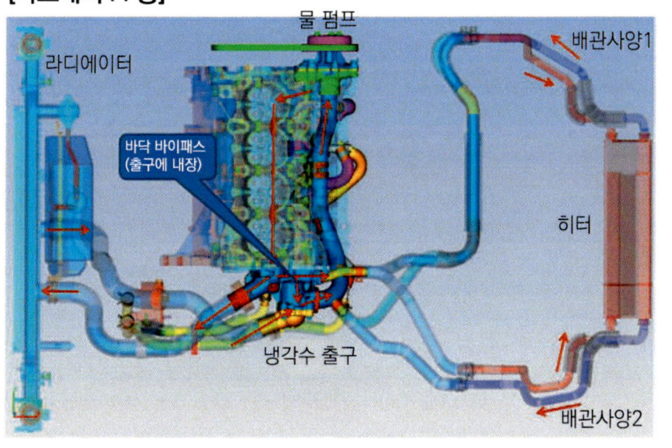

[세로배치 FR용]

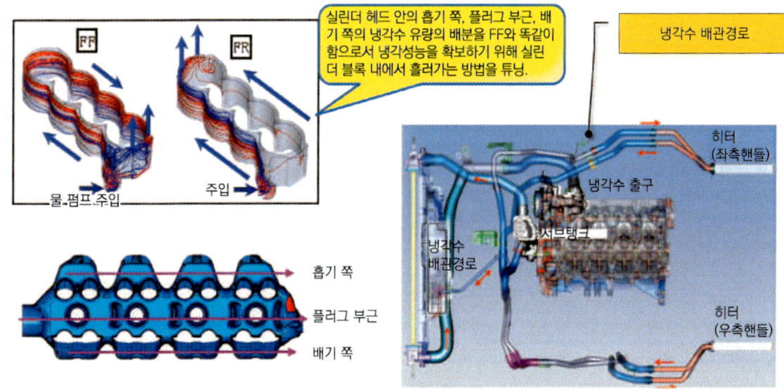

냉각수 통로의 변경

그림을 보면 이해가 빠를 것이다. FF용 냉각수 통로는 엔진 뒤쪽 끝으로 라디에이터에서 나온 배관과 실내 난방용 배관이 집중적으로 배치되어 있고, 냉각수는 실린더를 일주하는 흐름으로 되어 있다.

이것을 그대로 FR용으로 변경해 배치하게 되면 배관이 집중된 엔진 뒤쪽 끝이 라디에이터와는 엔진의 앞뒤가 반대 위치로 바뀌면서 여분의 파이프 길이가 추가되어야 한다.

그래서 냉각수 통로의 설계를 배관뿐만 아니라 실린더 블록에서도 변경하게 되었다. 동시에 냉각수 흐름도 실린더 블록의 양쪽 측면을 동일한 방향으로 흐르도록 바꾸었다. 또한 오일 통로도 앞뒤 G에 의해 오일이 엔진의 앞뒤방향으로 편향되지 않도록 고쳐졌다.

진동 대책

엔진의 세로배치와 가로배치에 있어서 현상적 측면의 차이는 진동이다. 엔진의 회전변동에 따른 롤링 모멘트는 세로배치에서는 차체의 좌우방향으로 나타나지만 가로배치에서는 앞뒤방향으로 발생한다. 그뿐 아니라 엔진의 주요 진동 모멘트인 「가로 굽힘」 「세로 굽힘」「비틀림」의 변형점인 「마디(Node)」의 포인트가 가로배치와 세로배치가 다르다. FF용에서는 마운트 위치와 이들 마디가 떨어져 있지만 FR용은 근접해 있기 때문에 마운트 위치의 최적화라는 의미에서는 FR 쪽이 편하다고 할 수 있다.

그런데 FR용에서는 변속기가 앞뒤방향으로 길게 배치되기 때문에 엔진과 변속기의 전장이 길어져 진동 모드가 비교적 낮은 주파수로 치우친다. 이런 저주파 부밍 음(Booming音)은 마운트 처리만으로는 없어지지 않는다. 심지어 오늘날의 엔진은 공전회전수를 낮게 억제하기 때문에 공진 주파수가 엔진의 기진력과 겹치게 되었다.

후자는 동력전달장치의 강성을 향상시킴으로서 해결할 수 있다. 이 강성이란 상하와 좌우 양방향의 곱이기 때문에, 특히 좌우 마운트의 거리(Span)를 좁

■ 실린더 블록의 차이 내경×행정, 실린더 피치, 실린더 높이가 똑같은 실린더 블록의 FF용과 FR용 차이는 ① 냉각수 통로와 그 개구부 ② 엔진 마운트의 연결부위 ③ 변속기의 연결부위이다. 또한 FR용에서는 리브의 배치나 블록 두께의 최적화를 통해 경량·고강성화를 도모하고 있다. 이것은 변속기 케이스에도 적용된 방법이다. 형상적으로 가장 다른 것은 변속기와의 결합부분으로, 체결 볼트 8개의 포인트도 완전 다르다.

[가로배치 FF용]

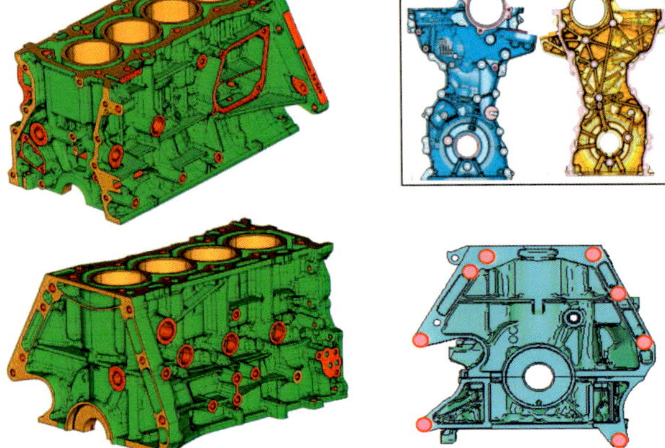

[세로배치 FR용]

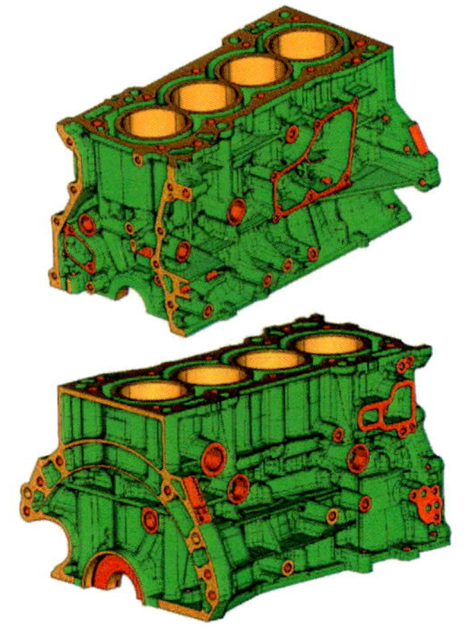

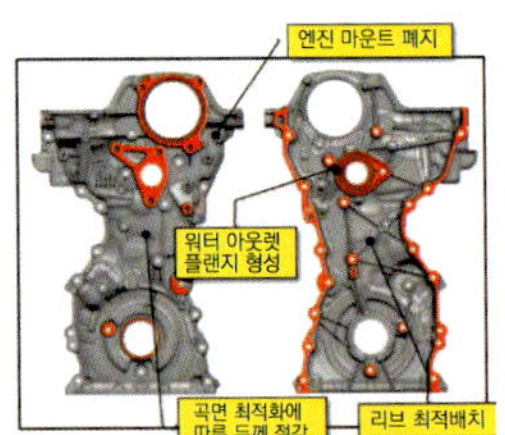

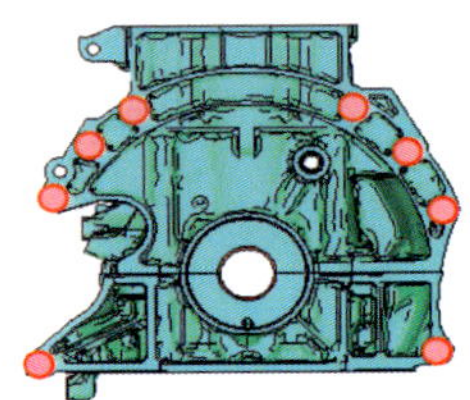

■ 변속기의 진동에 대한 영향

[가로배치 FF용]

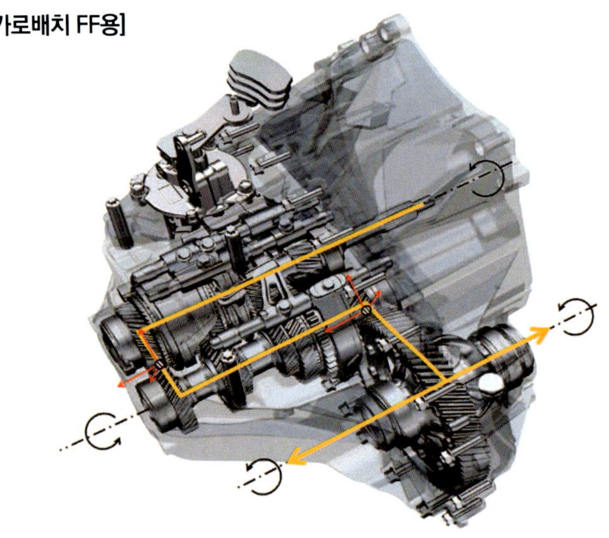

[세로배치 FR용]

FF용 변속기는 앞뒤 길이가 짧고 폭이 넓기 때문에 굽힘/비틀림 모드 주파수(PPB=Power Plant Bending)가 높고 FR용은 그 반대이다. PPB는 엔진의 2차 진동에 의해 들뜨고(勵起), 일반적으로 저주파수 진동은 부밍 음으로 바뀌어 귀에 거슬리기 쉽기 때문에 FR용에서는 변속기의 형상·두께를 최적화하는 것이 필요하다.

그림에서 토크의 변환점을 볼 수 있다. FF용에는 종감속 장치가 내장되어 있기 때문에 진동발생 부위가 많고 심지어 구동 반력이 변속기에 직접 전달되기 때문에 FR용보다 케이스의 강성을 높일 필요가 있다. 상단의 실린더 일러스트에서 엔진에 장착하는 포인트가 높은 위치까지 올라가 있는 것은 위아래 방향의 장착강성을 확보하기 위한 것이다.

게 해서 대처한다. 이때 조향축과의 위치관계는 배기관과 함께 서로 간섭하게 되었다. 전자의 경우 변속기와 조합된 진동이기 때문에 케이스 구조와 동시에 엔진과 체결하는 볼트 배치를 FR용으로 최적화. 또한 마디(노드)의 발생점과 마운트 브래킷을 최대한 같은 지점이 되도록 해 진동이 차체로 잘 전달되지 않게 하고 있다.

FF용과 FR용에서는 플라이휠 구조도 달라서 FF용은 크랭크축과 연결하는 부위가 얇은 주철로 된 「플렉시블 타입」이다. 이것은 FF용 동력전달 장치의 여러 진동 요소(PPB/Power Plant Bending) 가운데 공진 주파수와 플라이휠의 면 떨림 주파수가 일치해 진동이 증폭되는 것을 피하기 위해 일부러 플라이휠의 강성을 낮게 함으로써 공진 주파수를 낮은 쪽으로 이동시키기 위한 대책이다.

엔진에서 기인하는 진동뿐만이 아니다. 실제 주행에서는 구동력에 의한 진동도 문제가 된다. FR용에서는 종감속 장치가 동력장치(엔진과 변속기)와 분리되어 있기 때문에 변속기 자체가 구동 반력의 영향으로 진동하는 정도가 FF용보다 적다.

반대로 FF용은 종감속 장치가 내장되어 있기 때문에 구동과 노면의 반력을 정면으로 받는다. 구동장치의 좌우 흔들림은 조종성에 중대한 영향을 미치기 때문에 변속기 케이스의 강성은 FR용보다 높일 필요가 있다. 그 때문에 FF용은 케이스의 장착 면을 실린더 블록과 함께 위아래 방향으로 길게 되어 있다.

3가지 포인트 가운데 가장 어려운 것이 진동 대책이란 것은 이론의 여지가 없을 것이다. 진동 문제는 공전회전 진동, 회전 변동, 구동력 변동 등은 요건과 변수가 많아 한 번에 해결할 수는 없다.

따라서 개별 요소에 대해 일정한 대책을 시행하고는 있지만 자동차의 상품성과 고객층에 따라 진동억제에 대한 우선순위는 달라진다. 일상적 이동수단인 FF 악셀라와 가끔의 즐거움을 주는 FR인 로드스터가 기본설계에 있어서는 같은 엔진이라 하더라도 그 속이 다른 것은 당연한 것이다.

플라이휠 구조의 차이

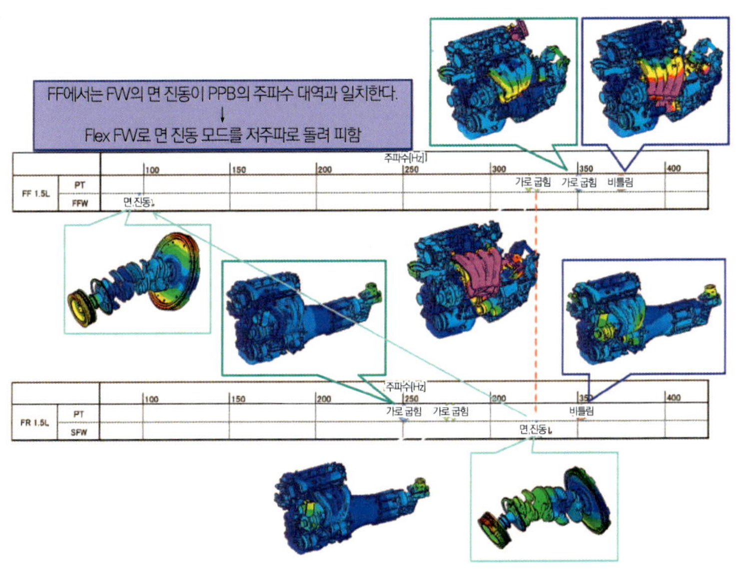

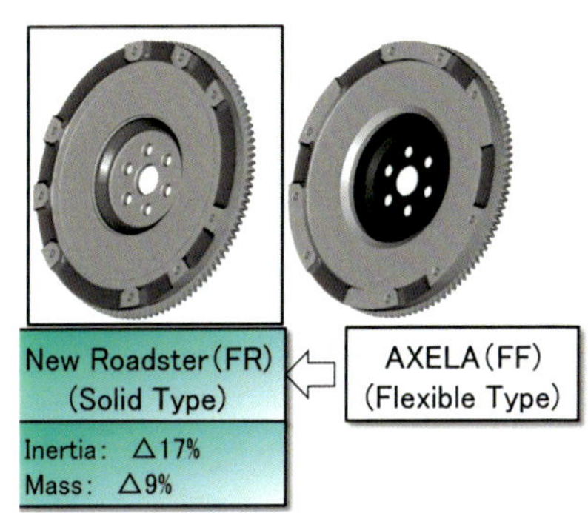

일반적인 주철제품의 일체구조인 플라이휠을 FF용으로 사용하면 앞서 언급한 PPB의 주파수 대역과 플라이휠의 면이 진동하는 주파수가 접근해 진동 모드에 악영향을 주게 된다. 그래서 FF용에서는 플라이휠의 크랭크축 연결부위 강성을 낮추는 방식으로 면 진동의 주파수를 낮추고 있다. 이런 조치는 회전속도를 높이는데 있어서는 마이너스이기 때문에 FR용에서는 통상적인 솔리드 타입을 이용하고 있다.

엔진 마운트

엔진을 차체에 탄성지지하기 위한 마운트 방법은 가로배치와 세로배치가 많이 다르다. 가로배치에서는 엔진의 롤링 모멘트 축을 앞뒤에서 지지하는 관성주축 방식을 취하는데, 그 중에서도 상부 2곳에서 엔진을 거는 펜듈럼 방식과 관성주축 외에 앞뒤 방향에서도 지지하는 다점지지(多点支持)가 있다.

세로배치는 엔진 좌우에 상하 2곳에서 연결하는 동시에 변속기도 좌우에서 끼운다. 가로배치의 경우 회전 변동에 따른 엔진의 전후방향 진동 외에 PPB의 마디(노드)를 마운트 위치와 일치시키기가 어려워 진동 차단에 문제점이 많다. 이 마운트 기술에 있어서는 FR용 쪽이 대책을 세우기가 쉽다고 할 수 있다.

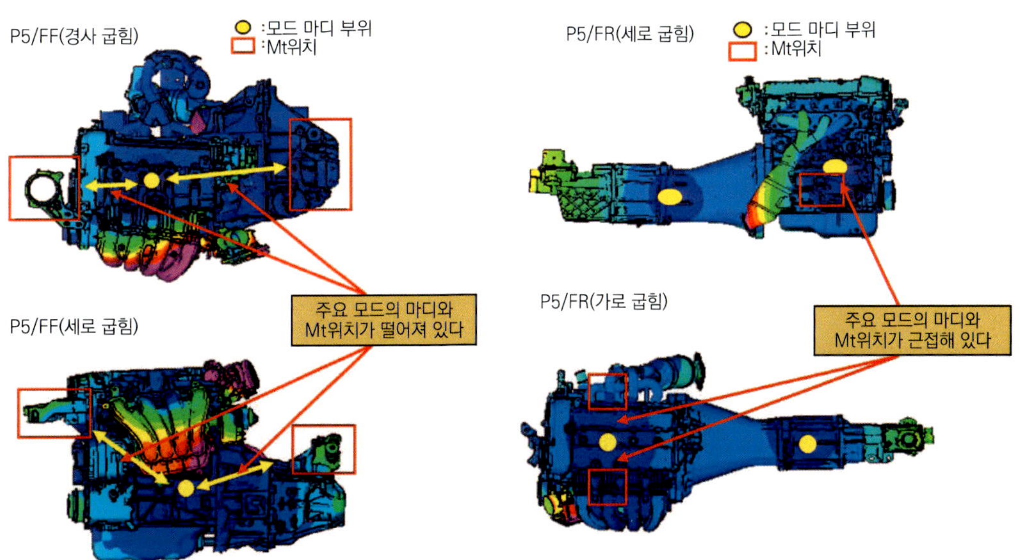

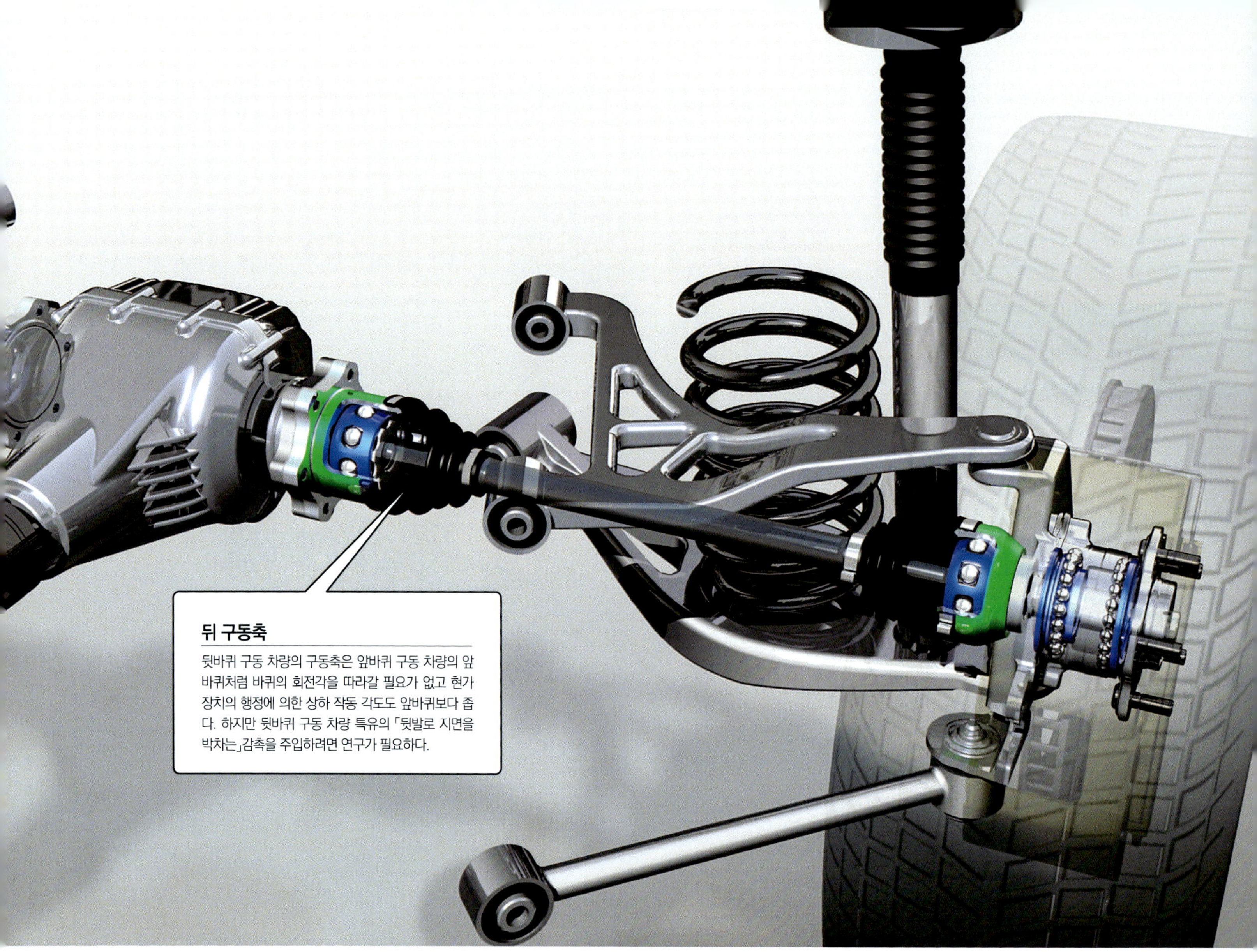

뒤 구동축

뒷바퀴 구동 차량의 구동축은 앞바퀴 구동 차량의 앞바퀴처럼 바퀴의 회전각을 따라갈 필요가 없고 현가장치의 행정에 의한 상하 작동 각도도 앞바퀴보다 좁다. 하지만 뒷바퀴 구동 차량 특유의 「뒷발로 지면을 박차는」 감촉을 주입하려면 연구가 필요하다.

엔진과 바퀴의 「1대1」회전은 등속 조인트 없이는 얻을 수 없다

현가장치의 상하 이동과 구동장치의 배치가 초래하는 숙명에 따라 주행 중인 자동차의 구동축은 가령 직진할 때도 출력축의 각도와 길이가 미세하게 바뀐다.
좌우 바퀴에 균등한 회전수를 나누어 보내야 하는 명제 해결이 생각 외로 어려움이 있다.

본문 & 사진 : 마키노 시게오 수치 : NTN

자동차는 좌우 바퀴의 회전차이를 흡수하는 차동장치 덕분에 「선회하면서 앞으로 전진」할 수가 있다. 초기 자동차들은 차동장치와 좌우 구동축을 강하게 연결한 일체식 차축이었기 때문에 차동장치가 있어도 부자유스럽지 않았다. 하지만 좌우 독립현가 방식으로 옮겨가면서 차동장치에서 좌우 바퀴로 뻗은 구동축에 상하 각도가 생기는 것에 대처하지 않으면 안 되었다. 또한 FF 차량의 등장으로 타이어의 선회 각도에 맞춘 큰 작동 각도에 대응할 필요성이 대두되었다.

초기의 FF 차량은 17세기에 개발된 이중 십자형 자재이음(double cardan universal joint)을 이용했다. 부등속 십자형 자재이음 2개를 각각의 위상과 굴절 각도를 고려해 조합함으로서 등속성을 얻는 것이었지만 자재이음 2개가 항상 같은 각도로 굴절되는 장치가 필요했기 때문에 자동차에 사용할 수 있는 크기와 내구성 확보가 매우 어려웠다. 십자형 자재이음의 부등속성이란 차동장치가 1회전해도 자재이음이 회전하는 동안에 속도가 미묘하게 바뀌는 것을 말한다. 조향핸들을 돌려 커브를 돌 때 20도 각도가 생기면 차동장치 쪽은 1000rpm인데 1회전하는 동안에 바퀴 쪽은 940~1060rpm 범위에서 회전수가 바뀐다(다음 페이지 그래프 참조). 이것을 해소하고 완전히 등속인 자재이음이 자동차에 사용되기 시작한 것은 1950년대였다.

58년에 브리티시 레이랜드가 발매한 「미니」는 엔진을

가로로 배치한 FF 차량으로, 여기에 제파 타입이라 불리는 벨 타입의 CVJ(Constant Velocity Joint), 등속 조인트가 사용되었다. 일본에서는 63년에 발매된 스즈키 「스프라이트」가 NTN제품의 BJ(Birfield Joint)형 CVJ를 처음으로 사용하면서 자동차용 CVJ 역사가 시작되었다. 최대사용 각도는 42.5도, 즉 핸들을 최대로 돌린 풀(full) 조향까지 등속성을 확보한 것이었다.

NTN에 CVJ개발에 대한 주요사항을 물었더니 「높은 신뢰성으로 매끄럽게 회전토크를 전달한다」는 기본 성능 외에 「사용하는 부위별로 시장의 요구에 대응하거나 혹은 선도하는 것」이라고 한다.

「예를 들면 볼을 사용한 고정식 CVJ(아래 그림)는 바퀴 쪽에 사용되는 경우가 많아 조향핸들을 돌려 바퀴와 구동축의 각도가 크게 변하는 것에 대응한다. 더 큰 작동각도, 높은 효율, 낮은 발열이 요구된다. 한편 현가장치의 상하 움직임에 의해 바퀴와 차동장치 사이의 거리가 바뀌는 것을 슬라이드 장치로 조정하는 접동식 CVJ는 차동장치 쪽(보디 탑재 쪽)에 사용되는 경우가 많아 엔진 진동의 전달과 마운트와의 공진을 막기 위해 낮은 진동성이 요구된다. 그리고 허브 쪽과 차동장치 쪽의 CVJ를 이어주는 구동축은 가볍고 강성이 높은 것이 요구된다. 각각의 역할에 맞는 개발이 필요한 것이다」

이런 각각의 역할은 NTN이 최초의 자동차용 CVJ를 실용화하고부터 일관적으로 추구해 왔다. 가령 고정식 CVJ의 작동각도는 가볍고 작은데도 불구하고 50도까지 확대되었다. 접동식 CVJ의 대표인 TJ(Tripod Joint)는 진동을 낮추기 위해 동일 축 상에 이중의 롤러를 가진 타입이 등장했다. 언뜻 보면 다 똑같이 보이는 CVJ이지만 사용하는 부위마다 요구되는 성능과 기능이 다른 것이다.

현재 NTN이 라인업을 확충 중인 CVJ는 「E시리즈」. E는 에코/효율(Efficiency)/환경의 「E」로서, 같은 방식의 기존 타입에 비해 경량소형, 고효율을 목표로 하고 있다.

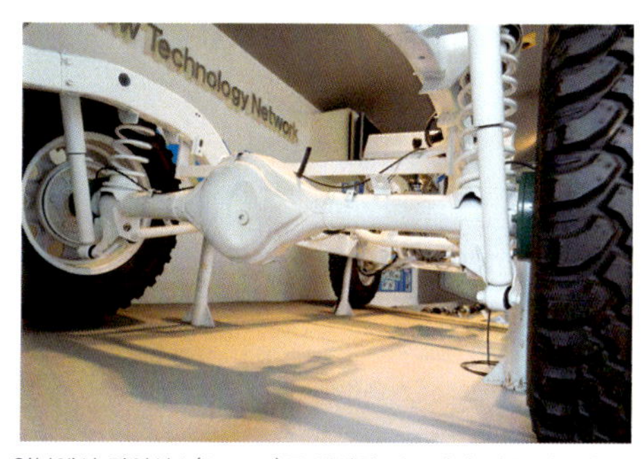

일본에서 라이선스(licence)로 생산된 미쓰비시 제품 지프의 일체식 뒤차축이다. 이처럼 차동장치와 좌우의 구동축 및 바퀴 측의 허브가 일직선으로 고정되어 위치 관계가 변하지 않는 경우에는 CVJ는 필요 없으며, 차동장치의 회전수가 그대로 구동바퀴에 1대 1로 전달된다.

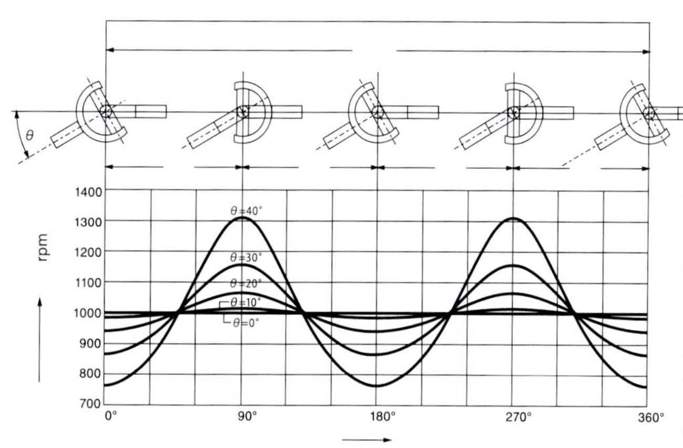

십자형 자재이음은 등속은 아니다

십자축(spider)와 2개의 요크(yoke)를 조합한 십자형 자재이음(cardan universal joint)은 16세기 중엽에 고안된 조인트(universal joint)의 일종이다. 각도의 변동은 흡수하지만 작동각도가 커지면 전달은 1대 1이 안 된다.

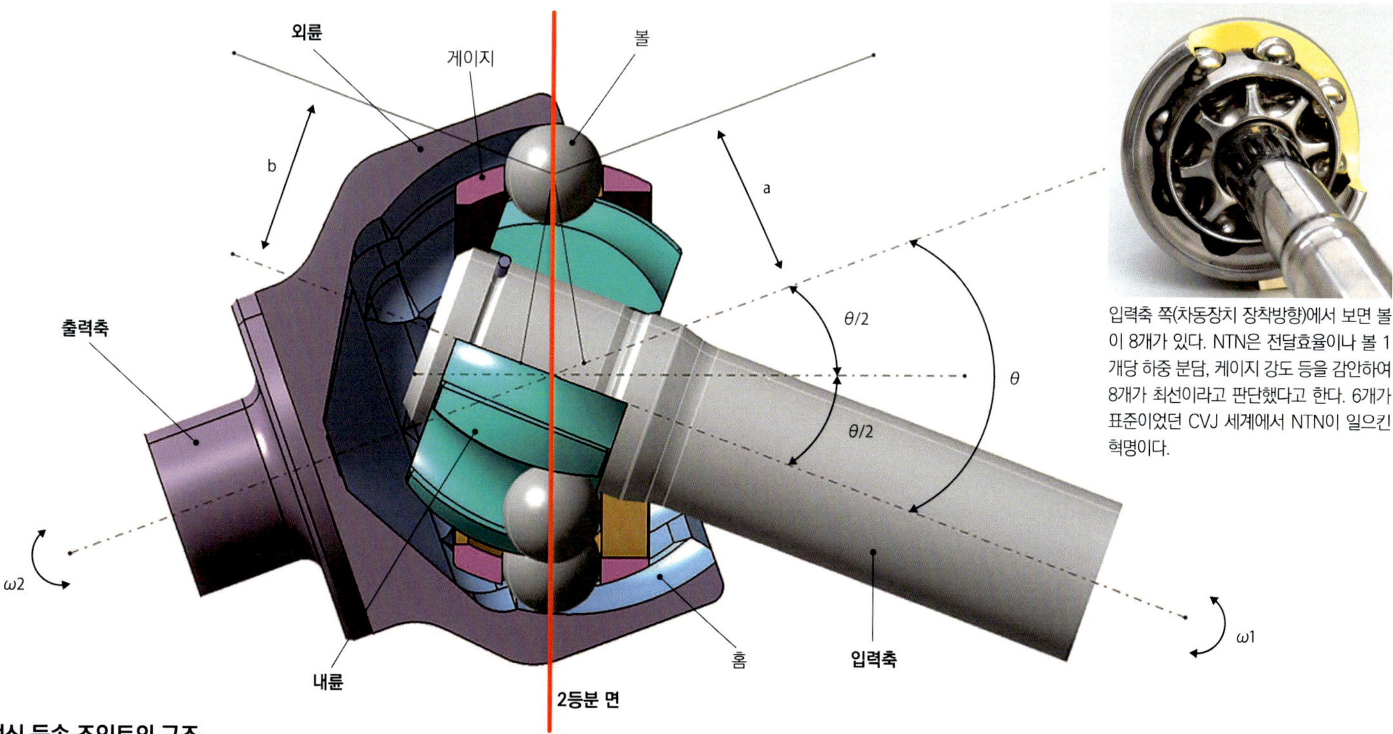

입력축 쪽(차동장치 장착방향)에서 보면 볼이 8개가 있다. NTN은 전달효율이나 볼 1개당 하중 분담, 케이지 강도 등을 감안하여 8개가 최선이라고 판단했다고 한다. 6개가 표준이었던 CVJ 세계에서 NTN이 일으킨 혁명이다.

고정식 등속 조인트의 구조

외륜과 내륜에 각각 홈이 파여 있어서 홈에서 볼이 이동한다. 입력축과 출력축 사이에 작동각이 생기면 항상 볼은 양 축이 만드는 각을 2등분하는 평면인 「2등분 면」 상에 위치한다. 이것이 등속성의 원리이다. 초기 CVJ인 제파 자재이음에서는 내륜과 외륜, 케이지로 연결된 파일럿 핀에 의해 볼이 강제적으로 2축이 만드는 교차각의 거의 2등분면 상에 밀려가는 방식이었다.

O : 자재이음의 각도 중심　A : 외륜의 홈 중심　B : 내륜의 홈 중심
C : 볼 중심　Φ: 작동각도 a = b　ω1 = ω2

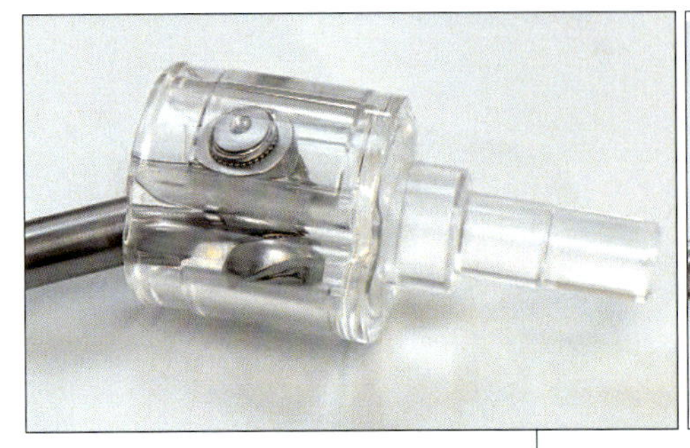

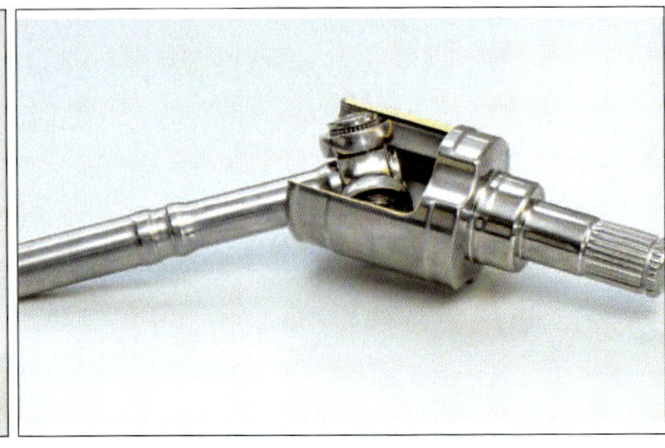

슬라이드 저항이 적은 등속 조인트

볼이 아니라 3개의 롤러가 외곽 링의 홈 안으로 구르는 접동식 CVJ. 롤러를 유지하는 출력 축(Tripod) 본체의 저널(돌기) 3개는 단면이 진원(眞圓)으로 롤러와는 니들 베어링을 매개로 부드럽게 접동한다(사내호칭은 ETJ).

앞바퀴용 등속 조인트

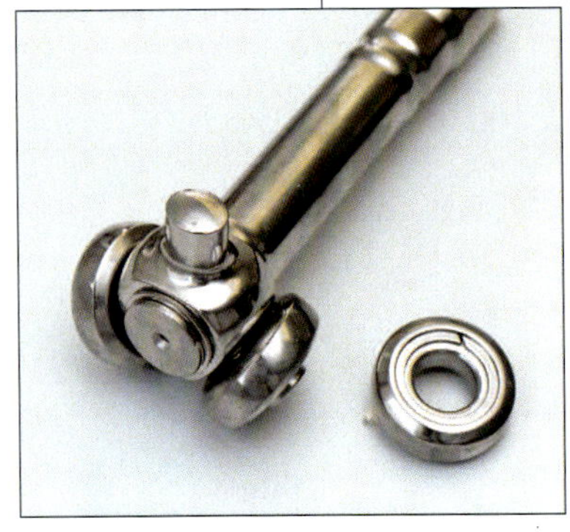

진동이 적은 등속 조인트

같은 접동식이지만 트라이포드의 저널은 변칙 타원 단면이고 롤러는 진동이 자유로워 부드럽게 외곽 링의 홈을 구른다. 롤러 3개로 인해 발생하는 회전 3차의 유발 스러스트(가속할 때 엔진진동과 공진에 의한 차체의 가로 진동에 있어서의 주요 요인)를 줄이려는 설계로서, 뛰어난 NVH 성능이 포인트이다. 거기에 경량화와 외경도 축소시켰다(사내호칭은 EPTJ).

이미 중량에서 기존대비 8~20% 경감, 외경 치수에서는 기존대비 4~10%를 소형화했다. 그 결과 그대로 스프링 아래 중량의 경감으로 이어지기 때문에 완성차의 「주행성능」에도 기여한다. 설계진은 다음처럼 말한다.

「당연히 소재까지 다룰 수 있는 대책이 요구된다. 축 부분의 강도는 열처리 층을 깊이 해야 얻을 수 있기 때문에 붕소나 망간을 첨가한 강재를 사용하는 사례도 있다. 볼을 지지하는 케이지(유지부품)도 힘을 받기 때문에 계속 개선 중이다. 기존 제품의 치수를 유지한 상태에서 가볍게 만들어 토크 용량을 높이거나 작게 하더라도 토크 용량은 유지하려는 설계를 하고 있다」

새롭게 8개의 볼을 사용하는 고정식 CVJ는 외륜과 내륜에 새겨진 홈이 축 방향으로 기울어져 있으면서 포물선을 그린다. 이것은 「축 방향으로 홈이 기울게 해 볼에 작용하는 내부의 힘을 이웃한 홈끼리 반대방향으로 발생시킴으로서 내부의 힘을 상쇄하는 효과를 보는 방식」이라고 한다. 등속 조인트의 각도가 큰 상태에서 토크전달의 손실은 기존대비 50% 절감, 고속회전할 때의 온도상승은 약 반으로 낮추었다. 기존 제품을 사용한 FF 차량에 비해 대당 연비향상의 효과가 0.35%라고 한다.

나아가 허브를 상품으로 갖고 있는 NTN이기 때문에 가능한 공법으로 프레스 커넥트 방식이 개발되었다. 허브 쪽에 지름이 작은 세레이션을 가공하고 여기에 CVJ를 압입하는 방식으로 압입 과정에서 허브 쪽 세레이션이 깎겨서 넓힘으로서 밀착도를 높인다. 밀착이 높아지면 세레이션의 감합 길이를 짧게, 즉 CVJ~허브의 중량 경감으로 이어진다.

이런 누적된 개량은 자동차 쪽의 매력을 연출하는 방향으로도 활용된다. 근래의 CVJ는 그냥 단순하게 각도 변화에 대응하면서 등속 전달을 하는 부품이 아니라 관성영역에까지 발을 들여놓을 수 있도록 개발되고 있다. 설계담당 엔지니어는 이렇게 말한다.

「FR 차량의 CVJ에 유격을 최소화한 경량 타입을 사용하면 엔진의 응답성을 손상시키지 않고 구동력을 전달할 수 있다. 추진축용 CVJ도 진화되어서 FR 차량만의 독특한 뒷바퀴 구동감각, 지면을 박차는 감촉을 높일 수 있다. 마찬가지로 축을 중공타입으로 만들어 비틀림 강성과 공진 주파수(굴절강도)를 확보하면서 관성중량을 줄이는 식의 요구도 많아졌다. 자동차 제작사에서는 그런 모델의 구동력 특성에 맞는 축의 강성으로 맞춰달라는 요구도 있다」

섬세하게 구동력을 제어할 때의 약점 가운데 하나가 구동축의 강성이라고 여겨져 왔다. 구동축이 없는 인휠 모터의 장점은 제어를 더욱 치밀하게 할 수 있다는 점이다. NTN은 EV(전기자동차)의 파워트레인 개발에 착수해 여기서 얻은 노하우가 CVJ를 개발하는데 있어서 자극이 되고 있는지도 모른다.

최대 20도나 되는 큰 작동각도에 대응하는 볼 타입의 고정식 CVJ(사내호칭 HEBJ). 무게는 13%, 외경은 7%가 각각 경감되었지만 기존 제품의 성능은 유지하고 있다.

볼을 사용하는 슬라이드(접동)방식 스트레이트 트랙의 CVJ. 무게는 10%, 외경은 4%가 각각 경감되었다(사내호칭 HEDJ). 슬라이드 양을 확보한 상태에서 소형 경량화와 슬라이드 저항이 줄어든 것이 포인트.

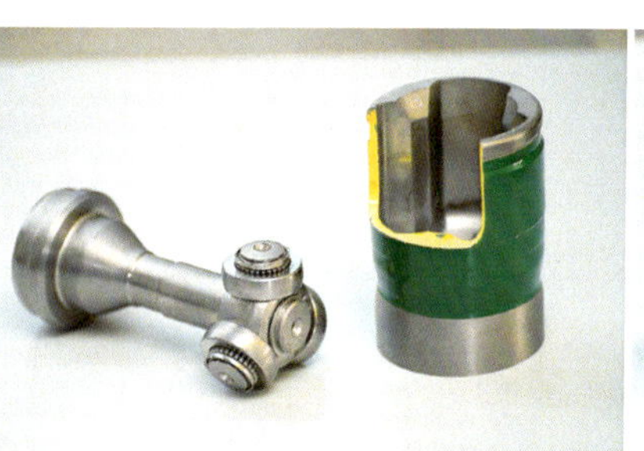

니들 베어링을 사용하는 트라이포드 계열의 슬라이드 방식 CVJ(사내호칭 HETJ). 45mm 정도의 슬라이드 양을 가지며, 기존 제품보다 무게는 12%, 외경은 7%가 줄어들었다. 볼 타입에 비해 슬라이드 저항과 굴절 저항이 줄어든 것이 특징.

최대 슬라이드 양 12~50mm에 최대 사용각도 10도인 볼 타입의 슬라이드 방식 교차 홈 CVJ(사내호칭 HLJ). 무게는 20%, 외경은 8% 경감. 슬라이드 저항보다 유격 절감을 중시한 타입.

추진축용 등속 조인트

뒷바퀴 구동 차량과 뒷바퀴 구동 기본의 4WD차량에서 필수 장치인 추진축에도 각도 변화를 흡수하는 등속조인트가 필요하다. 구동축용일수록 작동 각도가 평균 2~3도일 정도로 많이 요구되지 않지만, 변속기 출력축의 위치와 각도와 추진축의 분할 방향, 4WD 차량에서는 트랜스퍼의 위치 등에 대응할 수 있는 상품개발이 요구된다.

아사노 유이치
(Yuichi ASANO)
NTN주식회사 자동차사업본부
구동축 기술부 주임

고토 다츠히로
(Tatsuhiro GOTO)
NTN주식회사 자동차사업본부
구동축 기술부 주사

와키타 아키라
(Akira WAKITA)
NTN주식회사 자동차사업본부
구동축 기술부 주사

도모가미 신
(Shin TOMOGAMI)
NTN주식회사 자동차사업본부
구동축 기술부 기술부장

전방 조종과 후방 조종의 차이

횡력에 의한 횡 방향 링 부시의 변위가 「꺾이는 방향」
랙 후방 조종 배치

횡력에 의한 횡 방향 링 부시의 변위가 「리턴 방향」
랙 전방 조종 배치

횡력을 받게 되면 토 아웃이 되기 때문에 트랜스버스(Transverse) 링크의 부시와 조향 랙의 지지강성을 튜닝함으로서 어느 쪽이든 한 쪽을 부드럽게 해서 변형을 허용. 전방 조종과 후방 조종에서는 그림과 같이 설계한다.

앞에서 조종할 것인가, 뒤에서 조종할 것인가

- 조향장치의 설계에 대해 생각하다 -

차량에 대해 허브 캐리어를 앞에서 움직일 것인지 뒤에서 조종할 것인지.
조향축의 배치, 피니언과 랙 장치와 무게 중심, 현가장치 암의 일부로 보았을 때의 강성 등등.
다양한 장점과 단점이 지적되지만 양쪽 모두 납득이 되는 이유가 있다.
여기서는 기계적인 특징부터 조향장치의 배치에 대해 엔지니어의 말을 빌려서 살펴보도록 하겠다.

본문 : MFi 수치 : 닛산

닛산의 섀시 기술부문 엔지니어에게 뒷바퀴 구동 차량(FR 차량 : 동력전달 장치 세로배치)와 앞바퀴 구동 차량(FF 차량 : 동력전달 장치 가로배치)에 있어서 앞바퀴의 조향장치에 차이가 있느냐고 질문했더니 구동력의 유무이지 설계에 큰 차이는 없다고 한다. 포인트는 두 가지가 있는데 횡력을 받을 때의 움직임과 기계적 배치가 그것이다.

조향 랙의 전방조정(앞 차축 중심보다 앞에서 조종)과 후방 조종(앞 차축 중심보다 뒤에서 조종)이 조향장치의 측면에서 어떤 점이 다른지 물었다. 대답은 타이어가 횡력을 받을 때 힘을 받는 방법에 있다는 것이다. 일반적으로 시판 차량은 언더 스티어를 지향으로 만들기 때문에 횡력을 받았을 때 앞바퀴를 토 아웃으로 향하게 하는 것이 기본이다. 그렇다면 토를 변화시키는 요인으로 링크의 부시와 랙 지지부분을 생각했을 때 전방 조종의 경우 랙 지지부분을, 후방 조종은 부시를 강화시키면 토 아웃 상태를 만들어 낼 수 있다.

「기본적으로 횡방향의 강성은 조향핸들이 아니라 링크로 담보하기 때문에 후방 조종 쪽이 횡강성 확보와 언더 스티어 경향의 두 가지가 양립되기 쉽다. 전방 조종은 횡강성과의 양립은 못 하지만 조향 랙을 강화하면 토 아웃으로 할 수 있기 때문에 조향 랙의 강성을 확보할 수 있다는 장점이 있다」

애초에 FF 차량은 앞뒤 하중의 배분 때문에 언더 스티어 경향을 띠기 때문에 일부러 손 댈 필요가 없다. 한편으로 MR차량이나 RR차량 같이 뒤쪽이 무거운 자동차는 앞쪽에서 언더 스티어를 확보하여야 하기 때문에 전방 조종으로 해서 부시를 튜닝하는 등의 수단이 필요하다.

또 하나 요건이 기계적 배치이다. FF 차량의 경우 구동력의 확보를 위해 동력전달 장치를 앞 오버행에 치우쳐 탑재된다. 그것도 가로배치로. 가령 조향 랙을 전방 조종으로 하면 조향축이 동력전달 장치를 관통해야 한다. 심지어 엔진과 변속기가 좌우 비대칭으로 장착되기 때문에

PLAN VIEW | ISOMETRIC VIEW | RIGHT SIDE VIEW

FF : 전방 조종

닛산 아르메라

3개 모두 좌측이 진행방향. 후방 조종의 칼럼 어시스트 타입 EPS+스트럿 방식을 사용한다. 일본시장에서는 티아나가 똑같은 시스템이지만 FF 차량은 원래 배치 요건이 엄격한 편인데, 아르메라는 V6 엔진을 탑재하기 때문에 더 엄격해지면서 랙이 약간 뒤쪽으로 치우쳐 설정되어 있다. 그 때문에 타이로드에 큰 후사각(後斜角)이 설정된 것을 알 수 있다.

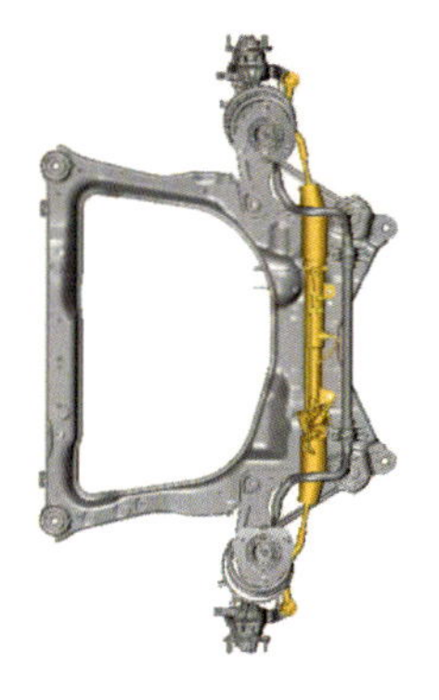

FR : 후방 조종

닛산 스카이라인

더블 피니언 어시스트 타입 EPS+멀티 링크 방식. 닛산의 FR계열은 후방 조종 배치. 탑재조건에 여유가 있어서 실제 도판(圖版)에서도 직선적인 타이로드, 타이로드 엔드의 볼 조인트가 랙과 거의 평행한 위치에 있다. 아르메라에 비해 랙을 차축에 가깝게 탑재한 것도 특징이다. DAS 사양도 기계적인 중간 축은 남겨 놓은 설계.

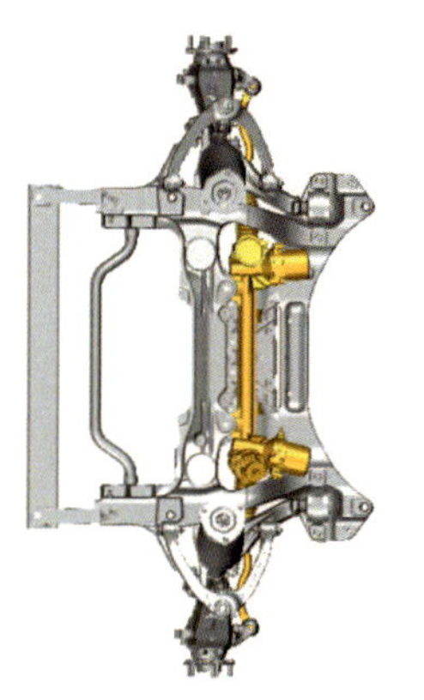

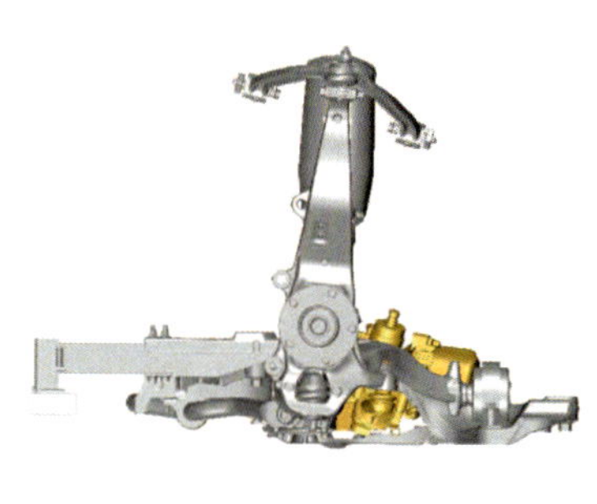

FR : 전방 조종

닛산 패트롤

앞서의 두 가지 타입이 서브 프레임 구조인데 반해 H형 프레임(Ladder Frame)을 사용한다. 순환방식 유압 동력조향+더블 위시본 구조. 기본적으로 뒤쪽이 무겁고 토잉(Towing) 등도 가시적이기 때문에 전방 조종이 통례이다. 격렬한 상황을 견뎌내야 하기 때문에 랙 용량이나 타이로드 지름, 크고 작은 입력의 수용방법 등 탑재 요건에도 연구가 필요하다.

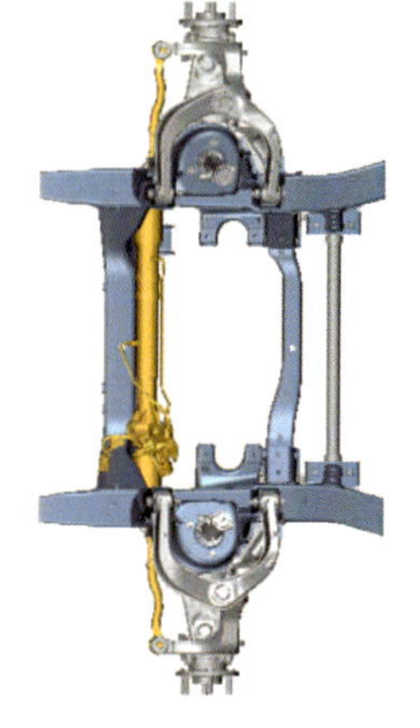

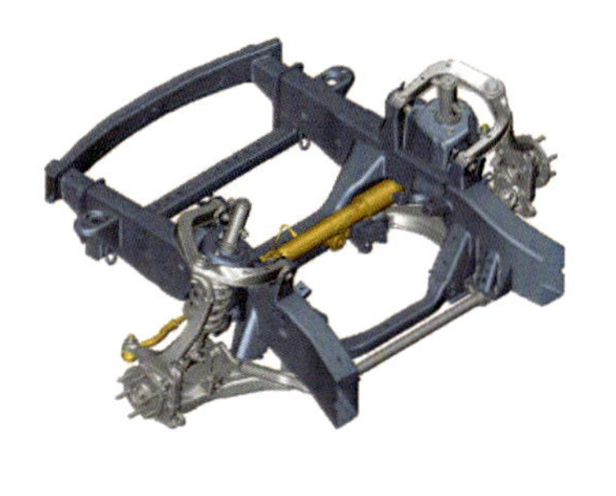

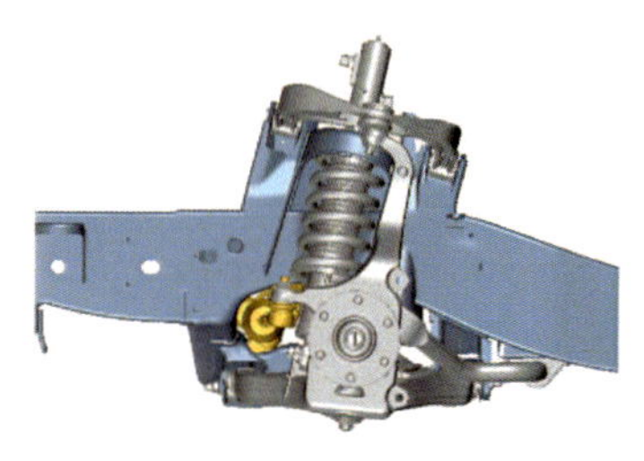

우측 핸들 또는 좌측 핸들을 구분해서 만드는 것도 상당히 곤란하다. 따라서 대부분 FF의 차량은 후방 조정의 배치를 하게 되었다. FR 차량에는 이런 제약이 비교적 적은 편이어서 전방 조종과 후방 조종 어느 쪽이든 채택하기가 쉽다. 앞뒤의 중량 배분이 50 : 50에 가까워 언더 스티어 경향을 반영할 여지가 있다는 것도 특징 가운데 하나이다.

「닛산의 FR 플랫폼은 후방 조종의 배치이다. 패키지상 칼럼의 배치에 유리했던 동력전달 장치 탑재 위치에 제약이 적었던 등의 이점이 있다. 전방 조종의 경우 조향핸들을 최대로 돌렸을 때의 각과 조향핸들의 관계가 매우 엄격하고, 탑재를 위한 "장소"를 확보하는 것도 어렵다. 바로 위에는 엔진이 있고 앞에는 라디에이터, 무게 중심을 차량의 중심에 가깝게 하고 싶으니까 뒤쪽으로 치우치게 놓고 싶지만 그렇게 하면 오일 팬이 있어서… 등의 어려움이 있는 것이다」

조향 감각의 차이에도 지적할 것이 있다. 칼럼과 랙을 연결하는 중간 축의 꺽이는 각을 확보하기 위해 거의가 2군데의 자재이음을 이용하는데 각도가 크면 느낌이 나빠질 가능성이 있다. 닛산은 DAS(Direct Adaptive Steering : Steer By Wire System)도 실용화해 반력을 자유자재로 만들 수 있는 만큼, 이상적인 느낌을 실현하는데 근접해 있다고 할 수 있다.

그렇기는 하지만 조향의 느낌은 결국 앞쪽 하중이 얼마만큼 되느냐는 것이 중요하며, 나아가 전동 동력 조향장치(EPS)를 적용해 제어와 조정이 가능하다. 가능한 똑바로 뻗게 하고 싶다면 전방 조종이 유리하지만 충돌할 때 굴곡점이 적으면 캐빈을 관통할 위험도 있다. 앞서 언급했듯이 전방 조종에는 탑재 위치에 대한 제한도 많아 FR 차량을 설계할 때는 조향 랙의 탑재가 고민스럽다고 한다.

스바루 BRZ

AWD(All Wheel Drive) 제작사가 개발한 FR 스포츠

수평 대향형 엔진을 앞에 탑재하고 4바퀴를 구동하는 AWD 자동차의 제조가 주특기인 스바루. 그 스바루가 처음 만든 뒷바퀴 구동(FR) 스포츠 쿠페가 BRZ/도요타 86이다. AWD의 노하우는 FR로 살아났을까? FR 개발에 대한 핵심은 어디에 있었을까?

본문 : 세라 고카 사진 & 수치 : 스바루 / MFi

스바루 BRZ S(6MT)

전장×전폭×전고 : 4240×1775×1320mm
휠베이스 : 2570mm
트레드 : F1510/R1540
중량 : 1230kg
현가장치 : Ⓕ스트럿/코일 Ⓡ더블 위시본/코일
스티어링 기어 형식 : 랙&피니언
스티어링 기어비 : 13:1
엔진 : FA20형 수평 대향형 4기통 DOHC
최고출력 : 147kW/7000rpm
최대토크 : 205Nm/6400~6600rpm

Illustration Feature
Statics & Dynamics of the
뒷바퀴 구동
STATICS
04
FR의 개발과 설계

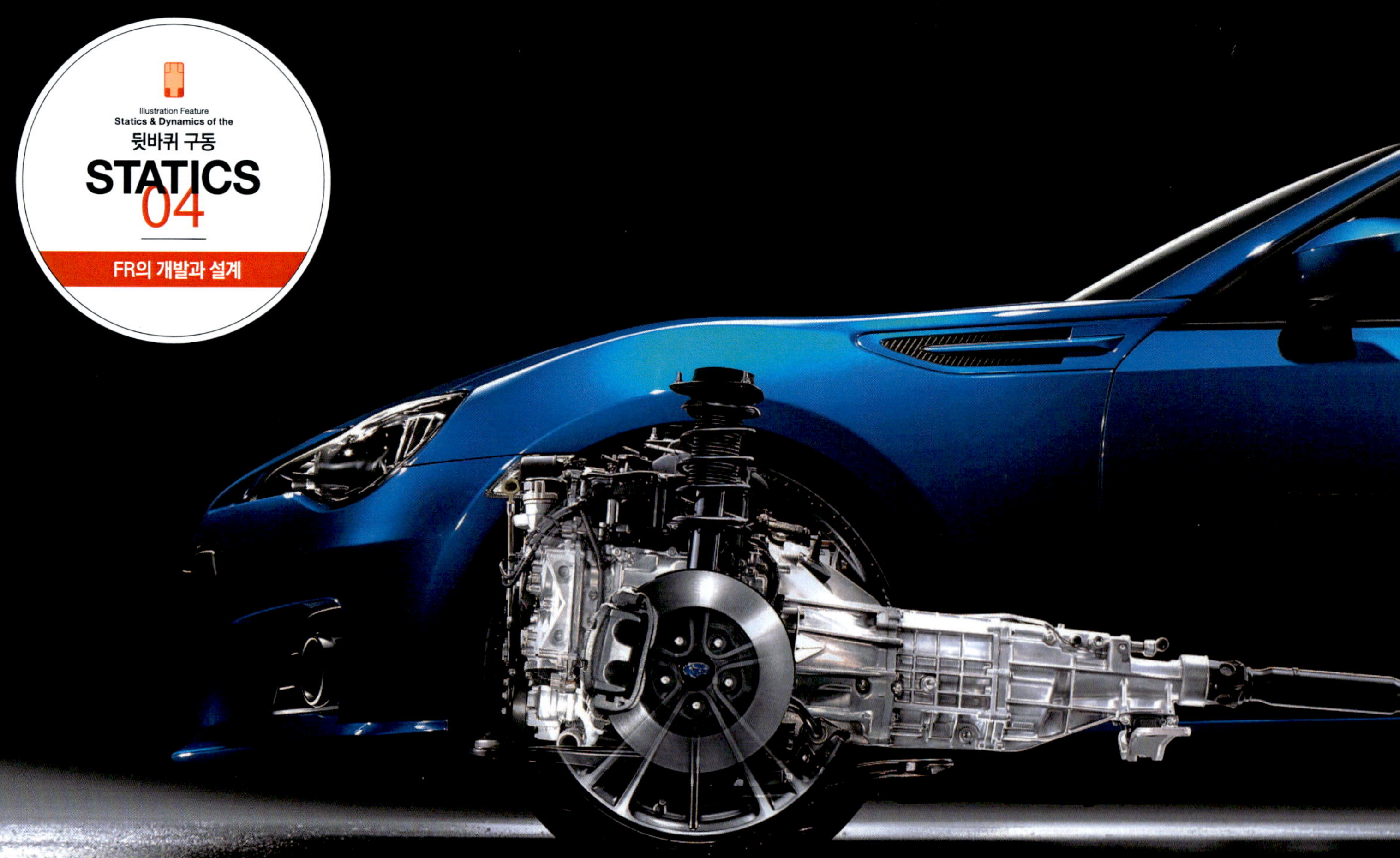

– FR이 갖추어야 할 개발로 시작된 것이 아니란 말씀이네요.

마츠마에 : 그렇다. 스포츠카로서 어떻게 패키지를 하면 좋은지로 검토한 결과이다.

후지이 : 토크 용량이 같을 경우 AWD로 만들면 무거워지면서 경쾌함이 없어져 운동성능에 영향을 미친다. AWD이라고 해서 안전하고 FR이라고 해서 위험하다는 생각이 아니라 이 자동차의 개념이 지향하는 운동성능은 한 가지이다. 가벼운 상태에서 낮은 무게의 중심을 지향했더니 FR이 된 것이다.

– BRZ는 임프레자에 비해 엔진은 아래로 60mm, 뒤로 240mm가 이동했더군요.

마츠마에 : 육상경기 선수가 빨리 움직일 때 몸을 구부리는 것과 똑같습니다. 앞쪽에 디퍼렌셜이 있으면 그렇게까지 내려가지 않죠. AWD로 들어가면 이런 레이아웃은 불가능합니다. 엔진을 낮게 또 뒤로 배치할 수 있었던 것은 FR로 결론지었기 때문입니다.

– 전후 하중 배분이 53대 47로 된 배경은 무엇입니까.

PROFILE

기류 히로유키
스바루 기술본부
차량연구실험 총괄부 주사

후지이 다다노리
스바루 기술본부
파워유닛 연구실험 제3부 담당

마츠마에 가즈노부
스바루 기술본부
차량연구실험 총괄부 주사

숫자상으로 50대 50으로 하는 일이야 간단하지만, BRZ는 그런 지향을 하지 않았다.

– 마츠마에 가즈노부

할당해가면서 확인한 결과 53대 47이 여러 균형적인 측면에서 가장 적합하다는 결론을 얻었던 것이다.

후지이 : 50대 50이 이상적이라고 생각하는 것은 알고 있지만, 수치만 추구하다보면 균형이 무너진다. BRZ에서는 감각을 중시했다.

마츠마에 : 스포츠카로서 기초 체력이 높은 섀시는 무엇일까를 생각하면서 패키징을 결정한 결과이다. 무거워지는 방향에서 50대 50으로 하는 것은 간단하지만 그렇게 할 생각은 없었다.

기류 : 53대 47이 아니라도 운동성능은 성립된다. FR은 이론상 이래야 한다는 선입관을 갖지 않고 BRZ의 개념으로서 53대 47이 최선이라고 생각했던 것이다. 예를 들어 구동력을 좀 더 중시했다면 뒤쪽의 중량 배분을 늘리는 편이 좋을지도 모른다. 하지만 200ps로 가볍게 즐길 수 있는 개념으로서는 53대 47이 좋다는 생각이었다. 반대로 안정감을 더 지향하다면 앞쪽이 55정도가 되어야 한다. 50대 50으로 하면 마지막 안정성이 불안정한 쪽으로 바뀌기 때문에 현재 상태가 이 자동차로서는 최선이다.

- 어떻게 배분하든 「안정」은 안 되지만 브레이크를 작동

「운동성능의 기본을 본다」는 목적으로 제작한 시작차량의 본성이 BRZ의 원점. 양산설계에 들어가는 과정에서는 운동성능 이외의 측면에서 욕심이 생기기 쉽지만, 시작차량의 순수한 부분을 잃지 않는데 충실했다.

BRZ는 「후방 조종」이더군요.

기류 : 동력전달 장치의 배치 차이가 원인이다. BRZ의 경우 전방 조종으로 하면 조향 기어박스는 장착할 수 있는 반면에 조향축은 배치할 수가 없다.

마츠마에 : 임프레자에 비해 엔진을 240mm 뒤로 이동시킨 상태에서 조향 기어박스를 전방 조종으로 하면 조향도 모른다. 다만 BRZ는 거기에 초점을 맞춘 것이 아니기 때문에 중고속 영역에서의 핸들링을 중시해 조향 각도의 차이를 크게 주지 않았다.

- 동력 조향장치의 제어에 관해서도 특별한 것은 하지 않았다는 것인가요.

기류 : 예, 하지 않았다. FF나 AWD만 하더라도 구동력으로 인해 토크 스티어가 나올만한 배치는 하지 않기 때문에 구동력과 동력 조향장치의 제어는 완전히 분리되어 있다. FR이라고 해서 특별한 제어는 하지 않는다. 다만 BRZ의 개념 차원에서 조향에 대한 관성감각을 줄이는데는 신경을 썼다. 자동차 전체의 관성을 작게 한 것처럼 조향장치의 관성도 줄이고 싶었다. 그래서 조향핸들도 신경 써서 작게 했다. 이것은 조향 감각을 위해서이다.

마츠마에 : FR로 하니까 또는 FF이니까 하는 개념으로 개발하지 않았다. 운전자가 자동차를 조작했을 때 어땠으면 좋겠다는 시점에서 개발한 것이다.

- 응답이 지체되는 것도 싫고 연속적이지 않은 점이 있어서도 안 되겠죠.

마츠마에 : 그렇다.

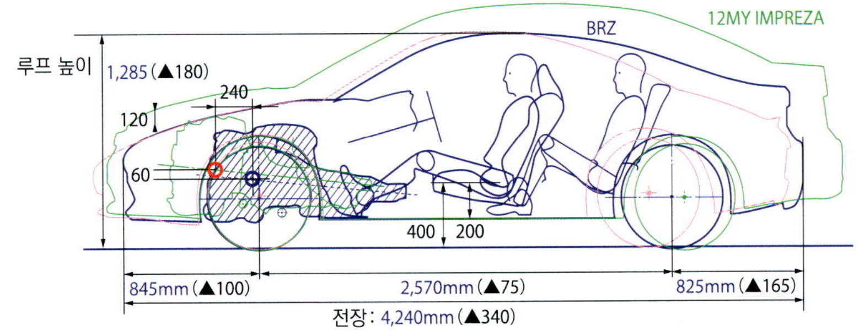

무게 중심을 낮추고 싶었고, 요 관성 모멘트를 줄이기 위해서도 무게 중심에서 떨어진 곳에 중량물을 배치하고 싶지 않았다. 뒷바퀴 구동 차량 전용의 동력전달 장치를 새롭게 설계한 것은 그 때문이다. 앞바퀴 구동 가능성을 배제하면 동력전달 장치인 앞 종감속 장치를배치할 필요가 없어서, 엔진을 낮게 뒤쪽으로 배치하는 것이 가능하다. 「2인승이었다면 운동성능에 관해 별도의 답이 있었을지도 모른다」고 말하지만, 플러스2의 거주성과 이에 상응하는 화물공간을 확보하는데 힘을 쏟았다.

무게 중심이 매우 낮으면서도 실용적으로는 충분한 최저 지상고130mm를 확보

시켜도 쉽게 제어할 수 있는 여지를 남긴 거군요.

마츠마에 : 어떤 상태에서도 쉽게 제어할 수 있는 속성을 지향하는 것이 기본이다.

후지이 : 2by 2에 많은 신경을 쓰기도 했다. 2인승이었다면 다른 해결책이 있었을지도 모른다. 플러스2의 거주공간과 공구나 헬멧, 때로는 골프백을 넣을 수 있을 정도로 해달라는 요청도 있었다. 그런 가운데 이상적인 균형을 추구하면서 패키징을 구축했다.

- 그런데, 임프레자는 조향장치가 「전방 조종」이고 칼럼의 배치가 불가능하고, 엔진을 최대한 낮게 탑재하려면 기어박스가 배기장치와도 간섭한다. 변속기와 엔진의 결합부분에 생기는 틈새로 조향 기어박스를 통과시키면 기존의 4WD 같은 경우는 전방 조종이 되고, BRZ는 후방 조종이 된다. 순수하게 패키징 상의 이유이다.

- 조향 감각에 영향은 없습니까.

기류 : 결정적인 차이는 없다. 후방 조종으로 하면 좌우의 조향 각도의 차이를 크게 할 수 있기 때문에 큰 조향 각도로 부드럽게 돌고 싶은 소형 도시형 승용차에는 좋을지

기류 : 솔직히 말씀드리면 운동성능을 벤치 마킹한 것은 FR이 아니라 독일의 모 미드십 자동차였다. FR이나 뒷바퀴 구동이어서가 아니라 스포츠카 차원에서 이런 움직임은 좋구나 하는 측면에서 말이다.

- 구체적으로 어떤 움직임입니까.

기류 : 조향핸들을 돌리는 순간에 바로 가볍게 움직이는 부분이다.

- 회두성(回頭性, turn-in ability)을 말하는 건가요.

기류 : 그렇습니다. 선회로 들어갔을 때 요(yaw)와 횡 G

가 드러나는 균형이라거나, 롤의 균형 같은 것이다. 자동차가 무거워 관성 모멘트가 커지면 아무래도 많이 지체하게 된다. 관성 모멘트를 작게 하는 방향이 아니라 그런 움직임을 보이려고 할 때 타이어의 코너링 파워를 높인다든가, 현가장치의 부시를 강하게 하는 식으로 대응하는 겁니다. 하지만 그렇게 하면 승차감이 좋아지지는 않는다.

마츠마에 : 기초 체력을 높이는 것이 BRZ의 기본적인 방침이다.

기류 : FR이기 때문이라기보다 오히려 무게 중심을 낮춰 스포티한 감각에 맞추기 위해 앞뒤의 롤 축을 수평에 가깝게 했다. FF 기본의 자동차는 앞으로 기우는 경향이 많다. SUV처럼 탑승객이 높은 위치에 앉는 경우는 코너에 들어갔을 때 약간 앞으로 기우는 편이 운전하기도 쉽고 안심이 된다. BRZ은 오로지 롤시키는 것을 즐기는 것이 아니라 무게 중심을 낮춰 노면에 붙어가는 듯한 느낌을 주도록 했다. 그 때문에 앞뒤 롤 축을 수평방향으로 갖고 갔던 것이다.

- 이야기를 듣다보니 수중에 있던 기술로 완성된 것 같이 느껴지는데요.

일부 등급을 제외하고 토르센 LSD는 표준사양. 200ps이라고는 하지만 뒤쪽 2바퀴가 모든 힘을 받아들이기 때문에 용량은 4WD보다 크다. 바이어스 비율의 균형점은 4WD와 달리 개발자를 곤혹스럽게 했다.

야 할테구요….

마츠마에 : 익스트림 영역을 즐기는 세계가 있다는 것도 알고는 있지만, 그것은 자동차 제작사가 할 일은 아니라고 생각한다.

후지이 : 익스트림이라고 해서 생각이 났는데, AWD에 익숙한 탓인지 빙판 위에서 FR 테스크카를 탔었는데 카운터 스티어가 나오면서 계속해서 뒤가 흔들리는 겁니다. [continued below]

강하게 하면 타이어가 산발적으로 달라붙으면서 움직임이 흔들리기 때문이다.

후지이 : 계속 뒤가 흔들리는 것이다.

마츠마에 : FR은 AWD와 달랐다. AWD는 한 쪽 바퀴가 떠도 남은 3바퀴로 어떻게든 되지만 FR은 한 쪽 바퀴가 뜨는 순간 아무것도 못하게 된다. 그래서 생각했던 것보다 강하게 제한하지 않으면 안 되겠다는 느낌을 갖게 되었다.

후지이 : 그런데 강하게 하면 스틱 슬립 쪽으로 들어가게 되면서 조향을 바꿨을 때의 소리와 진동으로 이어지게 된다. 안심하고 운전할 수 있는 접지 감각을 계속 발휘하면서 소실로 이어지지 않도록 균형을 잡았다. FR의 시세 현황을 몰랐기 때문에 곤혹스럽기는 했다.

마츠마에 : AWD에 익숙한 감각 측면에서는 이렇게 강하게 해도 괜찮다는 느낌이다.

- 도요타의 86에 비해 스바루의 BRZ는 안정 지향이라는 평가도 있습니다만.

기류 : AWD의 주행 감각에 익숙해 있는 우리가 튜닝을 했기 때문에 그렇게 됐을지도 모른다. 차별성을 보이려고 했던 것은 아니다.

540
520
500
480
460
440
420
BRZ A車 B車 C車 D車 STI

경쟁차량은 물론이고 수평대향형 엔진 기본의 4WD 때문에 무게 중심이 낮았던 WRX STI에 비해서도 압도적으로 중심이 낮다. 이 특성을 살려 「노면에 붙는 듯한 느낌」을 줄 수 있는 운동특성을 부여했다. 앞뒤 롤 축이 이론대로 앞으로 내려가기는 했지만 수평에 가깝게 설정. 전체적으로 가볍고, 중량물이 무게 중심 근처에 배치되어 있으면 관성 모멘트가 작아져 회두성이 좋아진다. 타이어의 코너링 파워를 높이거나 부시를 강하게 하는 것이 아니라 자동차의 본성을 통해 이런 움직임을 만들어내려고 했다.

기류 : WRX 계열은 300ps를 넘게 발휘하는데 그 가운데 약 60%를 뒤쪽으로 배분하고 있습니다. 뒤쪽 2바퀴가 받아들이는 토크는 BRZ와 비슷한 정도이기 때문에 이 정도를 받아줄 기초 기술은 갖고 있다. AWD가 어려운 것은 받아들이는 기술이 아니라 토크가 왔다갔다 한다든지 간섭하는 것이다. 그런 점에서 FR은 구동력만 단순하게 걸릴 뿐이기 때문에 기존의 기술로도 가능한 것이다. FR로 300ps, 400ps을 낸다고 하면 다른 이야기가 되지만, 우리 같은 경우 그렇게까지 성능을 추가한다면 AWD로 가

후지이 : 완전히 정리되었다고 말하기는 어렵지만, 뒤쪽의 LSD 세팅은 AWD와 FR이 다르다. 뒤 종감속 장치는 차동 토크 비율(bias ratio)을 높이면 회두성에 대해 네거티브한 방향으로 작용한다. 전에는 마찰계수(μ)가 낮은 도로의 탈출을 감안해 효과가 제대로 나게 해야겠다는 생각이었지만, 최근에는 눈이 쌓인 도로에서의 직진 안정성을 감안해 굳이 강하게 하지 않는 방향이다. 차동 제한을

후지이 : FR이라고 해서 드리프트가 되는 것은 아니다.

마츠마에 : 안전·안심이 되는 주행이 바탕에 있고, 그런 상태에서 운전자가 의도한대로 움직이는 것을 지향했기 때문일 것이다.

Illustration Feature
Statics & Dynamics of the
뒷바퀴 구동
DYNAMICS 02
FR 현가장치의 검증

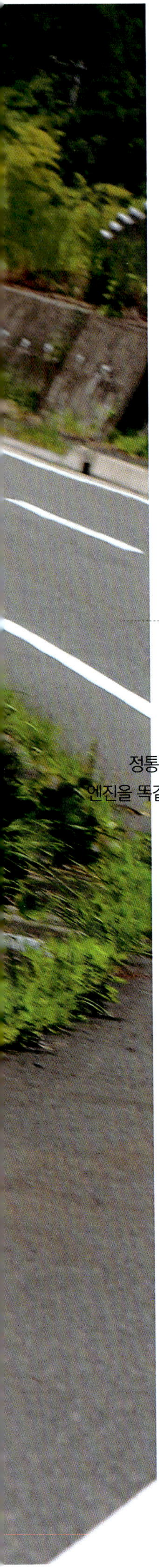

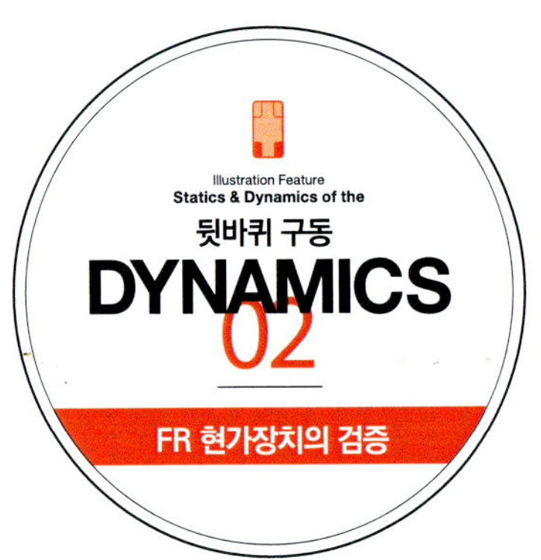

How to make a SUSPENSION

FR 현가장치의 제작 방법

구동 방식이 다르면 현가장치의 제작 방법도 달라진다.
정통적으로 설계에 여유가 많은 FR에도 확보해야 할 「철칙」은 존재할 것이다.
엔진을 똑같이 사용하는 메르세데스 벤츠 C250과 닛산 스카이라인 200GT-t를 예로 들어
FR만의 현가장치 제작 방법에 대해 살펴보겠다.

본문 : 고이즈미 겐지 (MFi) 사진 : 히라노 아키오

NISSAN
SKYLINE

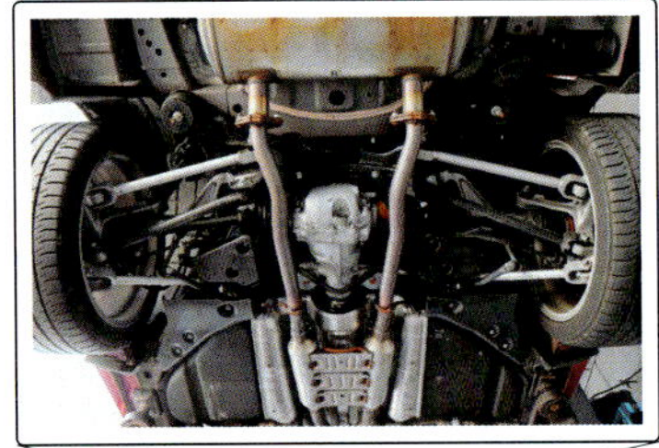

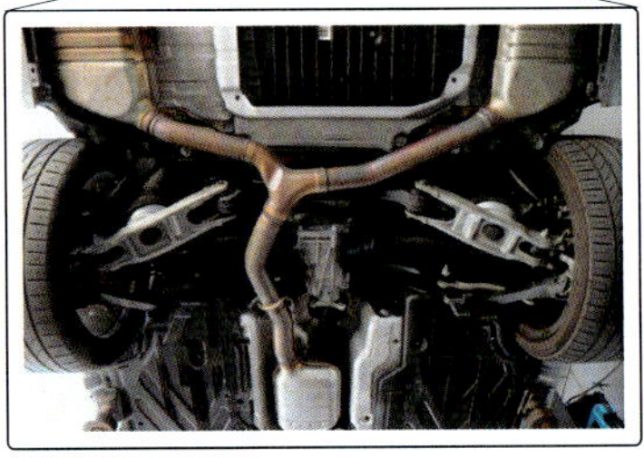

MERCEDES-BENZ
C-Class

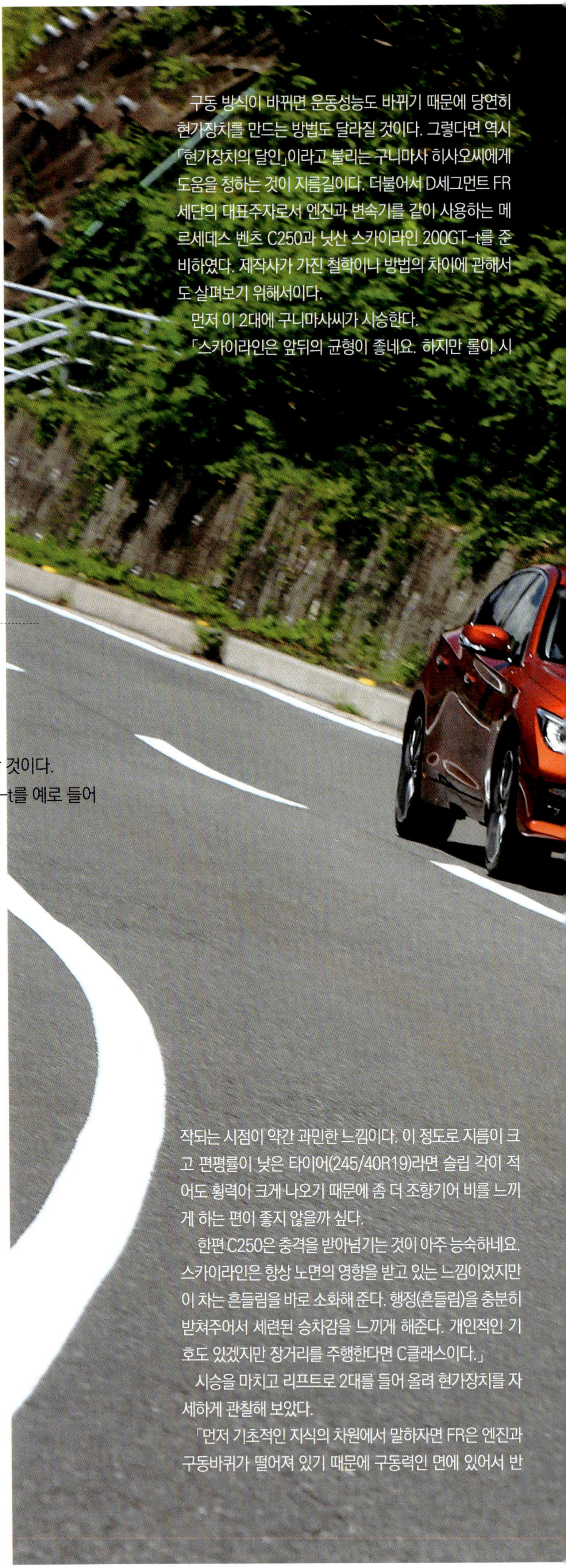

구동 방식이 바뀌면 운동성능도 바뀌기 때문에 당연히 현가장치를 만드는 방법도 달라질 것이다. 그렇다면 역시 「현가장치의 달인」이라고 불리는 구니마사 히사오씨에게 도움을 청하는 것이 지름길이다. 더불어서 D세그먼트 FR 세단의 대표주자로서 엔진과 변속기를 같이 사용하는 메르세데스 벤츠 C250과 닛산 스카이라인 200GT-t를 준비하였다. 제작사가 가진 철학이나 방법의 차이에 관해서도 살펴보기 위해서이다.

먼저 이 2대에 구니마사씨가 시승한다.

「스카이라인은 앞뒤의 균형이 좋네요. 하지만 롤이 시작되는 시점이 약간 과민한 느낌이다. 이 정도로 지름이 크고 편평률이 낮은 타이어(245/40R19)라면 슬립 각이 적어도 횡력이 크게 나오기 때문에 좀 더 조향기어 비를 느끼게 하는 편이 좋지 않을까 싶다.

한편 C250은 충격을 받아넘기는 것이 아주 능숙하네요. 스카이라인은 항상 노면의 영향을 받고 있는 느낌이었지만 이 차는 흔들림을 바로 소화해 준다. 행정(흔들림)을 충분히 받쳐주어서 세련된 승차감을 느끼게 해준다. 개인적인 기호도 있겠지만 장거리를 주행한다면 C클래스이다.」

시승을 마치고 리프트로 2대를 들어 올려 현가장치를 자세하게 관찰해 보았다.

「먼저 기초적인 지식의 차원에서 말하자면 FR은 엔진과 구동바퀴가 떨어져 있기 때문에 구동력인 면에 있어서 반

드시 뛰어나다고는 할 수 없다. 그래서 하중이 뒤쪽으로 확실하게 걸리도록 의식적으로 중량을 배분하여야 한다. 그런 반면에 고속의 영역에 있어서는 직진 안정성은 앞쪽이 무거운 편이 좋다. 끝 부분에 무게 추가 있는 화살이 똑바로 날아가는 이치와 같다. 그리고 어떤 구동 방식이든 언더 스티어의 특성을 띤다. 이것은 철칙이다」

그렇구나 하고 고개를 끄덕이면서도 구동바퀴 쪽에 엔진이 있고 앞이 무거우며, 언더 스티어의 특성이 강하다…… 이것은 그야말로 FF가 아닌가. FF가 운동특성 상에 조향의 역할이 없는데다가 엔진도 없기 때문에 당연히 배치상 여유가 있는 것이다.

그러면 구체적으로 FR만의 현가장치 제작 방법에 대해 들어보자.

「브레이크를 작동시키면서 턴 인으로 전환하는 장면을 떠올려 보기 바란다. 앞쪽 안쪽바퀴와 뒤쪽 바깥쪽바퀴를 잇는 대각선을 축으로 해서 비스듬하게 롤 한다는 것을 알 수 있을 것으로 생각하는데, 이때 구동바퀴인 뒤쪽의 안쪽 바퀴가 뜨는 일은 절대로 피하고 싶다. 하지만 엔진이 있는 앞쪽이 무겁기 때문에 앞쪽이 내려가고 뒤쪽이 올라오는 것은 쉽게 상상할 수 있겠다. 그래서 앞의 현가장치보다 뒤 현가장치의 행정(상하 움직임)을 길게 해주는 것이다」

전 다트 트라이얼 왕자이자 본지의 치프 테스터를 맡고 있는 구니마사 히사오씨. 전문점 「오리지널 박스」를 운영하는 동시에 국내외 자동차 제작사의 현가장치 개발에도 관여하고 있다.

으로 보면 뛰어나다는 의미일까 하는 생각이 뇌리를 스쳐 간다.

「아니 아니, 개별 요소에 대한 대전제를 이야기한 것일 뿐, 종합적인 운동특성의 차원에서는 이야기가 달라진다. 게다가 4WD나 FF와 달리 FR은 조향바퀴와 구동바퀴가 나뉘어 있기 때문에 설계에 여유가 있다. 이것은 만드는 쪽에게는 아주 큰 부분이다」

예를 들면 구동바퀴의 현가장치를 가능한 높은 강성을 갖게 하고 싶지만 FF나 4WD는 구동바퀴가 있는 앞부분에 엔진이나 타이로드도 있어서 제약이 많다. FR은 뒤쪽

만약 어떤 이유로 뒤쪽의 행정을 [illegible]게 확보할 수 없는 경우는 앞을 짧게 한다. 그 정도의 법칙은 [illegible]인 것이라고 한다.

「앞쪽의 롤은 최대한 억제하고 뒤쪽은 어느 정도 자유롭게 움직이게 하는 편이 좋다. 다만 피칭을 억제하기 위해서는 앞쪽도 탄력을 주는 것이 좋다. 그래서 메인 스프링은 부드럽게 하고 롤은 스태빌라이저로 억제하는 것이 하나의 방법이다. 그런 의미에서 C클래스가 채택하고 있는 공기식

MERCEDES-BENZ **C250 SPORTS**

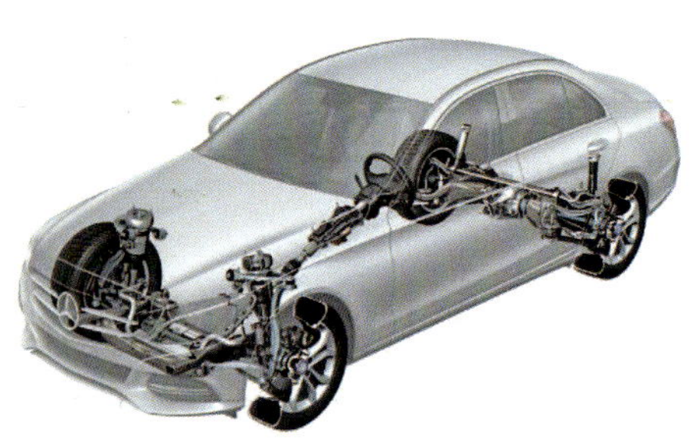

주요 제원표

차종			C250 스포츠
치수·중량	전장(mm)		4715
	전폭(mm)		1810
	전고(mm)		1430
	휠 베이스(mm)		2840
	트레드	앞	1575
		뒤	1545
	차량중량(kg)		1600
	승차정원(명)		5
엔진	형식		직렬 4기통 DOHC 터보
	내경×행정(mm)		83.0×92.0
	압축비		9.8
	총배기량(cc)		1991
	최고 출력 (kW[ps]/rpm)		155[211]/5500
	최대토크(Nm/rpm)		350/1250~3500
	연료 공급장치		전자제어식 연료 분사장치
	사용 연료		무연 프리미엄
	연료 탱크 용량(ℓ)		66
변속기 형식			7단AT
구동 방식			FR
조향 방식			랙&피니언
현가장치		앞	4링크
		뒤	멀티 링크
브레이크		앞	벤틸레이티드 디스크
		뒤	벤틸레이티드 디스크
타이어 사이즈		앞	225/40R19
		뒤	255/35R19
JC08모드 연비(km/			16.0
가격(일본)			약 6,570만원

어파 암

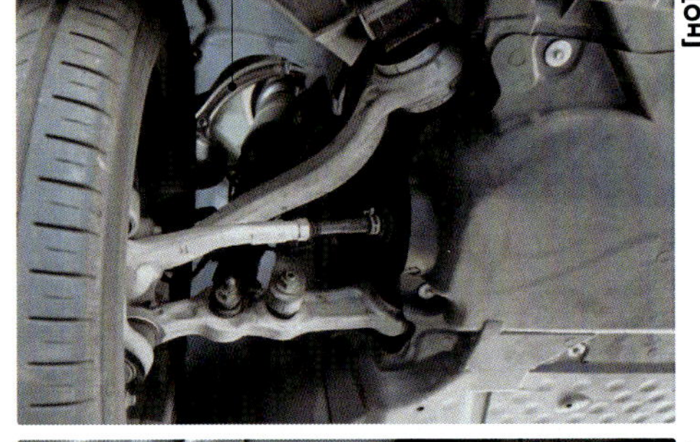

앞

뒤

로어 암(더블조인트)

스태빌라이저 링크

타이로드

Front suspension
[앞 현가장치]

알루미늄 합금 제품의 투박한 암 종류가 눈길을 끈다. 로어 암은 2개로 구성되는 더블 조인트 타입. 킹 핀 옵셋에 따른 네거티브 스크러브(scrub)을 해소하고 정확한 조향 각도와 양호한 조향 감각을 얻기 위해 스트럿 방식에서 많이 사용되는 방법이다. 킹 핀 축을 적정하게 유지하기 위한 또 하나의 방법인 하이 마운트 어퍼 마운트와 조합시킨, 상당히 공을 들인 암의 구성이다. 스태빌라이저의 링크 암도 이례적으로 투박하다. 타이로드는 유럽의 FR에서 많이 보는 전방 조종이다. 각 부시의 용량은 하중량과 방향을 감안해 적재적소에 안배하고 있다.

Rear suspension
[뒤 현가장치]

지름이 큰 공기식 현가장치 유닛을 받아줘야 하기 때문에 상당히 광폭으로 만들어진 로어 암이 특징. 공기식 현가장치의 바깥쪽에는 별도의 쇽업소버가 배치된다. 로어 쪽 트레일링 암은 직선형상이지만 이것과 궤적 상 간섭을 일으키는 토 컨트롤 암은 삼차원 형상을 하고 있다. 총 3개의 암을 받아내는 업라이트는 용량은 물론이거니와 각 피봇과 응력을 고려한 복잡한 형상. 암과 피봇의 배치, 각 부시의 크기나 두께 등 한 눈에 봐도 멀티 링크의 원조인 메르세데스를 연상시키는 배려임을 잘 알 수 있다.

앞

뒤

토 컨트롤 암　트레일링 암

현가장치는 유효한 수단이라고 할 수 있으며, 비율이 가변일 뿐만 아니라 행정이 크게 나온다. 그런 반면에 롤 방향은 깔끔하지 않게 되지만, 실제로 이렇게 밑에서 들여다보면 C클래스의 스태빌라이저는 엄청 두껍다. 목적이 무엇인지 분명하게 전달되는 설계인 것이다」

FR 특유의 어려운 요소로는 구동축이 긴데서 유래되는 고르지 못한 회전으로 인해 차체에 주는 영향을 들 수 있다.

「타이어가 불규칙한 노면을 타고 넘으면 평평한 노면 위를 굴러가는 것보다 이동하는 거리가 늘어난다. A지점과 B지점을 연결하는 노면이 있다고 할 때 그것이 평평하다면 최단거리 직선이 되지만 솟아 있거나 곡선으로 되어 있다면 그만큼 거리가 길어진다. 즉 불규칙한 거리를 통과하면 사소하지만 속도가 떨어지게 된다. 좌우 구동바퀴가 동시에 똑같은 불규칙 노면을 통과한다면 문제가 없지만, 시간차이나 정도차이가 있다면 차체의 움직임에 악영향을 끼친다. 악영향은 추진축, 구동축 등 여러 부위에서 발생하기 때문에 엔진부터 구동바퀴까지의 거리가 FF나 MR보다 긴 FR은 받는 영향의 피해를 억제하려는 것 같은데, 현가장치 주변의 부시를 갖고 대처하는 것도 어느 정도 가능하다」

C클래스의 현가장치를 보면 각 부시의 지름이나 고무의 용량이 사용되는 장소에 따라 즉 목적에 따라 상당히 다르게 되어 있다.

「움직이게 하고 싶은 부분과 움직이지 않게 하려는 부분을 확실히 알 수 있다. 스카이라인은 이 정도로 종류가 많이 있는 것 같지는 않다. 엔진 제어만으로 어떻게든 해 보자는 생각인지도 모른다. 원가나 효율 차원의 균형도 있을테니까 한 마디로 어느 쪽이 정답이라고는 말하기 어렵지만 C클래스의 현가장치에 상당한 노력이 들어간 것만은 틀림 없다」

뒷바퀴를 구동하는데 따른 부정적 요소도 적지 않다. 먼저 구동축에 있어서 구동바퀴를 위아래로 똑바로 움직

NISSAN **SKYLINE 200GT-t Type SP**

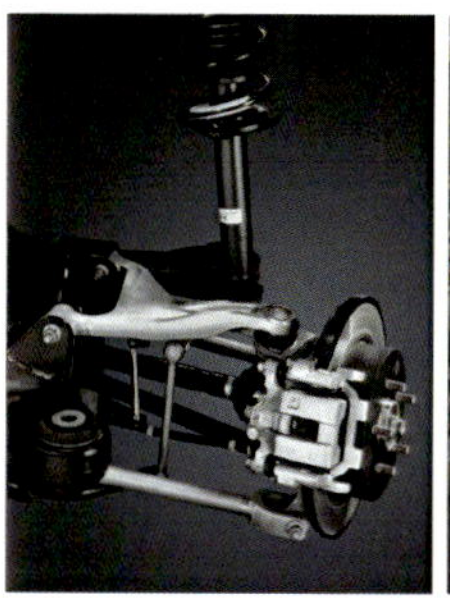

주요 제원표

차종			스카이라인 200GT-t Type SP
치수·중량	전장(mm)		4800
	전폭(mm)		1820
	전고(mm)		1450
	휠 베이스(mm)		2850
	트레드	앞	1535
		뒤	1545
	차량중량(kg)		1680
	승차정원(명)		5
엔진	형식		직렬 4기통 DOHC 터보
	내경×행정(mm)		83.0×92.0
	압축비		9.8
	총배기량(cc)		1991
	최고 출력 (kW[ps]/rpm)		155[211]/5500
	최대토크(Nm/rpm)		350/1250~3500
	연료 공급장치		전자제어식 연료 분사장치
	사용 연료		무연 프리미엄
	연료 탱크 용량(ℓ)		80
변속기 형식			7단AT
구동 방식			FR
스티어링 방식			랙&피니언
현가장치		앞	더블 위시본
		뒤	멀티 링크
브레이크		앞	벤틸레이티드 디스크
		뒤	벤틸레이티드 디스크
타이어 사이즈		앞	245/45R19
		뒤	245/45R19
JC08모드 연비(km/			13.0
가격(일본)			약 4,570만원

Front suspension
[앞 현가장치]

C클래스와 달리 스카이라인은 타이로드가 후방 조정을 한다. 이것은 이 차의 섀시가 앞세대의 V36에서 전해온 것임을 이야기한다. 앞 현가장치 구성도 앞세대와 거의 동일. 업라이트 쪽 싱글 피봇인 A형 로어 암+하이 마운트 어퍼 암으로 이루어진 구성. 코일과 쇽업소버 유닛의 하부는 레버비율이 거의 1이 되는 위치에 장착되어 킹 핀 옵셋이 거의 없는 기하학적 구조이다. 반면 스태빌라이저의 장착위치는 쇽업소버에서 약간 떨어져 있어서 추종성이라는 점에서는 메르세데스보다 불리.

Rear suspension
[뒤 현가장치]

똑같은 멀티 링크이지만 보기에도 C클래스와 완전 다르다. 가운데의 검은 강관(鋼管)이 로어 암이고, 앞쪽으로 뻗은 알루미늄 관이 트레일링 암, 뒤쪽의 알루미늄 관이 토 컨트롤 링크이다. 토 컨트롤 링크는 로어 암으로도 작용하는 더블 조인트처럼 보인다는 것이 구니마사씨의 설명이다. 암 종류와 크로스 멤버의 외관은 메르세데스와 비교해 너무 없어 보인다. 부시의 용량도 확실히 작다. 어퍼 암은 A형으로, 쇽업소버 유닛은 업라이트와 똑같은 축으로 지지를 받는다.

이는 것이 상당히 어렵다. 이것은 FF나 FR 모두 똑같지만, 뒤차축에 있어서의 이 어려움은 독자적인 트러블이 발생하기 쉽다.

「스카이라인의 뒤 현가장치를 보면 쉽게 알 수 있는데, A형 어퍼 암과 로어 암의 보디 쪽 연결지점이 휠 쪽 연결지점보다 높은 위치에 있다. 즉 보디 쪽에서 휠 쪽에 걸쳐 각각의 암이 내려가는 형태의 각도가 설정되어 있는 것이다.

이 상태에서 롤로 인해 보디 쪽이 내려가면 어떻게 될까요? 트레드 면이 바깥쪽으로 나가게 되고 상대적으로 보디는 안쪽으로 밀리게 된다. 하지만 선회 중일 때 부드럽게 방향을 바꾸려면 원래는 차체의 뒤쪽을 바깥으로 밀려나가게 하는 것이 좋다. 좀 전에 스카이라인을 시승했을 때 휠 베이스가 길다고 느꼈는데 이것은 뒤쪽이 안쪽으로 들어감으로서 선회하는 중심이 후방으로 이동하기 때문일 것이다. 마치 4WS로 똑같은 상태에서 타이트하게 선회하는 듯한 감각이다. 그 대신에 롤 센터가 높은 편이기 때문에 뒤쪽이 안정적이다. 그런 점을 노렸겠지만」

필자도 앞쪽 반응이 빠른 대신에 뒤쪽이 충분이 쫒아오지 못한다는 인상을 받았는데 과연 이런 이유가 있었던 것이다.

「멀티 링크는 암 종류의 상호 간섭으로 인해 정확한 움직임을 내기 어렵기 때문에 폐가 됩니다. 그런 점에서 토션 빔이 괜한 일을 하지 않기 때문에 고분고분 운전하기가 쉬워지지만 FR용으로는 강성(특히 횡방향)이 부족하다. 그래서 대부분 FF의 뒤 현가장치으로밖에 사용하지 않는 것이다」

이렇게 보면 역시 FR은 설계 측면의 여유가 많다. 하지만 그만큼 제조사의 역량이 크게 나타나는 것 또한 사실이다. 똑같은 동력전달 장치를 탑재하고 있는 C250과 스카이라인 200GT-t 2대가 이렇게나 다른 현가장치를 갖고 다른 주행 감각을 보여주는 것을 보면 말이다.

뒷바퀴 구동 차량의 동력과 운동성능의 잠재력 그리고 앞바퀴의 요 모멘트 제어

뒷바퀴 구동의 우월성은 가속할 때 하중이 구동바퀴에 걸리는데 따른 구동력과 그 구동력의 증감을 통해 조종성을 임의대로 언더 스티어나 오버 스티어로 제어할 수 있다는 점이다.
이에 대한 상세한 운동논리를 타이어의 마찰원을 축으로 삼아 분석해 보겠다.
나아가 뒷바퀴 구동 차량의 앞바퀴에 차동을 가함으로서 자유로운 운동제어가 가능해지는 토크 벡터링에 있어서, 그 유효성을 살펴보겠다.

본문 : 사와세 가오루 수치 : 사와세 가오루 / BMW

뒷바퀴 구동 차량(RWD)의 구동력 배분. 이 타이틀을 보고 많은 독자들이 구동력을 뒷바퀴 좌우로 배분하는 뒤 종감속장치 혹은 차동제한장치(LSD), 토크 벡터링 디퍼렌셜(TVD) 등의 기능과 효과를 떠올릴 것이라 생각한다. 이런 장치들이 RWD의 운동성능에 있어서 매우 중요한 요소이기는 하지만 그것만으로는 충분하지 않다.

가감속과 선회할 때의 영향에 따라 4바퀴에 분담되는 하중의 변화, 그에 대한 차량의 무게 중심 위치나 앞뒤 롤 강성 배분의 영향 그리고 종감속 장치의 필요성과 그 기능, 이런 것들이 정리되어야 비로소 LSD의 공과(功過)와 세팅에 대한 방향성을 제대로 이해할 수 있다. 또한 LSD에 대한 TVD의 장점, 나아가서는 원동기로부터 구동력이 공급되지 않는 앞바퀴 좌우 사이의 TVD 적용도 눈에 들어온다.

4바퀴 분담 하중의 변화와 차량의 운동성능 잠재력

자동차는 타이어와 노면 사이의 마찰력을 사용해 「달리고」「돌고」「멈추는」차량운동을 한다. 그리고 각 바퀴가 발휘할 수 있는 타이어의 마찰력은 마찰계수×타이어 수직하중에 의해 상한이 정해진다. 이것을 타이어의 최대 마찰력이라 부른다. 나아가 타이어의 회전방향에 있어서 직각방향을 포함하는 360도 모든 방향에 대해 타이어의 최대 마찰력을 발휘할 수 있다고 한 것이 소위 말하는 타이어 마찰원의 모델로서 이 원의 지름을 타이어 최대 마찰력으로 나타낸다. 이것이 차량의 운동성능을 단순하게 생각할 때 가장 기본이 되는 개념이다.

액셀러레이터 페달을 밟아 자동차를 가속시키면 관성력에 의해 앞바퀴에서 뒷바퀴로 하중이 이동하면서, 앞바퀴의 타이어 마찰원은 작아지고 뒷바퀴의 마찰원은 커지게 된다. 브레이크 페달을 밟아 자동차를 감속시키면 반대 현상이 발생한다. 조향핸들을 돌려 자동차를 선회시키면 선회하는 안쪽 바퀴에서 바깥쪽 바퀴로 하중이 이동하면서 역시 선회하는 안쪽 바퀴의 타이어 마찰원은 작아지고 바깥쪽 바퀴의 마찰원이 커진다.

자동차를 가속시키기 위한 구동력(혹은 제동력)과 선회시키기 위한 코너링의 힘은 이처럼 주행 중 시시각각 변화하는 4바퀴 각각의 타이어 마찰원 범위 안에서만 타이어에서 노면으로 전달할 수 있다. 이렇게 해서 결정되는 자동차의 「달리고」「돌고」「멈추는」능력의 최대값을 필자는 「운동성능의 잠재력」이라고 부르고 있다.

4바퀴의 타이어 마찰원 전부를 균형적으로 구동력, 제동력 그리고 코너링 힘(CF)을 조합시켜 활용할 수 있으면 자동차의 운동성능의 잠재력이 높아져 고성능은 물론이고 안심하고 쾌적한 주행성능을 발휘할 수 있다.

운동성능의 잠재력은 적절한 구동력 배분을 통해 크게 향상시킬 수 있다. 하지만 2WD의 경우는 자동차의 앞뒤 무게 중심 위치나 앞뒤 롤 강성의 배분을 설정하는 영향도 커서 우선은 이런 것들을 적절하게 설정하는 것이 중요하다.

정지상태의 분담 하중은 전후 50 : 50이 이상적

자동차의 무게 중심은 정지되어 있을 때 분담 하중이 앞뒤 50 : 50이 되는 위치가 가장 이상적이라고 여겨지고 있다. 뒷바퀴 구동 차량에 있어서 그 진위 정도를 차량 운동성능의 잠재력을 통해 검증해 보도록 하겠다. 검증에 사용할 자동차의 주요 제원은 질량 1500kg, 휠 베이스 2.5m, 트레드 1.5m(앞뒤 모두), 무게 중심 높이 0.5m, 롤 강성(앞뒤 모두) 50000Nm/rad, 롤 중심 높이(앞뒤 모두) 0.1m, 타이어 반지름 0.3m이다.

그림4-1은 앞뒤 바퀴 사이의 무게 중심 위치에서만 앞 50 : 뒤 50으로 동등한, 70 : 30으로 앞이 무거운, 30 : 70으로 뒤가 무거운 3종류의 자동차에 있어서 운동성능의 잠재력을 구해본 결과이다. 그래프의 가로축은 앞뒤 G(Grauitional acceleration)로서, 제로 점보다 우측으로 갈수록 뒷바퀴의 구동력을 통해 얻어지는 가속도가 큰 상태를, 좌측으로 갈수록 뒷바퀴의 엔진 브레이크를 통해 얻어지는 감속도가 큰 상태를 나타낸다. 그래프의 세로축은 앞뒤 G 상태에 따라 자동차가 발생시킬 수 있는 횡 G이다. 따라서 그래프 선이 원점에서 멀리 있는 자동차일수록 운동성능의 잠재력이 높다는 것을 의미한다.

앞뒤 G가 약 0~2.5m/s 범위에서는 3종류 가운데 무게 중심이 50 : 50인 자동차의 횡 G가 가장 높고, 선회성능이 뛰어나다. 이 영역은 정상 주행에서 일반적인 가속 상태에 해당해 실제 주행상태에서 가장 흔한 조건이다.

앞뒤 G가 +2.5m/s 이상의 범위에서는 30 : 70인 자동차가 앞뒤 50 : 50인 것보다 높은 횡 G를 얻을 수 있다. 하지만 정지상태에서 풀 액셀러레이터로 출발할 때를 제외하면 대부분의 자동차는 이 영역의 앞뒤 G를 발생시킬 수 없는 주행조건이기 때문에 일반적으로 이 영역보다도 앞서 말한 앞뒤 G가 약 0~2.5m/s인 영역을 중요시해야 한다. 더구나 출발 가속성능만을 다투는 드래그 레이스처럼 자동차의 뒤쪽을 상당히 무겁게 만드는 이유는 이 영역을 중요하게 여기기 때문이라는 것도 그림을 통해 이해할 수 있다.

앞방향 G가 0m/s 이하, 즉 엔진 브레이크에 의한 감속 범위에서도 30 : 70인 자동차가 가장 높은 횡 G를 보여주지만, 모든 자동차가 가속보다는 감속도 증가에 따른 횡 G 저하가 크다. 이 그림에는 나타나 있지 않지만 사실 이 영역에서는 모든 자동차가 뒷바퀴의 타이어 마찰원이 앞바퀴보다 먼저 한계까지 사용되면서 운동성능의 잠재력이 정해져 있다. 이것은 뒷바퀴 구동 차량이 엔진 브레이크를 사용해 강하게 감속하면 불안정해지면서 스핀이 쉽게 발생할 수 있다는 것을 나타낸다. 하지만 대부분의 감속 상황에서는 4바퀴 모두에 작용하는 풋 브레이크를 사용하기 때문에 역시나 이 영역보다도 앞서의 앞방향 G가 약 0 ~ 2.5m/s인 영역을 중시해야 한다.

70 : 30의 앞쪽이 무거운 RWD는 모든 영역에 있어서 3종류 가운데 가장 낮은 운동성능의 잠재력을 보이고 있다. 이것은 구동바퀴인 뒷바퀴의 타이어 마찰원이 작기 때문에 구동력이나 제동력이 조금만 가해져도 뒷바퀴에 필요한 코너링의 힘을 발휘하지 못하기 때문이다.

이상의 사실로부터 앞뒤 G가 약 0 ~ 2.5m/s인 영역에서 가장 높은 횡 G를 나타내는, 정지상태의 분담 하중이 앞뒤 50 : 50인 무게 중심의 위치가 이상적이라고 할 수 있다.

앞뒤 롤 강성 배분은 전방 편중이 기본

그림4-2는 앞뒤 바퀴 사이의 무게 중심의 위치를 50 : 50으로 하고, 앞뒤 바퀴의 롤 강성 배분만 앞뒤 50 : 50, 70 : 30, 30 : 70인 3종류의 자동차에 있어서 운동성능의 잠재력을 측정한 결과이다.

앞뒤 G가 플러스인 영역을 보면 3종류 모두 자동차 운동성능의 잠재력 선에 변곡점이 있어서 그 변곡점의 가로축 방향 위치가 롤 강성이 앞뒤 30 : 70 배분에서는 앞뒤 G +1m/s부근에, 50 : 50에서는 +2.5m/s 부근에, 70 : 30 배분에서는 +3m/s 부근에 있다. 이로서 롤 강성의 배분이 앞쪽으로 치우칠수록 변곡점이 우측으로 이동해 운동성능의 잠재력이 향상된다는 것을 알 수 있다.

그러면 이 변곡점은 무엇일까. 이 그림에서는 파악할 수 없지만 사실 앞뒤 G가 플러스에다 변곡점 이하인 범위에서는 앞바퀴 쪽에 발생해야 할 CF(Cornering Force)에 있어서 타이어 마찰원이 발휘할 수 있는 CF의 여력이 뒷바퀴 쪽의 CF보다 작음으로서 최대 횡 G가 정해지고(이것을 언더 스티어=US영역으로 정의)

반대로 앞뒤 G가 변곡점보다 큰 플러스의 영역에서는 앞바퀴의 여력이 뒷바퀴 쪽보다 큼으로서 최대 횡 G가 결정되는(오버 스티어=OS영역으로 정의) 것이다. 덧붙이자면 앞바퀴 쪽과 뒷바퀴 쪽의 여력 차이가 클수록 자동차가 그립의 한계를 맞았을 때 발생하는 US 요 모멘트(무게 중심 주변의 요 운동=선회방향의 자동차의 속도를 높이려고 하는 회전력) 또는 OS 요 모멘트(무게 중심 주변의 요 운동=선회방향의 자동속도를 높이려고 하는 회전력)가 커진다.

뒷바퀴 구동 차량은 액셀러레이터 페달을 밟으면 가속으로 인해 앞뒤 G가 증가함으로서 처음에는 US 요 모멘트가 미세하게 증가했다가 감소로 바뀌고 나서, 변곡점에서 제로가 된 다음에는 OS 요 모멘트가 증가한다. 이것이

[앞뒤 하중 이동량의 원리]

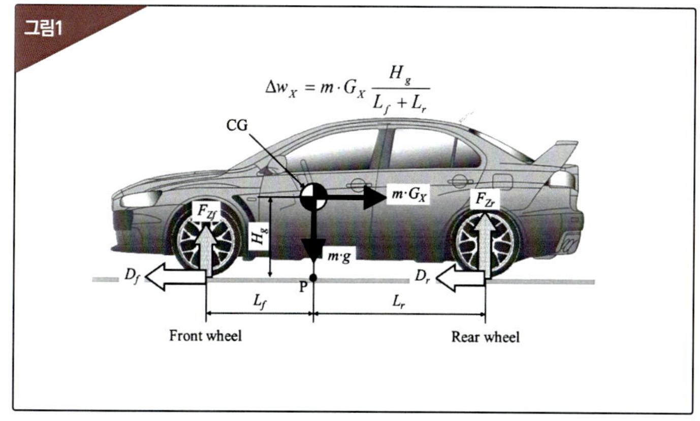

[좌우 바퀴 사이의 하중 이동 원리]

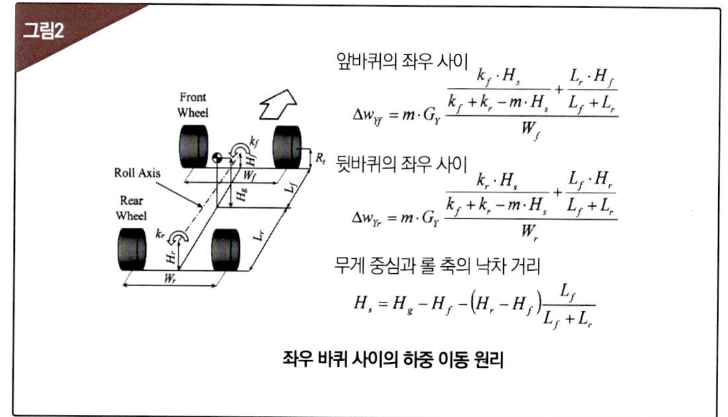

좌우 바퀴 사이의 하중 이동 원리

[뒷바퀴 구동의 4바퀴 마찰원 모델]

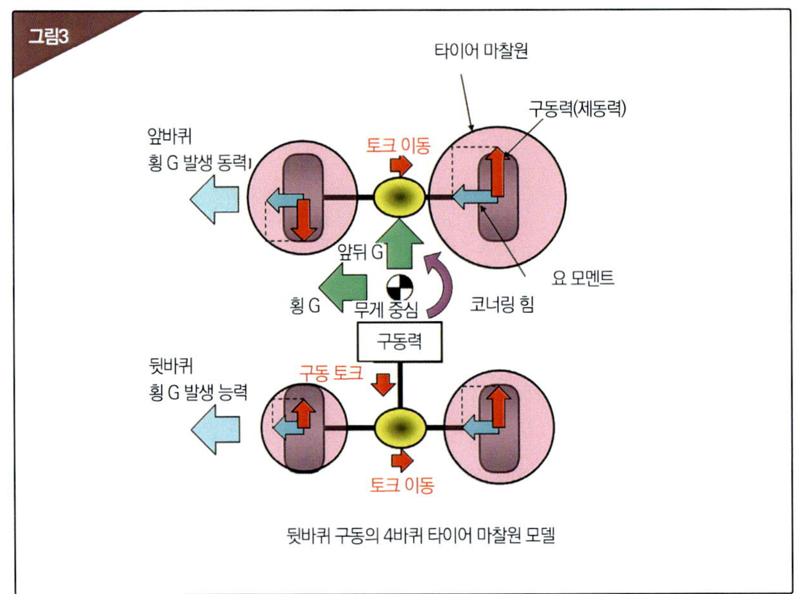

뒷바퀴 구동의 4바퀴 타이어 마찰원 모델

[차량 운동성능의 잠재력(앞뒤 무게 중심 위치의 영향)]

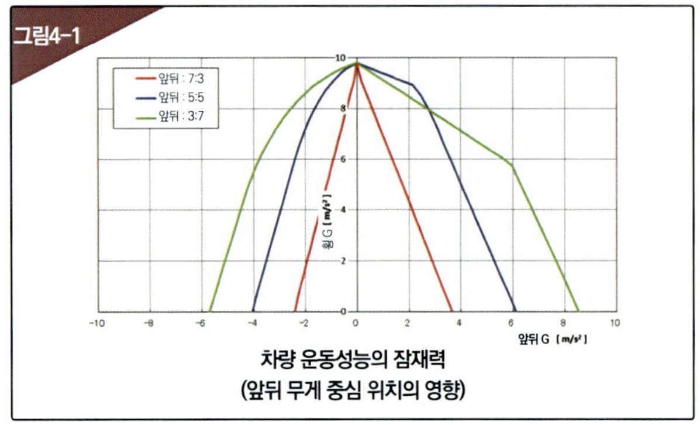

차량 운동성능의 잠재력
(앞뒤 무게 중심 위치의 영향)

[차량 운동성능의 잠재력(앞뒤 롤 강성 배분의 영향)]

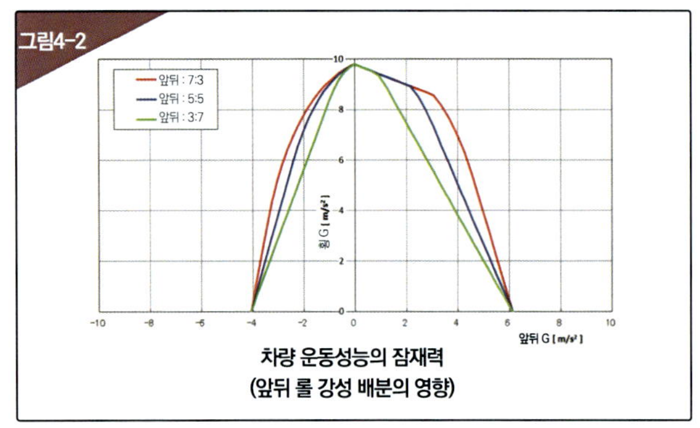

차량 운동성능의 잠재력
(앞뒤 롤 강성 배분의 영향)

뒷바퀴 구동 차량에 있어서 액셀러레이터 조작을 통해 요 운동을 제어할 수 있는 이유이다.

다음으로 왜 롤 강성 배분을 앞쪽으로 치우치게 할수록 변곡점이 오른쪽으로 이동하는 것일까. 그것은 좌우 바퀴 사이의 하중 이동이 뒷바퀴보다 앞바퀴에서 커지기 때문이다. 뒷바퀴 좌우 사이의 하중 이동량이 줄어들면 뒷바퀴 좌우의 타이어 마찰원이 같은 크기로 접근한다. 그 결과 보통의 차동장치(normal differential)를 이용해 뒷바퀴 좌우로 똑같은 구동력을 배분했을 때 뒷바퀴 좌우 전체에서 발생해야 할 CF에 대한 타이어 마찰원이 발휘할 수 있는 코너링 힘의 여력이 증가함으로서 US 영역이 앞뒤 G의 큰 범위까지 넓어지는 것이다.

앞뒤 G가 마이너스인 엔진 브레이크에 의한 감속 범위에서는 항상 OS 영역이 되지만 롤 강성의 배분을 앞쪽으로 쏠리게 함으로서 가속 쪽과 똑같은 이유로 인해 뒷바퀴에 여력이 증가해 OS 요 모멘트가 감소하기 때문에 운동성능의 잠재력은 향상된다.

이상의 사실로부터 적어도 노멀 디퍼렌셜을 이용해 뒷바퀴 좌우로 똑같은 구동력을 배분하는 자동차의 경우, 앞뒤 롤 강성의 배분은 앞쪽으로 쏠리게 설정하는 것이 적합하다는 것을 알 수 있다.

LSD의 공과, 그것을 이해하고 하는 세팅

LSD를 장착하면 구동력 성능뿐만 아니라 선회성능도 향상된다는 것은 알려져 있다. 지금까지의 앞뒤 바퀴 사이의 무게 중심의 위치 및 앞뒤 롤 강성 배분의 영향에 대해서는 뒷바퀴 좌우를 항상 똑같은 구동력으로 균형을 잡아주는 노멀 디퍼렌셜을 전제로 해서 검증해 왔다. 이 통상적인 차동장치의 비교를 통해 운동성능의 잠재력으로 LSD 효과를 살펴 보겠다.

차동장치나 LSD에 대한 상세한 구조에 대해서는 번역판 26호 「감탄! 타이어 LSD/서스펜션」등을 참조해 주기 바란다. 여기서는 운동성능의 잠재력에 미치는 영향을 이해하는데 필요한 LSD의 성질에 대해 살펴볼 것이다.

그림5 처럼 모든 방식의 LSD는 차동장치의 2출력 축 사이에 설치된 마찰 클러치를 조합한 것으로 모델화할 수 있다. 이 마찰 클러치는 2축 가운데 빨리 회전하는 축에서 느리게 회전하는 축으로 구동 토크를 전달하는 성질이 있다.

LSD를 적용하면 선회 중인 좌우 바퀴의 타이어 마찰원에 여력이 있는 상태에서는 바깥쪽 바퀴가 안쪽 바퀴보다 빨리 회전하기 때문에 그림5처럼 바깥쪽 바퀴에서 안쪽 바퀴를 향해 구동력이 전달되어 안쪽 바퀴의 구동력이 바깥쪽보다 커진다. 그 결과 선회방향과는 반대방향으로 US 요 모멘트가 발생한다. 구동 토크가 증가하는 등으로 인해 선회 중인 안쪽 바퀴의 타이어 마찰원에 여력이 적어지면 안쪽 바퀴에 슬립이 발생함으로서 바깥쪽보다 회전속도가 빨라지기 때문에 우측 그림처럼 안쪽 바퀴에서 바깥쪽 바퀴를 향해 구동 토크가 전달되어 바깥쪽 바퀴의 구동력이 안쪽 바퀴의 구동력보다 커진다. 그 결과 선회하는 방향으로 OS 요 모멘트가 발생한다.

이 성질을 어떤 설정으로 모델화한 다음 뒷바퀴 구동에 LSD를 배치하여 노멀 디퍼렌셜의 경우와 비교한 것이 그림6이다. 앞뒤 바퀴 사이의 무게 중심은 앞뒤 50 : 50, 롤 강성의 배분은 50 : 50으로 하고 구했다.

앞뒤 G가 플러스의 영역, 차동장치 사양의 선이 변곡점을 취할 때까지의 범위에서는 LSD 차량의 운동성능의 잠재력이 노멀 디퍼렌셜 사양보다 떨어진다. 이 범위는 US 영역이기 때문에 뒷바퀴 좌우의 타이어 마찰원에 여력이 있어서 LSD가 US 요 모멘트를 발생시키기 때문에 더욱 US가 강해져 운동성능의 잠재력을 저하시키는 것이다.

액셀러레이터 페달을 밟아 변곡점 이상의 앞뒤 G가 생기면 뒷바퀴 선회 안쪽의 타이어 마찰원에 여력이 없는 상태가 된다. 이 상태에서는 LSD가 OS 요 모멘트를 발생시키는 동시에 뒷바퀴 좌우의 타이어 마찰원의 대소(大小)에 맞춰 구동력을 배분하기 때문에 뒷바퀴 전체적으로 여력이 증가함으로서 운동성능의 잠재력이 노멀 디퍼렌셜 사양보다 향상된다.

앞뒤 G가 마이너스인 엔진 브레이크 영역에서는 LSD의 작용으로 선회하는 바깥쪽 바퀴에서 안쪽 바퀴로 구동 토크가 전달되고 그 결과 바깥쪽 바퀴의 제동력이 안쪽 바퀴보다 커진다. 따라서 좌우의 타이어 마찰원의 대소에 맞는 엔진 브레이크 힘 배분과 동시에 US 요 모멘트의 발생을 통한 뒷바퀴 전체의 여력이 증가해 OS가 제어됨으로서 운동성능의 잠재력이 향상된다.

이상의 사실로부터 앞뒤 G가 플러스이고 값이 작은 완만한 가속상태를 제외하면 LSD 장착을 통해 운동성능의 잠재력이 향상되고, 선회 중인 구동력 성능뿐만 아니라 선회성능도 향상되는 것으로 나타났다. 다만 노멀 디퍼렌셜 사양의 변곡점에 상당하는 앞뒤 G를 경계로, 즉 액셀러레이터 페달을 밟는 양에 따라 LSD의 영향이 마이너스 효과에서 플러스 효과로 바뀐다. 익숙하지 않은 운전자가 LSD를 장착한 차가 운전하기 어렵다고 느끼는 것은 이것이 주된 원인이다.

지금까지의 이야기를 이해한 독자라면 쉽게 상상할 수 있을 거라고 생각되는데, LSD의 마이너스 효과를 줄이고 플러스 효과만 끌어내기 위해서는 LSD의 특성이 액셀러레이터 페달을 조금 밟을 때는 별로 작동하지 않고 많이 밟았을 때 작동하게 하는 토크 감응형을 사용하면 된다. 더 나아가서는 LSD의 활용에 적합한 차량의 무게 중심 위치나 롤 강성 배분에도 적용할 수 있으므로 생각해 보면 좋을 것이다.

뒷바퀴 구동 차량의 TVD에 대한 어려움을 살려주는 앞바퀴 요 모멘트·생성기

액셀러레이터 페달을 밟는 정도에 따라 정반대로 작용하는 LSD의 과제를 극복하기 위한 것이 TVD(Torgue Vectoring Differential)이다. TVD는 좌우 바퀴 사이에서 자유자재로 구동 토크를 이동시킴으로서 필요에 맞게 US 요 모멘트나 OS 요 모멘트를 발생시킬 수 있다. RWD에 있어서 구동 토크가 전달되는 뒷바퀴 좌우 사이뿐만 아니라 앞바퀴 좌우 사이에도 모터를 사용한 TVD를 장착할 수 있다. 그림7-1~4는 이 TVD를 뒷바퀴 구동 차량의 뒷바퀴나 앞바퀴 또는 앞뒤 바퀴 모두에 장착했을 경우의 운동성능의 잠재력과 각각의 경우에 작용시킨 TVD의 좌우 바퀴 사이의 토크 이동량을 나타낸 것이다.

뒷바퀴에 TVD를 장착했을 경우의 운동성능의 잠재력을 LSD 사양의 그림과 비교해 보겠다. LSD의 경우에는 운동성능의 잠재력이 떨어져 있는, 즉 앞뒤 G가 플러스에 값이 작은 완만한 가속상태의 영역에 있어서도 TVD는 향상되었다. 이때 뒷바퀴 TVD가 작용시킨 뒷바퀴 좌우사이의 토크 이동량 그림을 보면 앞뒤 G가 작은 영역부터 큰 영역까지 항상 OS 요 모멘트를 발생시키는 방향으로 작용하고 있다.

LSD에 대해 TVD는 일반적인 주행 영역부터 한계 주행 영역까지 연속적으로 작동시킴으로서 목표로 한 운동성능을 발휘시킬 수 있다는 점이 큰 장점이다. 다만 그 결과로서 앞뒤 G가 플러스의 가속 쪽 전체 영역에서 OS 영역이 됨으로서 일반 운전자에게는 뒷바퀴 구동에 대한 어려움이 남는다는 것이 과제이다.

앞바퀴에 TVD를 장착했을 경우를 보면 앞뒤 G가 작은 US영역에서만 TVD가 없을 때보다 운동성능의 잠재력이 향상된 것을 알 수 있다. 이때 앞바퀴의 TVD가 작용시킨 앞바퀴 좌우 사이의 토크 이동량 그림을 보면, 앞뒤 G가 플러스 영역에서 커지는데 따라 처음에는 OS 요 모멘트를 발생시키는 방향으로 증가하지만 그 후 감소되어 US 요 모멘트로 바뀌고, 그 이상에서는 제로가 된다. 이것은 RWD가 US 영역인 경우에는 효과가 있지만 OS 영역에 들어가 그것이 강해지면 효과가 없어진다는 것을 나타낸다.

앞뒤 바퀴 모두에 TVD를 장착했을 경우를 보면, 모든 영역에서 높은 운동성능의 잠재력을 발휘한다. 또한 이때 앞바퀴 및 뒷바퀴의 TVD가 작용시킨 앞바퀴 좌우 사이의 토크 이동량의 그림을 보면 재미있는 현상을 확인할 수 있다. 앞뒤 G가 플러스인 영역에서는 뒷바퀴 TVD가 OS 요 모멘트를 발생시키는 방향, 즉 앞바퀴 TVD가 US 요 모멘트를 발생시키는 방향으로 토크를 이동시킨다는 것이다. 이것은 가속할 때 OS 영역에서 한계를 맞는 RWD의 기본성능을 앞바퀴의 TVD로 구제할 수 있는 가능성이 있다는 것을 나타낸다.

[LSD의 특성]

그림5

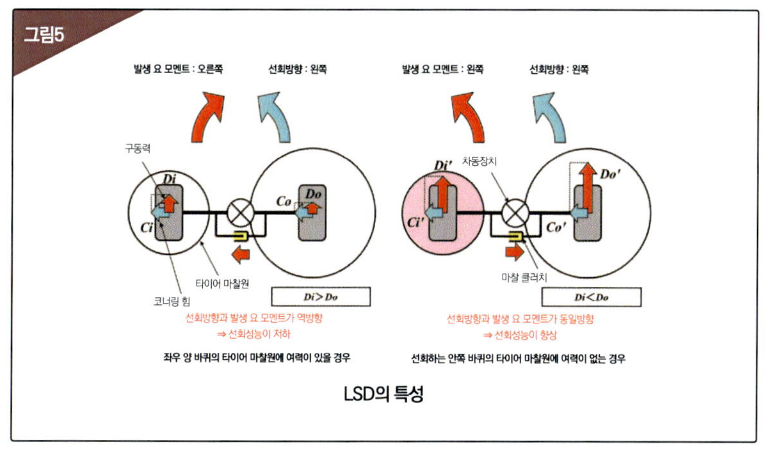

LSD의 특성

[차량 운동성능의 포텐셜(LSD의 영향)]

그림6

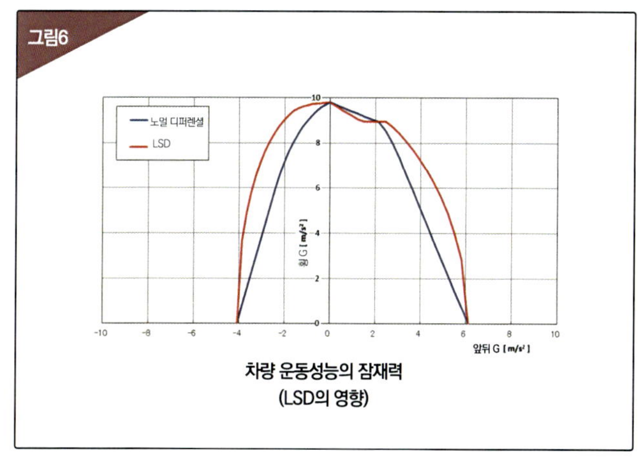

차량 운동성능의 잠재력
(LSD의 영향)

[차량 운동성능의 잠재력(TVD의 효과)]

그림7-1

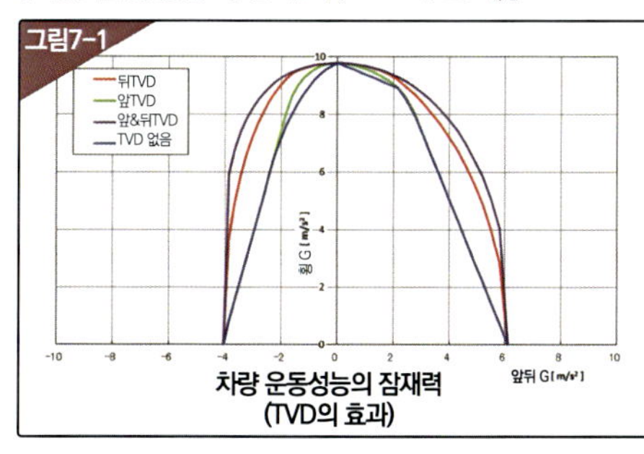

차량 운동성능의 잠재력
(TVD의 효과)

[뒷바퀴에 TVD를 장착한 차량의 좌우 바퀴 사이 토크 이동량]

그림7-2

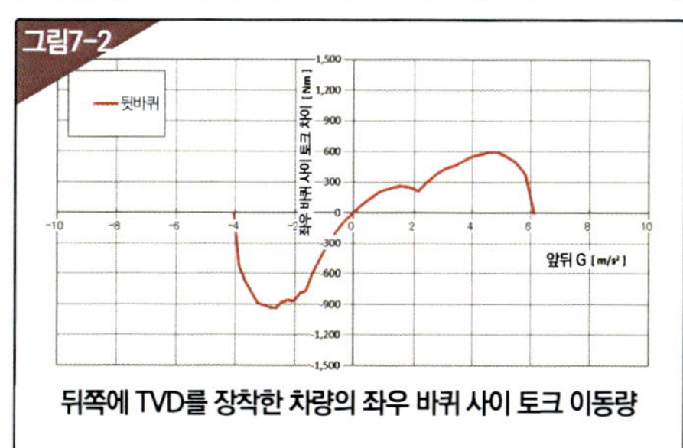

뒤쪽에 TVD를 장착한 차량의 좌우 바퀴 사이 토크 이동량

[앞바퀴에 TVD를 장착한 차량의 좌우 바퀴 사이 토크 이동량]

그림7-3

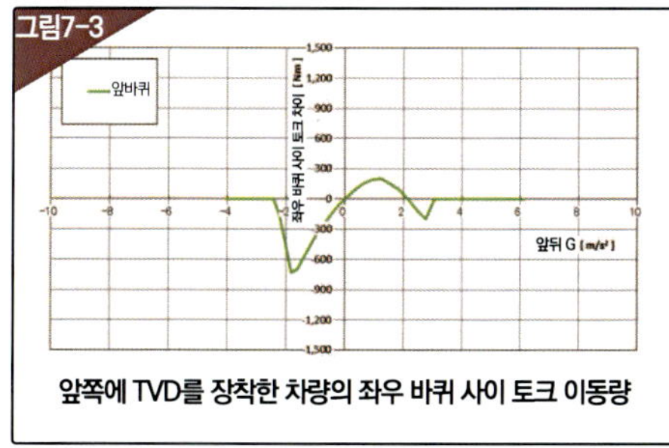

앞쪽에 TVD를 장착한 차량의 좌우 바퀴 사이 토크 이동량

[뒤바퀴 모두 TVD를 장착한 차량의 좌우 바퀴 사이 토크 이동량]

그림7-3

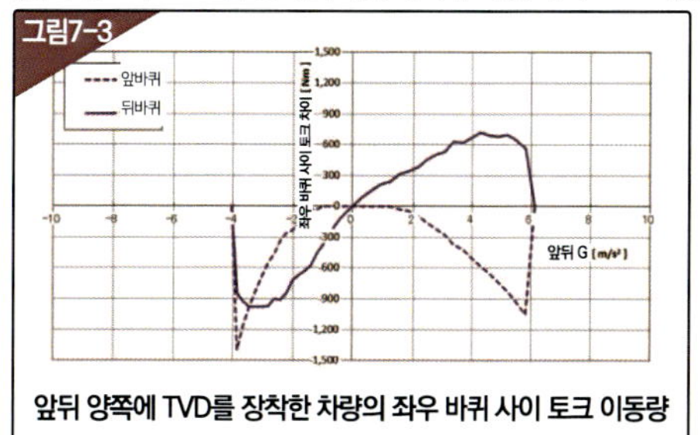

앞뒤 양쪽에 TVD를 장착한 차량의 좌우 바퀴 사이 토크 이동량

뒷바퀴 구동 차량의 4바퀴 구동력 배분으로

자동차의 운동성능의 잠재력이라는 지표를 사용해 RWD의 특성을 검증해 보았다. 그 결과 RWD의 뒷바퀴 TVD뿐만 아니라 앞바퀴에도 TVD를 장착해 누구나가 운전하기 쉬운 뒷바퀴 구동 차량이 될 수 있는 가능성이 엿보였다. 혼다의 차기 NSX는 레전드의 스포츠 하이브리드 SH-AWD를 앞뒤로 반전시킨 배치의 구동 방식이라고 이야기하고 있다. 그렇다고 하면 고속주행을 할 때는 앞바퀴 2WD로 앞바퀴 좌우 사이의 TVD를 작동시킨 상태에서 주행한다는 의미일까…? 벌써부터 재미있어진다.

가로배치 미드십 RWD에 감춰진 함정

[혼다 S660의 완성조건을 들여다보다]

마쯔다 로드스터와 나란히 2015년에 데뷔해 일본산 스포츠카로 주목을 끌고 있는 S660. 세계적으로 찾아봐도 그 예가 보이지 않는 소형 미드십 스포츠를 경자동차처럼 가로배치 동력전달 장치를 사용하여 저렴하게 공급하겠다는 전략이 과연 뒷바퀴 구동. 그것도 미드십 스포츠카로서 정곡을 찌르고 있는 것일까.

본문 : 사와무라 신타로 사진 : 다카하시 마나부 / 혼다

아우디나 후지중공업 등 몇 안 되는 사례를 제외하면 현대의 소형 FWD 차량은 엔진을 가로로 배치하는 방식의 동력전달 장치를 사용한다. 그것을 뒤쪽으로 쭉 평행하게 이동시켜 뒷바퀴 바로 앞에 배치하면 FWD에서 RWD로 바뀐다. 그것도 미드십이다. 동력전달 장치는 기존의 제품이기 때문에 가격도 상승되지 않는다. 소형 미드십 뒷바퀴 구동 차량이 싸고 쉽사리 만들어지지 않는가-.

이러한 발상 하에 만들어진 소형 미드십 차량은 가로로 배치하는 엔진의 실용적 FWD가 탄생된 직후부터 존재하였다. 1966년의 유니파워 GT로 시작해 72년의 피아트 X1/9, 84년에 등장한 일본 최초의 미드십 승용차인 도요타 MR2, 란치아 베타 몬테카를로, 2세대 MR2/MRS, 폰티악 피에로, MGF, 로터스 엘리제, 일본의 경차 규격으로 90년대에 등장한 혼다 비트나 오토잠(마쯔다) AZ-1 등 일일이 세기도 벅찰 정도이다.

그리고 최근에도 새로운 얼굴이 등장했다. 혼다 S660이다. 차량의 가격은 표준 사양이 1980만원(일본가격). 3기통 터보 과급 엔진의 가로로 배치한 동력전달 장치의 효시인 N-BOX의 터보사양이 1500만원 전후였던 것을 생각하면 애초의 발상처럼 싸다고 해도 무난할 것이다. 저렴한 소형의 미드십 RWD 꿈이 이루어졌다고 말하는 사람도 있다. 적어도 선전 문구는 그렇게 말한다.

하지만 그것이 아쉽게도 꿈은 꿈이지만 악몽이 될지도 모른다.

N-BOX의 가로로 배치한 동력전달 장치는 지아코사 방식의 배치로서 터보 직렬 3기통 엔진을 좌측으로 변속기가 직렬로 배치되고, 그 직후에 종감속장치가 배치된다. 그래서 앞 엔진의 FWD인 N-BOX의 경우는 앞 오버행으로 엔진이 튀어나온다. 이런 것을 뒤쪽으로 평행 이동시킨 S660은 뒷바퀴 바로 앞에 엔진이 배치되는 미드십 RWD가 된다. 엔진이나 변속기 모두 일렬로 배치되기 때문에 동력전달 장치의 앞뒤 길이가 짧아서 차체를 작게 할 수 있다.

그렇다고 기뻐하고만 있을 수 없는 것이 이 엔진과 변속기가 뒷바퀴 바로 앞에 배치되기 때문이다. 냉각수나 오일, 터보, 보조 장치까지 다 해서 200kg이나 되는 중량물의 덩어리가 그런 곳에 배치되어 있다고 하면 뒤쪽으로 무게가 쏠리는 것은 확실하다.

이런 후방 편중은 휠베이스가 짧고 앞바퀴가 동력전달 장치에 가까우면 문제없이 지나간다. 그렇지만 경량 660cc 3기통을 사용하며, 경량 규격이므로 축의 거리가 길어지지는 않을 것이라고 생각하는 것은 너무 관대한 견해이다. 스포츠카답게 탑승객을 낮게 앉히려면 운전자는 아무래도 하체를 쭉 뻗은 자세를 취하지 않을 수 없다. 그렇다는 말은 축의 거리가 2시트에 비해 길어진다.

게다가 S660은 일본전용의 차량이라 우측 핸들이다. 그럴 경우 페달의 배치를 정석대로 배치하려면 우측 휠하우스의 발밑 공간이 좁아질 수 [illegible] 때문에 도 보

드 전체를 후퇴시켜야 한다. 그래서 다시 휠베이스가 길어진다. 연료 탱크의 위치도 문제이다. 앞쪽에 배치하면 전면 충돌도 걱정스럽고, 연료의 과다로 인한 과도한 앞뒤 무게의 균형 변화도 그대로 지나칠 수 없다. 초대 MR2는 센터 터널에 연료 탱크를 배치하는 기발한 해법을 찾아냈지만 전폭이 1480mm의 구속이 있는 경자동차에서는 폭 방향으로 여유가 없어서 무리이다. 그렇다면 뒤쪽의 격벽 뒤에 배치하는 수밖에 없다.

그 결과 S660의 휠베이스는 2285mm가 되었다. 반세기 전의 X1/9의 2202mm보다 8cm나 길고, AZ-1의 2235mm보다도 5cm, 심지어는 비트의 2280mm보다도 5mm나 길다. 시대가 흘러 허용되는 일반적인 체형의 차이가 있다는 점도 감안하여 S660의 페달 배치에 있어서 이 정도로 상태가 좋지 않았다면 패키지 설계가 용이했을 거라고도 말할 수 있겠지만 그래도 측면도를 보면 동력전달 장치가 뒤쪽으로 편중되었다는 것은 어쩔 수 없는 사실이다.

물론 차량의 요소가 동력전달 장치만은 아니다. 차체나 다른 부품의 중량까지 안배해 전체적으로 균형을 맞추면 되지 않느냐는 견해가 있을 수 있다.

언뜻 보면 S660의 중량 배분의 균형이 맞는 것처럼 보인다. 차량검사증에 기재된 앞 차축과 뒤 차축의 주량은 380kg:450kg. 비율로 보면 46:54. 이 비율은 차량의 무게 중심의 앞뒤 위치를 나타낸다. 46:54라는 비율은 S660의 질량 무게 중심이 휠베이스의 앞에서부터 46%인 곳, 즉 거의 축거의 한 가운데에 있다는 것을 말한다.

직렬 4기통 가로 배치인 엘리제가 38:62라는 것을 생각하면, 그리고 전용으로 설계된 페라리나 맥라렌의 미드십 RWD 슈퍼카들이 42:58이라는 것을 생각하면 S660은 우수하게 생각해야 하지 않을까.

그런데 그게 함정인 것이다.

물체는 외부로부터 아무런 영향을 받지 않으면 무게의 중심을 축으로 해서 돌려고 한다. 눈길 같은 곳에서 주행할 때 4바퀴가 완전히 접지력을 잃으면 자동차는 무게의 중심을 축으로 돌려고 한다. 하지만 선회하는 자동차가 항상 무게의 중심을 축으로 자전하는 것은 아니다.

직진하던 자동차가 선회하려고 할 때는 다음과 같은 물리적 과정을 따른다.

① 앞바퀴에 조향 각도가 생긴다.
② 앞바퀴에 슬립앵글이 발생한다.
③ 이로 인해 앞바퀴에 횡방향의 가속운동이 일어난다.
④ 앞바퀴의 횡력에 의해 앞쪽 끝이 옆으로 밀린다.
⑤ 요 각도 가속(자전)운동이 시작된다.
⑥ 이로 인해 뒷바퀴에 슬립앵글이 발생한다.

우측의 투시도를 보면 동력전달 장치가 거의 뒷바퀴 바로 위에 배치되어 있다. 세로배치 동력전달 장치라면 운전석 바로 뒤에 엔진이 배치되고 그 뒤쪽으로 변속기가 배치되기 때문에 동력전달 장치의 중량이 어느 정도 앞쪽으로 안배된다. 가로배치 동력전달 장치는 변속기와 종감속 장치의 배치 상 그림 같이 배치할 수밖에 없다. 또한 이 배치에서는 차고(車高)에 비해 엔진의 높이가 높고 무게 중심 높이도 높다는 것을 알 수 있다. 연료 탱크는 운전석과 동력전달 장치 사이에 배치. 우측 핸들이라는 전제 때문에 페달과 휠하우스의 간섭을 교묘하게 피하고 있다. 우측 아래 자료에서는 트레드에 대한 무게 중심 높이가 S2000이나 NSX보다 상대적으로 높다는 것을 엿볼 수 있다. 좌측 아래는 혼다의 홍보자료에 기재된 중량 배분. 본문 중에서는 앞 46 : 뒤 54로 되어 있는데, 이것은 차량검사증에 기재된 앞뒤 바퀴 중량에서 환산한 것이다.

측면 투시도

무게 중심과 운전자의 관계

액셀러레이터 페달 힐 포인트

히프 포인트

45

차체 무게 중심

55

트레드에 대한 무게 중심 높이

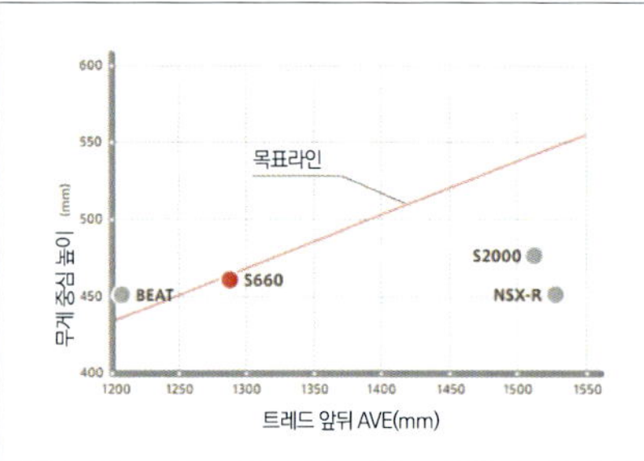

모노코크

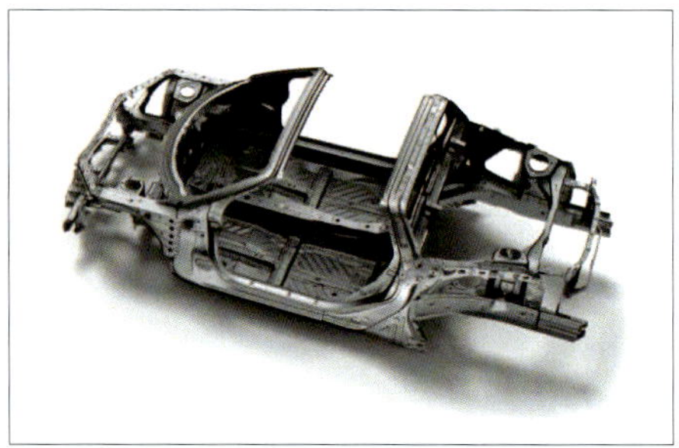

보디는 올 스틸, 사이드 멤버 전체 외주와 앞쪽 하부 및 상부의 서포트 멤버, 뒤쪽의 엔진지지 멤버에는 고장력강이 사용되었다. 보디가 도달하는 부위에는 보강용 브레이스가 배치되어 있고, 오픈 보디답게 강성의 확보에 노력했다. 아래는 홍보 자료에 기재된 「요 관성 배율(倍率)」의 비교. 똑같은 미드십인 NSX-R과 비교해 요 관성 모멘트가 적다는 것을 나타내고 있다. 그 아래는 「핸들링 보조 시스템(Agile Handling Assist)」의 개념도. 요는 좌우 바퀴의 개별적 브레이크 제어를 이용한 유사 LSD이다. ABS 시스템을 이용해 기능하며, 본문 중에 필자가 「두꺼운 화장으로 덮는 격이다」라고 쓴 것은 이것을 가리킨다.

베어 섀시

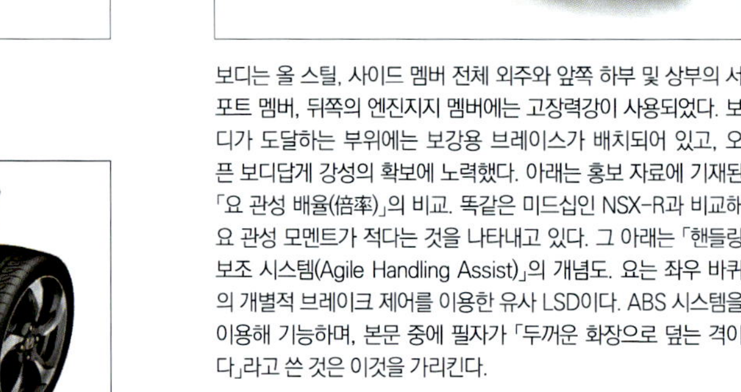

메이커의 「요 관성 배율」자료

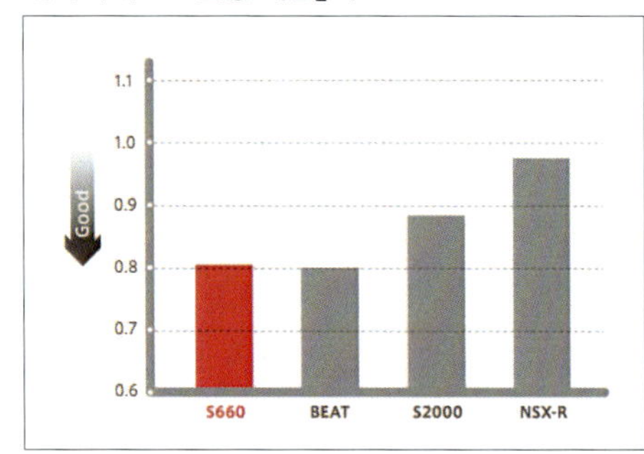

앞 현가장치

뒤 현가장치

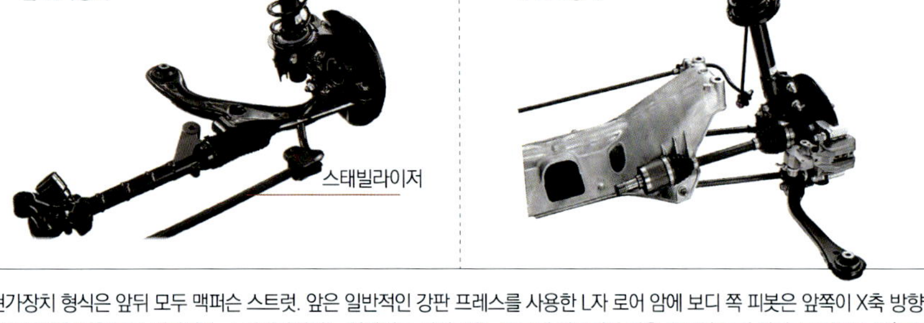

현가장치 형식은 앞뒤 모두 맥퍼슨 스트럿. 앞은 일반적인 강판 프레스를 사용한 L자 로어 암에 보디 쪽 피봇은 앞쪽이 X축 방향, 뒤쪽이 Y축 방향으로 지지된다. 스태빌라이저는 업라이트 직결. 뒤는 포르쉐 박스터와 같은 종류인 로어 암과 토 컨트롤 암(모두 강관)의 가로 방향 암과 트레일링 암(3개 구조의 프레스 부품) 3개로 지지되는 구조. 가로 방향의 2개 암은 알루미늄제품인 현가장치 브래킷에 의해 보디 쪽에 지지되고 있다. 로어 암 길이 자체는 엔진을 가로로 배치하기 때문에 그다지 짧다고는 할 수 없지만 다른 2개 암과의 기하학적 간섭이 멀티 링크 방식처럼 있을 것이기 때문에 부시 설정이 핵심이라고 생각된다.

핸들링 보조 시스템

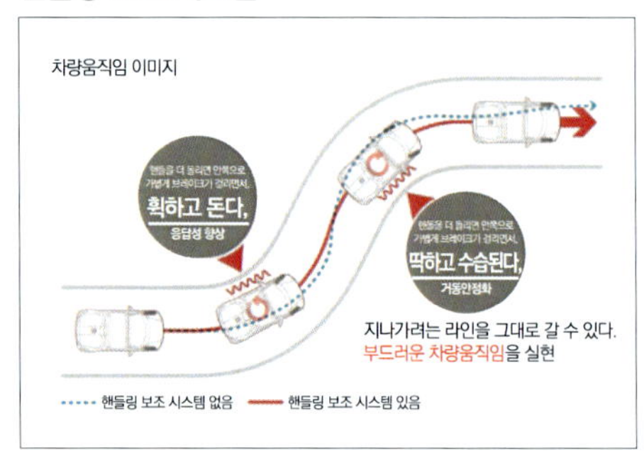

⑦ 뒷바퀴에 횡방향의 가속운동이 일어난다.

⑧ 앞바퀴와 뒷바퀴가 균형을 이루어 횡방향의 가속과 요 각도의 가속이 안정되면서 정상적인 선회로 들어간다.

이런 일련의 과정에 있어서 요 운동, 즉 자전의 중심축에 주목해 보자. 그러면 그것이 점점 이동한다는 것을 알 수 있다.

④에서 ⑤정도의 시점에서 뒷바퀴는 여전히 직진방향으로 진행 중이고, 이때의 자전축은 뒤 차축 주변이 된다. 그것을 축으로 해서 앞쪽 끝을 흔드는 움직임을 보인다. 이때 중량물인 동력전달 장치가 그 움직임을 방해하는 추로서 작용한다. 하지만 뒷바퀴와 동력전달 장치가 인접해 있는 가로배치 미드십에서는 지레의 원리처럼 방해하는 정도가 약하게 끝나면서 자전운동이 경쾌하게 일어난다. 엔진이 뒷바퀴와 떨어져 휠 베이스 중심과 가까운 세로배치 미드십보다 가로배치 미드십 쪽이 요가 발생하려고 하는 단계에서는 간단하게 자전하려고 하는 것이다.

그런데 그 다음이 문제이다. ⑥~⑧에서 요 운동이 본격화됨에 따라 자전하는 축이 뒷바퀴 부근에서 스르르 앞으로 이동한다. 동력전달 장치의 위치를 지나 최종적으로는 무게 중심 위치까지 전진한다. 이렇게 되면 이 자전축에서 동력전달 장치라고 하는 편중된 질량과의 거리가 멀어진다. 그렇다는 얘기는 요 관성 모멘트가 점점 커지게 된다.

즉 가로배치 미드십은 선회할 때 초기나 미온적인 요(yaw)만 발생하는 동안에는 앞쪽 끝이 가볍게 움직이면서 아주 경쾌하게 돌려고 한다. 하지만 요 각도 가속도가 강해져 선회가 깊어지면 이번에는 완전히 바뀌어 꼬리쪽이 밖으로 날아가려고 한다. 처음의 경쾌하게 도는 느낌만 믿고 그만 계속해서 그런 식으로 돌려고 한다. 그리고는 반대의 결과를 맞는다. 가로배치 미드십의 함정인 것이다.

이밖에도 FWD용 가로배치 동력전달 장치를 유용한 미드십 RWD의 함정은 몇 가지 더 있다. 가로로 긴 동력전달 장치가 뒷바퀴 바로 옆에까지 오기 때문에 뒤 현가장치를 설계하는데 있어서 가로 방향으로 제약이 생긴다. S660의 경우 로어 암 앞쪽의 링크 길이가 나오지 않고, 어퍼 암은 장소가 없어서 스트럿이다. 무거운 뒤쪽을 받아내기에 충분한 현가장치라고는 말하기 어렵다.

그래서 S660은 기하학적 구조 상의 미비한 점이 표면화되지 않도록 바퀴의 주변을 강하게 하고 심지어는 타이어를 165/55VR15 + 뒤 195/45VR16이나 될 만큼 극단적으로 뒤쪽을 우세하게 조합시켰다. 이렇게 되면 극단적인 앞뒤 균형은 명확한 언더 스티어 경향을 띠게 되어 실제 주행할 때 네오바라고 하는 표준장착 타이어의 강력한 그립이 분명하게 작용할려고 하지만, 그런 성향은 안쪽 바퀴에 브레이크를 적절하게 작동시키는 전자제어 조종 안정성 장치로 인해 바로 상쇄된다. 가로배치 미드십이 안고 있는 고질병을 보쉬가 두꺼운 화장으로 덮는 격이다.

물론 엔진이나 변속기 모두 가로로 배치한 미드십 RWD라면 이런 고질병에서 벗어날 수 있다. 하지만 그런 경우에는 휠 베이스가 3기통 엔진이라도 2.4m 정도, 4기통 엔진이라면 2.5m 정도는 반드시 된다. 그런 덩치를 한 차체는 무겁고, 그에 반해 엔진은 힘이 부족해 아무리 선회운동 수준이 높더라도 가속은 느리기 때문에 상품으로 판매할 수가 없다. 그렇다고 해서 왕년의 로터스 유로파처럼 경량의 차체를 현대의 충돌 안전기준에 맞추려면 알루미늄이나 CFRP(Carbon Fiber Reinforced Plastics)를 사용해야 하는데 그러면 차체까지 가격이 비싸져 더더욱 상품이 되질 않는다. 이왕에 직렬 4기통 엔진을 얹으려면 엔진의 전장이 별로 차이가 없는 V8 엔진을 얹고 싶다. V8 엔진이라면 3000~4000cc급의 배기량이면서 400마력까지 손이 미친다. 슈퍼카의 모습이 아닐 수 없다.

결국 미드십 RWD 시판 차량은 슈퍼카로 갈 수 밖에 없는 것이다. 경량이 됐든 C세그먼트가 됐든지간에 가로배치 FWD 동력전달 장치를 사용한 소형 미드십이라는 꿈은 꿈이 아니라 가위눌림이 될 수도 있다. S660 이것은 결과가 좋은데서 만족을 찾을 수 있는 사람을 위한 비논리적 기계가 아닐 수 없다.